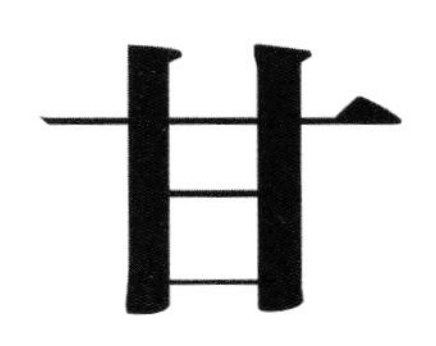

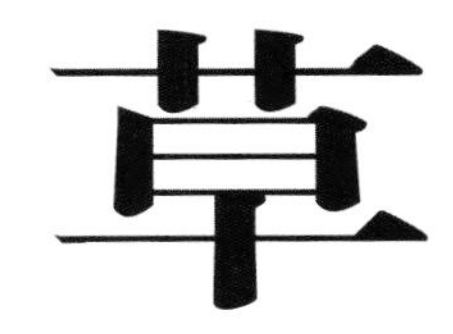

第2版

周成明　靳光乾　著

中国农业出版社

作 者 简 历

作者在内蒙古库布其沙漠留影

周成明，男，1963 年 8 月出生于湖南省茶陵县。1978 年毕业于茶陵一中；1981—1985 年在吉林农业大学中药材学院学习药用植物栽培，获学士学位；1985—1988 年在中国农业大学研究生院获硕士学位；1988—1995 年在国家医药管理局中国医药研究开发中心从事中草药及天然药物的研究开发工作；2004 年获博士学位。

1995 年，周成明博士自筹资金在北京市大兴区生物医药开发区创建北京时珍中草药技术有限公司，任法人。20 多年来，在全国建立连锁乌拉尔甘草基地 500 余个，种植面积达 20 万亩，培训基层中药草种植户 3 000 余名，每年为国家生产数千吨甘草。从 2001 年开始在甘肃民勤、新疆等地开展乌拉尔甘草优良品系选育研究，发现乌拉尔甘草优良新品系“民勤一号”、“阿勒事中药新药、医院制剂的研发以及保健食品的审评工作。主持和参加科研项目14项，参与医院制剂研究20余项，取得发明专利5项，主编和参编著作14部（主编4部、副主编2部，其余为编委），其中3部为高校教材，发表专业论文78篇，在中国中医药报、中国医药报、科技信息报等专业报纸应邀发表中药材科普文章100余篇。

2003年，在农工党山东省委、内蒙古区青少年基金会以及库伦旗政府的支持下，在内蒙古库伦旗三家子镇建立了“百亩蔓荆治沙试验园”，农工党中央秘书长、山东省政协副主席张敏以及内蒙古自治区有关领导，亲自参与有关活动。山东电视台多次跟踪报道，还专门播出了40分钟的新闻纪录片《蔓荆子》。此事受到全国政协主席贾庆林的高度评价。

2006年，中共中央统战部及各民主党派中央授予靳光乾“全面建设小康社会全国先进个人”，9月20日，在北京人民大会堂参加了有贾庆林、回良玉等党和国家领导人出席的表彰大会。

多次被农工党中央和山东省委评为先进个人。

2004年被中共山东省委统战部评为“全省民主党派为经济建设服务先进个人”。

邮箱：jgqjn1962@sina.com

电话：13001725816

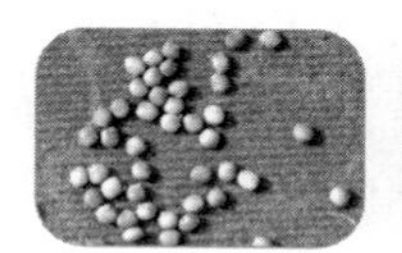 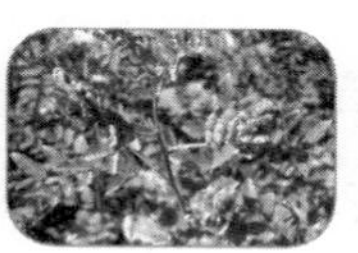 

序

周成明博士历时20多年的鸿篇巨著《甘草》第2版即将付梓，作为共事多年的朋友，更是作为一个专业从事中草药和天然药物研究的科学工作者甚感欣慰，因此，欣然应约为此书作序。

我与周成明曾在原国家医药管理局辖下中国医药研究开发中心（简称“中心”）共事近5年，1988年我们各自从中国科学院昆明植物研究所及中国农业大学研究生院毕业后一起进入刚成立不久的“中心”，从事中草药和天然药物的开发研究。尽管他的专业是中药栽培而我的专业是植物化学，但我们那时朝夕相处，出入均同室（单身宿舍、研究室），两人遂成为挚友直到现在。周成明是属于那类有别于传统的科学家和企业家，属于“珍稀”的科学家型企业家。一到“中心”工作，我们都对中草药的规模种植和产业化产生了浓厚的兴趣，并在十分困难（包括科研体系的限制和基金的短缺）的条件下开始了实践，这作为科学家来説是相当难能可贵的。俗话说，万事开头难，周成明的中草药种植实验在开始时也遇到了很大的困难，由于防涝措施不当，甚至曾一度血本无归。幸运的是，这次却是他的“企业型”的科学家身份帮助其渡过了难关，并靠着坚忍不拔的毅力一直坚持下来，一直到后来成就了一个具有相当规模的集科、工、贸一体化的中草药种植企业。

周成明对许多的中草药技术都有很深入的研究和成功的实践，尤其是对甘草的研究最为深入，种植技术也最为成熟。《甘草》第2版正是根据其近20年对甘草的理论研究和栽培实践编著而成的学术专著，涉及了甘草的本草考证、药用价值、现代化学和药理学研究现状等各个方面，显示出作者具有很深的知识结构和很广的专业知识积累，特别是重点论述了甘草的品种选育、引种栽培、田间管理、病虫害防治、药材加工以及甘草药材市场分析。由于这些均来自于作者的栽培实践，大多是作者本人亲力亲为所取得的第一手资料，并附有大量的图片，内容翔实，可读性强，是甘草种植户不可多得的必备参考书。《甘草》第2版，作者除对中国的甘草资源种植和市场有深入的分析研究以外，还多次出国对日本、独联体国家和韩国等邻近国家的甘草资源及市场进行了考察，从国际大格局层面对以后甘草的资源种植和市场关系作了前瞻性的分析与预测，在向读者传播知识的同时，启发读者作更深层次的思考。《甘草》第2版在本草考证部分引经据典，旁征博引，更引人入胜；科学研究与引种栽培方面，理论紧密结合实践，内容翔实实用，读者如身临其境；市场开拓方面，环寰内外，催人振奋，实在是一本中药栽培领域近来少有的好书，笔者先睹为快，是为此序。

中国科学院院士
美国加州大学教授　邱声祥
中国科学院“百人计划”入选教授
2016年3月于广州

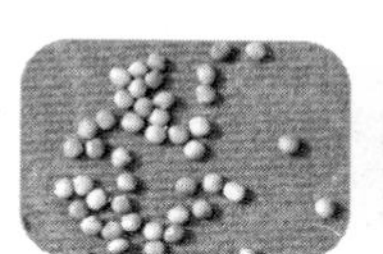

前言

甘草是我国最大宗的常用中草药之一，素有“十药九草”之称，我国最早的本草书籍《神农本草经》将甘草列为上品，以后的历代本草经中都有记录，可润肺解毒，调和诸药。甘草野生资源主要分布在我国黄河以北地区，内蒙古、甘肃、新疆野生资源分布较多。20 世纪 90 年代以前，我国甘草的供应主要靠采挖这些地区的野生甘草入药或出口，价格相当低廉。由于国内外用量的成倍增长，各地的甘草野生资源日益枯竭，规格也越来越小，靠采挖野生甘草已不能满足国内外甘草市场的需求。同时，采挖野生甘草严重破坏了我国西北地区植被，导致西北地区沙漠化程度加重，甘草的供需矛盾进一步加剧。因此，研究开发和推广甘草的野生变家种和高产优质栽培技术已是一个迫在眉睫的课题。

我国甘草的出口和内销究竟有多少？可能读者不太清楚，笔者查阅了近几年我国海关出口的资料：1981 年出口甘草原料约 3.13 万吨，创汇约 0.88 亿元人民币；1985 年出口甘草约 1.6 万吨，创汇约 1.5 亿元人民币；1991 年出口 2.2 万吨，创汇约 1.89 亿元人民币；1995 年出口 1.5 万吨，创汇约 1.3 亿元人民币；2000 年出口 1.8 万吨，创汇 1.4 亿元人民币；2001 年出口 1.3 万吨，创汇 1.1 亿元人民币，2014—2016 年约 1.5 亿人民币。平均每年出口约 1.5 万吨，创汇在 1 亿元人民币以上。我国国内使用甘草作为中药饮片及食品添加剂的量约为出口量的3～5倍，每年用量约在3万～5万吨，成交金额在3亿～5亿元人民币。根据以上不完全统计数据，我国每年生产的甘草用量达4.5万～6.5万吨，成交金额约4.5亿～6.5亿元人民币，已经形成了一个巨大的产业和市场。

早在20世纪50年代，全国野生甘草产区的面积320万～350万公顷，蕴藏量400万～500万吨。经连续50年的采挖、开荒造田及自然因素的影响，到2004年，全国野生甘草的面积约为100万公顷左右。到2016年，甘草的估计面积约50万公顷，优质红皮乌拉尔甘草面积急剧减少，野生甘草资源以胀果甘草、光果甘草为主，且分布较零散。同时，伊犁河谷开荒造田，大部分甘草产区变成了沙尘暴区，各种野生甘草的规格和品质均有所下降。鉴于此，2000年国务院颁布了《关于禁止采集和销售发菜、制止滥采滥挖甘草、麻黄草有关问题的通知》，2001年原国家经济贸易委员会下发了《关于保护甘草和麻黄草药用资源，组织实施专营和许可证管理制度的通知》，保护和有计划采挖野生甘草，大力研究和发展家种甘草。2001年全国甘草下种面积约为0.67万公顷左右。2004年春季，国家鼓励和直补粮食种植，甘草的播种面积急剧下降，全国下种面积估计不到0.33万公顷，而0.33万公顷所产出的甘草还不够全国一个季度的用量。2005年春季下种面积不到0.15万公顷，地存面积降到了历史最低点。到2005秋季，甘草价格大幅度上涨，每千克鲜甘草3.0～4.5元，甘草种植户每亩的收入达3 000～8 000元，大大地刺激了甘草产业的发展。2006—2008年三年间，每年甘草的种植面积达0.75万公顷（约10万亩[①]）左右，2009—2016年每年种植面

① 亩为非法定计量单位，1亩=1/15公顷≈667米^2。——编者注

积约 10 万亩以上，有效地抑制了野生甘草的采挖，保护了西北地区的植被和生态环境。

乌拉尔甘草（*Glycyrrhiza uralensis*）栽培技术研究早在 20 世纪 60 年代就开始了。黑龙江省祖国医学研究所付克治教授在东北较系统地研究了乌拉尔甘草的野生变家种技术。20 世纪 80 年代，内蒙古、新疆等地有关科研人员、中国药材公司等有关单位也研究过甘草的栽培技术及野生抚育技术。因那个年代甘草的野生资源丰富，价格也低廉，推广应用的力度不大。20 世纪 90 年代，野生甘草资源急剧减少，笔者意识到未来不久，家种甘草必将替代野生甘草，于是在沈家祥院士和庄林根教授的支持下，立项开始大面积规范化乌拉尔甘草栽培技术的研究。经过 20 多年连续不间断的种植研究，在北京郊区以及东北、西北、华北等 12 个省、自治区建立了 500 余个甘草种植基地，累积种植推广面积达 1.2 万公顷，总投融资金约 5 亿元人民币，并由笔者亲自培训了 3 000 名种植员，总结了一套大面积规范化机械化种植甘草的技术。中央电视台制作了 12 个专题节目介绍笔者研发的乌拉尔甘草高产优质综合配套栽培技术，为我国的甘草栽培事业做出了一定的贡献。目前国内甘草种植基地大部分采用的是笔者研究成功的这套综合配套栽培技术。

本书将 2016 年以前国内外研究开发利用甘草的成果作了一个总结，是甘草研究开发的一个集大成。本书对甘草的文化、种类、分布、区划、生物学特性、生态学特性、化学成分的提取分离鉴定、优良品种选育、高产优质综合配套栽培技术推广、甘草质量标准及资源开发利用作了较详细的论述。根据笔者研究种植甘草 20 多年的经验，精选了约 1 000 幅彩图，详细描述了各主产区甘草栽培规程及注意事项，以便各主产区种植户在种植甘草时参考使用。这部分是笔者投资数百万元采集到的彩色照片，是本书最珍贵的部分，望种植户灵活运用。此外，本书还编辑了国内外中药材市场资料，内容完整翔实，有利于种植户及时了解我国传统道地药材市场情况，便于加工销售甘草。

笔者1995年离开原国家医药管理局中国医药研究开发中心开始创业，忙忙碌碌之中不知不觉已过去20多年，不间断的种植甘草已有20多年，我的同学、同事，有的已成教授，有的出国深造，有的官运亨通，而笔者年复一年、辛辛苦苦，面朝黄土背朝天，走遍了中国的山山水水、戈壁沙漠，到头来得到了什么?！笔者感到欣慰的是得到了广大药材种植户的认可，为中国的传统中医药文化传播作出了自己点滴贡献，这也是人生最大的幸福和快乐吧！

药用植物栽培技术随着农业、生物医药新技术的介入而不断发展。中药材栽培技术是一门实践科学，也是一门交叉学科，无论有多深的理论知识，如果不去实践，那只能是纸上谈兵。因此，笔者希望读者看懂本书后一定要进行大田实际操作，只有亲自进行大田栽培，才能够在实践中理解每一个技术操作环节的细节，才知道如何设计自己的药材基地，才能够使药材基地财务管理进入良性循环。

本书适合各大专院校师生在科研教学时使用，也适合药材种植户及药材经销商阅读。由于作者水平有限，不足之处还请读者批评指正。

周成明

2016年4月8日

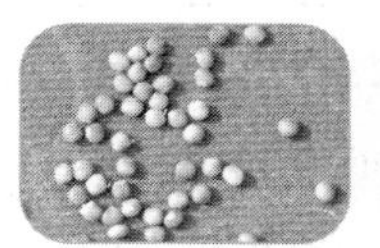
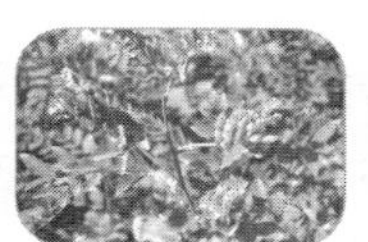

目录

第一章　甘草概论

第一节　甘草的历史文化记载

一、国外历史文献对甘草的记载

人类应用甘草已有近 4 000 年的历史，特别是在欧亚大陆和非洲北部。早在 2 300 年以前，西欧“植物学之父”提奥弗拉斯特在《植物的研究》一书中记载有甜根植物，并指明了这种植物在黑海沿岸大量生长，在医疗中被广泛应用。

公元前 1 000 年的埃及纸草书中也有关于利用甘草的记载，被用于治疗呼吸道炎症。公元前 400 年古希腊名医希波克拉底记载甘草有治疗溃疡和止渴的作用。古埃及在沙漠中作战的士兵装备有甘草根，以防止缺水时的极度口渴。

18 世纪中叶，瑞典著名博物学家林奈认为甘草可用于治疗哮喘、风湿症、肾炎、尿痛和咳嗽等病症。日本厚生省指定的210 个中药处方为国家标准处方推广使用，其中 71.4%的处方有甘草，而日本有 50%医师主动用中医药治病。现代西医通常用甘草加工浸膏，认为甘草膏是较好的天然缓和、润滑、助溶、抑氧、抗炎、赋形、矫味和风味强化剂以及理想的天然表面活性剂，可用于治疗气管炎、咽痛、喉炎、尿道炎、腹泻疼痛、胃及十二指肠溃疡、风湿关节炎、皮炎和阿狄森氏病。在意大利、西班牙和西印度群岛部分地区的土著居民中，至今仍有含嚼甘草的习惯，称之为“甜棒”，谓可以预防疾病。

二、国内历史文献对甘草的记载

在国内，西周时期的《诗经》（公元前11世纪左右，记载有部分商代资料）是我国现存文献中最早记载药物的书籍。该书收录的许多动植物，其中有不少是药物，记载了某些药物的采集、产地及食用季节等，仅植物药多达50余种。其中“采苓采苓，首阳之巅。”有人认为其中“苓”是今之“甘草”，其为黄药，实系误传。

我国第一部中药文献专著东汉《神农本草经》记载：“甘草，味甘平。主治五脏六腑寒热邪气，坚筋骨长肌肉，倍力，金疮，尰，解毒，久服轻身延年。生川谷。”三国魏人张揖《广雅·释草》：“美草，甘草。”梁朝名医陶弘景编撰的《名医别录》记载：“甘草，无毒。主温中，下气，烦满，短气，伤藏，咳嗽，止渴，通经脉，利血气，解百药毒，为九土之精，安和七十二种石，一千二百种草。一名蜜甘，一名美草，一名蜜草，一名蕗。生河西积沙山及上郡。二月、八月除日採根，暴干十日成。”陶弘景注“今出蜀汉中，悉从汶山诸夷中来……抱罕草最佳。”

古代产地：生河西积沙山及上郡考证河西，泛指黄河上游以西之地，为今陕西、甘肃及内蒙古蒙鄂尔多斯巴彦淖尔盟等地；《古今地名大辞典》无积沙山之称，有积石山，在今青海西南；上郡系陕西北部及内蒙古伊克昭盟左翼之地。陶弘景云甘草“赤皮断理，看是坚实者是抱罕草，最佳，无地名。”为今甘肃河西一带。说明南北朝时期所用甘草以甘肃所产抱罕草为优。到宋《图经本草》载甘草“生河西川谷积沙山及上郡，近陕西河东州郡（黄河以东山西境内）皆有之”。到明《本草品汇精要》：“甘草以山西隆庆州者最胜”。清吴其浚云：“余以五月按兵塞外，道旁辙中皆甘草也……闻甘凉诸郡（张掖武威民勤一带）尤肥壮，或有以为杖者”。《本草从新》载：甘草“大而结者良，出大同名粉草，弹之有粉出，细者名统草”。根据以上论述，可知古代甘草的产地是山西、陕西、内蒙古、甘肃、青海、四川等省份，与乌拉尔甘草现在的主要分布区基本一致。

《中国药典》收载了 3 种甘草属植物：甘草、光果甘草、胀果甘草。随着甘草资源的开发研究，发现产于新疆和甘肃的黄甘草 *G. eurycarpa*、产于新疆的粗毛甘草 *G. asperapall* 及产于云南的云南甘草 *G. yunnanensis* Cheng. et L. K. Dai ex P. C. Li，也有类似的药用价值。

现代研究认为：甘草有补脾、益气、清热解毒、祛痰止咳、缓急止痛、调和诸药的功能，可用于治疗脾胃虚弱、倦怠乏力、心悸气短、咳嗽痰多、暖腹和四肢挛急疼痛、痛肿、疮毒等症，并用以缓解他药的毒性或烈性。

甘草相关的医药文化

陶弘景云：“此草最为众药之王，经方少而不用者，犹如香中有沉香也，国老即帝师之称，虽非君而为君所崇，是以能安和草石而解诸毒也”。唐代甄权在《药性论》中曰“诸药中甘草为君，治七十二种乳石毒，解一千二百般草木毒，调和众药有功，固有国老之号”。公元 2 世纪东汉医圣张仲景在其著《伤寒伦》中的 110 个处方中，74 个使用甘草。李时珍曰：“甘草，协和诸药，有元老之功。”《本草纲目》中甘草不但是草部 10 卷 430 种药的第一种，也是各卷 1 892 种药的第一种。

北京同仁堂药厂门厅陈设的四扇屏上，雕着“草药四君子”，甘草位居人参之前。前苏联也称甘草为“大王”和“神药”。由此可见甘草在传统医药文化中的核心地位。

正因为甘草的重要地位以及广泛的药用价值，因而对传统医药文化和商业文化有非常重要的影响。

甘草的开发利用，从采挖、加工到集散购销，对形成区域商贸中心，以至城镇化起到特殊的推进作用。甘草的开发利用是中原向西北经济文化拓展的重要桥梁之一。伊克昭盟地处古长城外，是传统游牧区，其开发与甘草密切相关。北魏郦道元在其《水经注》所记载的被称为“甘草城”的古“丰州”，即在现今杭锦旗境内。文献描述“甘草遍地都是，每岁运往包头、托城等处，岁各四五百船，北方各界胥以给焉”；历史地理略图有“甘草城”、“挖甘草根子厂”的图墨写照。《绥远通志稿》（1932）记载：“绥西蒙地自古为产草之名区。今仍以杭锦旗境所产为多，附近贫农赖采甘草为业者逾万。每年包头聚销可达 70 万～80 万千克，多至 100 万千克，产药材最多，而甘草外销之数为第一”。以山西、陕北人为主，作为开发西北甘草资源的主力军，起到了同样的历史作用。

清嘉庆年间（1796—1820），山西商人看到甘草产业的巨大商机，不断进入到伊克昭盟草原，在杭锦旗甘草产区开设德胜成、德胜亨、广盛恒等商号，专营甘草，成为最早的甘草产业的“龙头”。清末到民国年间，杭锦旗已是商贾云集，字号林立，并形成山西保德县甘草商人定居的移民村落。在库布其沙漠南侧的西北沟，至今遗留着当时建起的专门祈祭甘草的“柴敖包”（“敖包”是蒙古人为祭典而建的石头堆、木头堆和柴草堆）。据考证建于 19 世纪初叶，距今已有近 200 年的历史，期间由于自然和战争的原因，甘草虽有兴荣和衰败，但祭祀活动一直保留下来，并把 4 月 28 日（农历）定为“甘草节”进行祭典。每年到这一天，当地药材部门、甘草经销商和苏木、嘎查领导以及远近的农牧民骑马、乘车、驾摩托早早来到“柴敖包”聚会，共同庆祝每年一度的“甘草圣节”。祭典活动有严格的程序，除零散的化布施外，集体活动有领牲、祈祷、添柴、文娱活动、会餐等内容。从“甘草节”开始，全产区甘草停采、“停秤”（即停止收购），直到秋末再开采、开秤（开始收购）。“甘草节”的停挖、停秤，是民间传统的资源持续利用意识。

第二节 甘草属植物的分类、分布及区划

一、甘草属植物的系统分类

甘草属植物为豆科 Leguminosae 植物。甘草属 *Glycyrrhiza* 是由瑞典博物学家林奈（1707—1778）1753 年所著的《植物属志》中正式命名的。自从林奈创立甘草属之后，很多种先后被发表，尤其是近半个世纪以来，新种更是不断被发现。自 20 世纪中叶以来，随着甘草属种类的增多，逐渐开展了有关分类系统的研究。

1843 年，Fischer 和 Mayer 曾提出产于里海、伊朗、准格尔的荚果膨胀、三出复叶的 *G. triphylla* Fisch. et May. 分离出来，成立新属 *Meristotropis* Fisch. et May，. 而 Boissier 和 Balansa 不同意上述新属的成立，于 1856 年将产于叙利亚的 *G. flavescens* Boiss. 独立为新属 *Glycyrrhizopsis* Boiss. & Bal.，并将甘草属划分为两组：Sect. I Euglycyrrhiza Boiss.，Sect. II Meristotropis Fisch. et May.，这是有关甘草属最早的属下划分。但是德国植物学家 Engler 和 Prantl（1894）却不同意将上述两种植物独立成属，他们将当时的甘草属划分为 3 组：Sect. I Euglycyrrhiza Boiss.，Sect. II Meristotropis Fisch. et May 和 Sect. III Glycyrrhizopsis Boiss. et Bal.。苏联植物学家 Grigorjev 和 Vassiljev（1948）同意 Fischer 的意见，承认 *Meristotropis* 属的存在，并根据三出复叶与奇数羽状复叶、花冠颜色、荚果形状、开裂与否等特征，将苏联分布的 12 个种划分为 5 个系：Ser. I Bucharicae Vass.，Ser. II Glabrae Vass.，Ser. III Asperae Vass.，Ser. IV Uralenses Vass.，Ser. V Echinatae Vass.，这个系统至今仍被俄国植物志所采用。1954 年，苏联植物学家瓦西里琴科将苏联分布的 12 种划分为 5 组：Sect. I Bucharicae,

Sect. II Glabrae，Sect. III Asperae，Sect. IV Uralenses，Sect. V Echinatae。1955 年，克鲁甘诺娃根据甘草属植物的根和根茎是否味甜，划分为 2 组：Sect. I Euglycyrrhiza 和 Sect. II Pseudoglycyrrhiza。

我国学者对甘草属的系统分类也进行了深入研究。1963 年，李沛琼在前人研究基础上，提出 *Meristotropis* 和 *Glycyrrhizopsis* 不应该独立成属，同意将它们作为组处理。根据荚果是否膨胀及膨胀的程度、根和根茎是否含甘草糖分为 3 个组：Sect. I Glycyrrhiza，Sect. II Glycyrrhizopsis 和 Sect. III Meristotropis，并确认该属具有 16 种植物。

近年来，甘草的系统分类已经由经典的仅依形态学的原则发展为根据化学成分和比较形态学相结合的原则进行分类。新疆石河子大学李学禹先生，多年来在新疆 11 个地州、31 个县市及农垦区调查，并多次出国考察，采集甘草属植物标本 1 700 余份，又查阅了西北植物研究所、中国科学院新疆生物土壤研究所、新疆八一农学院、新疆大学生物系等单位植物标本室所藏本属植物标本 189 份，经过整理鉴定，对其中 300 余份的花、花序、荚果和叶序等 65 个形态性状做了数量测定及分析，并在本校试验站进行了栽培试验及定株观察研究，进行标本（300 份）形态特征数量测定，电子计算机运算，对新疆 6 个品种甘草的形态特征进行了新的描述，确定了 2 个新种，4 个新变种。1993 年，李学禹根据甘草属植物的根、根茎是否有甘草甜素（Glycyrrhizin）、甘草酸（Glycyrrhizic acid）或甘草次酸（Glycyrrhetinic acid）类化合物与子房内胚珠数目和荚果内种子数、荚果长短等对我国的甘草进行了系统分类，将其划分为 2 组，即甘草组 Sect. I Glycyrrhiza 和无甘草次酸组 Sect. II Aglycyrrhizin，其中甘草组分为 3 个系 16 种，无甘草次酸组分为 2 系 2 种，共计 18 种 3 变种。

二、甘草属植物的种类

1753 年，植物学家林奈在《植物属志》中正式命名甘草属的同时记载了 3 种。20 世纪初期，又有 4 个种相继发表。20 世纪 80 年代末，李学禹先生在新疆甘草资源调查中又发现了 2 个新种，3 个新变种。根据截止 20 世纪 80 年代的记载资料，已发现甘草属植物有 20 个种，其中中国有 8 个种。全部采用于模式标本。1998 年出版的《中国植物志》第 24 卷第 2 分册，记载全世界甘草属约有 20 种，我国分布 8 种。甘草属植物的检索表如表 1-1。

表 1-1　甘草属分种检索表

Table 1-1　Species key of genera *Glycyrrhiza*

1. 荚果线形、长圆形或圆形，含种子 2～8 枚，外面被鳞片状腺点，刺毛状腺体或光滑，较少有瘤状突起；小叶椭圆形、长圆形、卵形，较少披针形；根和根状茎含甘草甜素；花粉粒圆三角形。
  2. 荚果扁平或膨胀，但不呈念珠状，外面被鳞片状腺点，刺毛状腺体或瘤状突起；小叶椭圆形或长圆形，顶端锐尖或渐尖；植株较粗壮，高 30 厘米以上。
    3. 荚果两侧压扁，在种子间下凹或之字形曲折；在背腹面直、微弯或弯曲呈镰刀状至环状。
      4. 小叶椭圆或长圆形。
        5. 荚果弯曲成镰刀状或环状，在序轴上密生成球形果穗，除被刺毛状腺体外，尚有瘤状起 ………………………… 1. 甘草 *G. uralensis* Fisch.
        5. 荚果之字形曲折，形成长圆形的果穗，光滑或被疏散的白色茸毛 ………………………………… 2. 无腺毛甘草 *G. eglandulosa* X. Y. Li
      4. 小叶披针形或长圆状披针形；荚果直或微弯，光滑或具刺毛状腺体 ………………………………………………… 3. 光果甘草 *G. glabra* L.
    3. 荚果膨胀，直，种子间不下凹，被褐色腺点 ………………………………………………………………………………… 4. 胀果甘草 *G. inflata* Bat.
  2. 荚果念珠状，光滑；小叶 5～9 枚；植株较短小，高 10～30 厘米 ……………………………………………………………………… 5. 粗毛甘草 *G. aspera* Pall.
1. 荚果圆形、圆。肾形或卵形，有种子 2 枚，外面被黄色刚硬的刺或瘤状突起；小叶披针形或长圆形，边缘具微小刺毛状细齿；根和根茎不含甘草甜素；花粉粒近圆形。

（续）

6. 荚果圆形或圆肾形，有瘤状突起；总状花序上的花不密集呈球状；小叶长圆形或披针形，顶端微凹或钝 …………… 6. 圆果甘草 *G. squamulosa* Franch.
6. 荚果长卵形或卵圆形，被刚硬的刺；总状花序上的花密集呈球状或长圆状；小叶披针形，顶端渐尖。
   7. 总状花序长圆形；荚果卵圆形，顶端突尖，疏被刚硬的刺……………………………………………………………… 7. 刺果甘草 *G. pallidiflora* Maxim.
   7. 总状花序近球状；荚果长卵形，顶端骤尖，密被刚硬的刺……………………………………… 8. 云南甘草 *G. yunnanensis* Cheng f. et L. K. Tai ex P. C. Li

甘草属植物具有广泛而有效的药用价值。中国药典1977年版一部开始认定的药用甘草植物有3种，即乌拉尔甘草（*G. uralensis*）、光果甘草（*G. glabra*）、胀果甘草（*G. inflata*）；以后在1990年药典又将黄甘草（*G. eurycarpa*）、粗毛甘草（*G. aspera*）、云南甘草（*G. yunnanensis*）认定为药用甘草植物。药用甘草植物种检索表如表1-2：

表1-2 药用甘草植物种检索表

Table 1-2 Species key of medicinal *Glycyrrhiza*

1. 根和根状茎甜或微甜；叶基部圆形；总状花序稀疏，不成头状球形。
1. 根和根状茎不甜；叶基部楔形；总状花序紧密，密集成球形；荚果直，具有较多密而褐色的刺，排列为紧密的球形果序 ………… 6. 云南甘草 *G. yunnanensis*
2. 小叶卵圆形、倒卵圆形或椭圆形；荚果弯曲或镰刀状弯曲。
2. 小叶披针形，矩圆状卵圆形或少有椭圆形；荚果直或微弯。
3. 植物体细弱矮小，高为10～30厘米；荚果念珠状，光滑 ……………………………………………………………………… 5. 粗毛甘草 *G. aspera*
3. 植物体较粗壮，高约30厘米以上；荚果不为以上特征。
4. 小叶常2～4对；花长9～13（14）毫米，总状花序较叶短或与之等长，荚果一侧弯曲被密集元柄短腺状糙毛，但不形成小疣 ……… 3. 黄甘草 *G. eurycarpa*
4. 小叶常3～8对，花长14～19毫米，总状花序较叶短；荚果螺旋状或镰刀状弯曲，被刺状腺毛，具密集小疣 ……………………… 1. 乌拉尔甘草 *G. uralensis*
5. 荚果长或稍微弯曲，扁平光滑或被刺毛 ………………… 2. 光果甘草 *G. glabra*
5. 荚果较短，膨胀，光滑（或被短腺状刺毛） …………… 4. 胀果甘草 *G. inflata*

甘草属古地中海区，欧亚大陆草原区域亚洲中部亚区温带亚洲成分植物系区，它常与苦豆子、麻黄成为区内的建群种。该区属温带荒漠气候地带，光热资源丰富，冷热变化剧烈，少雨干燥，风速大、沙暴多，总体处于退化阶段。

三、甘草属植物的分布

甘草属植物广泛分布于北半球寒温带、暖温带、干旱和半干旱地区（北纬36°～57°，东经0～126°），少数几个种分布在南半球的智利和澳大利亚。*G. acanthocampa* J. M. Blaek 分布于澳大利亚南部和新西兰；*G. astragalina* Gill 分布于智利、赞比亚和美国南部地区。光果甘草 *G. glabra* 和乌拉尔甘草 *G. uralensis* 是本属植物分布区域最大的广布种。前者广布于欧亚大陆，从南欧、地中海北部沿岸、北非、俄罗斯西西伯利亚、中国新疆至甘肃疏勒河中下游；后者从中亚、西西伯利亚经中国西北、华北、东北至东西伯利亚、贝加尔湖沿岸，而亚洲中部古老而干旱的高原是其分布的中心地带（图1-1）。

中国是甘草属植物种（species）分布最多的国家（图1-2）。其中，新疆又是本属药用植物种质资源最丰富的省份，是甘草属植物分布的中心（图1-3）。

乌拉尔甘草在我国分布最广，西起新疆北部（东经76°）到黑龙江中部（东经126°）（图1-4）。从新疆北部额尔齐斯河谷的阿勒泰，经塔城、克拉玛依、博乐、伊犁、石河子、昌吉、哈密、吐鲁番、库尔勒、阿克苏到巴楚、喀什、和田均有分布，但以新疆北疆为主；再经青海柴达木北部，进入甘肃河西走廊，沿疏勒河流域，经酒泉、张掖、民勤，进入内蒙古腾格里沙漠的阿拉善盟、巴彦淖尔盟的磴口县到达黄河河套地区；内蒙古及周边的主要分布区包括：伊克昭盟库布齐沙漠的杭锦旗和毛乌素沙地的鄂托克前旗，以及宁夏的灵武、盐池、同心，陕北无定河流域

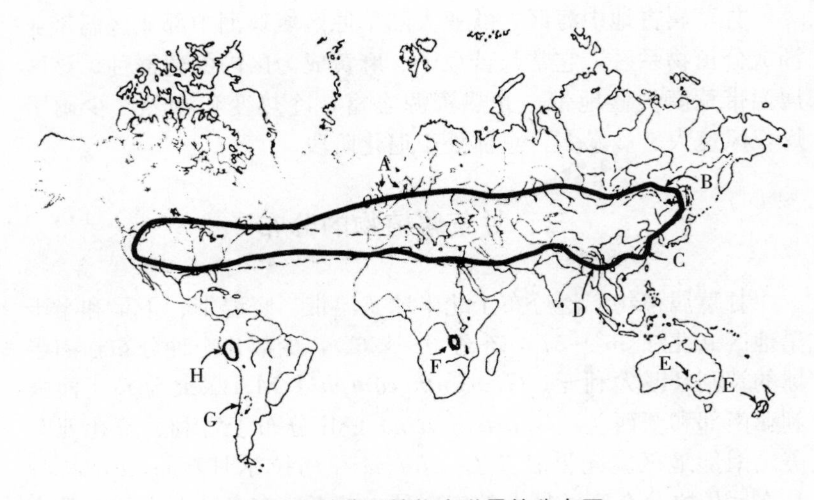

图 1-1　甘草属植物在世界的分布图

A. 为法英各国　B. 黑龙江北岸　C. 江苏南部　D. 昆明

E. 澳大利亚与新西兰　F. 赞比亚　G. 智利　H. 秘鲁（待论证）

Fig. 1-1　A international distributing rough map of *Glycyrrhiza* species

的定边、靖边、横山、榆林等地。

伊克昭盟是我国传统中药材甘草"西草"的主产地，誉称为"中国甘草的故乡"，其西部高原有数百万亩以乌拉尔甘草为优势种的植物资源群落，由此向北跨越黄河，经包头、呼和浩特、乌兰察布盟及山西、河北北部到内蒙古东部赤峰市和科尔沁沙地、西拉木伦河流域。

以内蒙古赤峰、敖汉、翁牛特等地为中心，又有成片较密集的野生乌拉尔甘草群丛分布，是我国传统甘草药材商品"东草"的主产地。由此经哲里木盟奈曼、辽宁朝阳、北票往北，沿松辽平原西侧的通辽、白城、科尔沁镇，直抵松嫩草原北端松花江流域和嫩江汇合处的黑龙江省泰来、杜伯尔特、安达、大庆、齐齐哈尔以及三肇地区的肇州、肇源和肇东，这是我国乌拉尔甘草最东北的分布边缘。这里的野生甘草商品资源已开发殆尽，年生产

图 1-2　甘草属植物在中国的地理分布示意图

Fig. 1-2　A distributing rough map of *Glycyrrhiza* species in China

量已不能满足本地药用的需要，急需建立人工栽培的甘草商品生产基地。

野生胀果甘草分布于甘肃、新疆、陕西和山西等省（自治区），主要分布在新疆天山以南暖温带，喀什、阿克苏、巴音郭楞蒙古自治州等地，其中以塔里木河、孔雀河等流域最为集中，也是新疆商品甘草的主要来源。野生光果甘草在新疆和青海有分布，其中新疆天山南部水源较充足的地方为主要分布地。

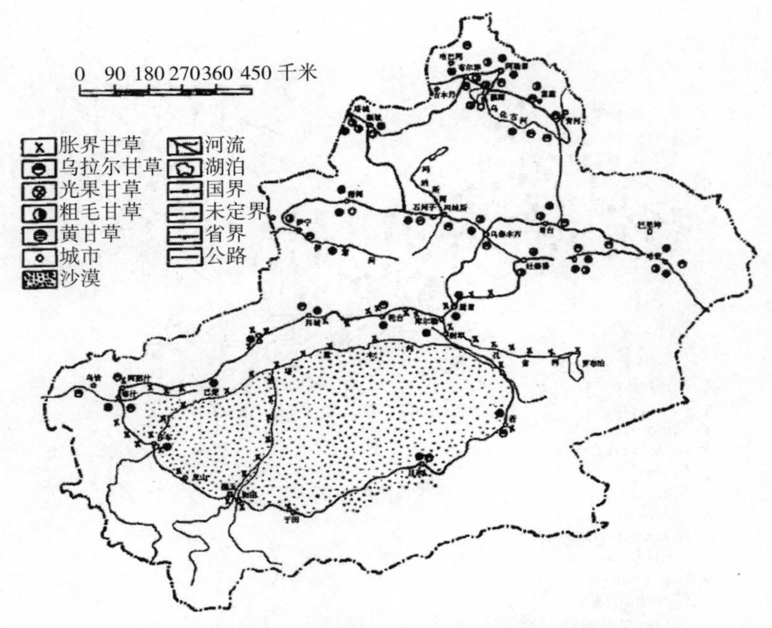

图 1-3　新疆甘草分布示意图

Fig. 1-3　A distributing rough map of *Glycyrrhiza* species in Sinkiang

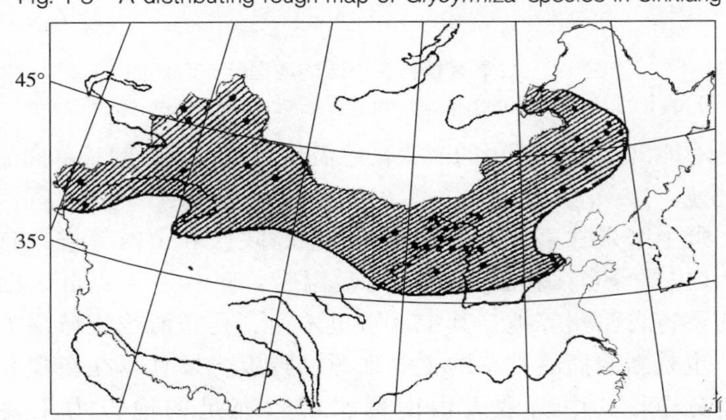

图 1-4　乌拉尔甘草在中国的分布略图

Fig. 1-4　A distributing rough map of *Glycyrrhiza uralensis* in China

四、国际上甘草属植物的区划

根据产区和化学成分异同，国际上公认将药用甘草商品划分为四类：

1. 西班牙甘草　原植物是光果甘草 *G. glabra*。光果甘草是欧洲和中亚地区使用最广泛的种，因而又称欧亚甘草。其分布中心在中亚西亚地中海北部沿岸，包括西班牙、法国、意大利（含西西里岛），向东至巴尔干半岛、土耳其、叙利亚，一直延伸到原苏联中亚地区及中国的新疆。南欧产的甘草与西班牙甘草属同一类。西班牙甘草包括西班牙地产甘草，也包括由地中海沿岸各国经销，在西班牙集中，由西班牙再出口的甘草药材商品。

2. 哈萨克斯坦、乌兹别克斯坦、土库曼斯坦、吉尔吉斯斯坦、俄罗斯的甘草　原植物主要为光果甘草、乌拉尔甘草。该种分布于前苏联欧洲部分地中海、第聂伯河、伏尔加河沿岸及高加索和巴尔干半岛的希腊、匈牙利和罗马尼亚以及中亚的叙利亚、伊朗、巴勒斯坦和西奈地区。光果甘草含有多种甘草次酸类化合物，包括甘草酸，达5%～6%。还有甘草次酸。前苏联甘草药材原植物还包括光果甘草、乌拉尔甘草，但前苏联药学教科书及哈萨克斯坦等有关资料记载，供药用的商品甘草主要是乌拉尔甘草。

2016年，笔者再考察哈萨克斯坦，从阿拉木图到阿斯塔拉，往东再走约500千米，全境分布为乌拉尔甘草，约1 500万亩甘草，未发现其他种类的甘草。土库曼斯坦、阿富汗及阿姆河一带2 600千米区域基本为光果甘草。吉尔吉斯斯坦伊塞克湖周边800千米基本是红皮乌拉尔甘草，南部澳什一带甘草根皮为粉红色，地处天山北坡，为乌拉尔甘草。

2011年秋，笔者考察过乌兹别克甘草，从塔什干到鲁库斯，都是光果甘草或光果甘草变种，没发现乌拉尔甘草。

3. 中国甘草　乌拉尔甘草是我国甘草资源分布最广泛的种，从东北的黑龙江、辽宁、吉林，华北的河北、山西、内蒙古，西北的陕西、甘肃、宁夏、青海、新疆均有分布，主产区在内蒙古、宁夏、甘肃、新疆。光果甘草主要分布在新疆北疆地区的玛纳斯、沙湾、察布查尔、伊宁等县，南疆地区的库尔勒铁门关和东疆的吐鲁番桃儿沟。胀果甘草主要分布在新疆的东部和南部，甘肃的金塔、酒泉、敦煌、安西、嘉峪关和苏勒河沿岸也都有分布。胀果甘草提取分离的黄酮类化合物、甘草黄酮苷 A、甘草查耳酮苷 A・B 优于其他甘草种。根据《中华人民共和国药典》1977 年版确定，中国药用甘草商品原植物为乌拉尔甘草、光果甘草、胀果甘草。

4. 其他产地甘草　除中亚、东欧及地中海沿岸分布中心外，在中东地区的叙利亚、巴勒斯坦等地也有分布，北美及南美（智利）和澳大利亚也有分布，但这些国家将甘草作为资源环境保护，近年来已很少开发利用。

五、中国野生甘草属植物区划

经过多年的考察研究，我们将中国的野生甘草按产地区划，划分成以下 5 个区域更为合理。

①以内蒙古赤峰为中心，包括黑龙江西部、吉林中西部、辽宁中西部、内蒙古集宁以东地区、河北北部地区。此地区以乌拉尔甘草为主。

②以内蒙古伊克昭盟为中心，包括内蒙古集宁以西地区、宁夏全境以及陕西、山西北部地区。此地区以乌拉尔甘草为主。

③以甘肃河西走廊武威、张掖、酒泉为中心，包括甘肃全境，青海中东部地区。此地区以乌拉尔甘草为主，少有黄甘草，已绝迹。

④以新疆北部阿勒泰为中心，包括阿勒泰、克拉玛依、乌鲁

木齐、奇台等北疆地区。此地区以乌拉尔甘草为主，少有光果甘草。

⑤以新疆南部喀什为中心，包括阿克苏、库尔勒等塔里木盆地周边地区。此地区以胀果甘草为主，少有乌拉尔甘草、光果甘草。

中国的野生甘草按商品种类区划，可以分为东草和西草。

1. 东草　分布区主要包括黑龙江、吉林、辽宁 3 省西部和内蒙古东部地区，河北北部地区等。主产于黑龙江省、内蒙古奈曼旗、敖汉旗、赤峰市。历史上面积和产量都很可观，是新中国成立前后甘草商品药材的主要供给地。由于日本侵略时破坏严重，又靠近海岸，流通快，以及无计划的过度采挖，加之大面积农业生产的发展，商品能力下降很快，质量高的“棒草”已稀少，目前主要是满足配方药使用。

2. 西草　分布区主要包括内蒙古中西部（呼和浩特以西），甘肃全境，宁夏回族自治区全境，新疆全境以及陕西、山西、青海、西藏等。主产在内蒙古伊克昭盟的杭锦旗、鄂托克前旗，巴彦淖尔盟的磴口县。“西草”分布面积大，蕴藏量多，不但供内销，而且外销创汇。由于缺乏科学的利用和管理，采挖量负荷大，野生资源急剧减少，20 世纪 70 年代几乎近于枯竭。80 年代初开始大面积人工护管，并和草原建设结合起来，研究和推广人工种植，资源得以较快恢复。

由于西草生境的气候土壤类别不同，其产出的商品草质量有明显差异，因而西草又被区分为梁地草、沙地草、滩地草等类别。

一是梁地草。梁地草皮呈棕黄色至暗棕色，体形和表面状况与沙地草相似，口面平坦少外翻，质地致密沉实，放入水中可没于水面之下，粉性不及沙地草大，甜味纯正浓厚，不带苦味。梁地草根茎不发达，数量少，支株少，延伸范围小，主根发达，但不均匀，一般呈上粗下细形状，根头距地面 20～30 厘米。商品草以主根为主。以伊克昭盟杭锦旗白音乌素、西北沟、六队壕、红酿菜壕生长的甘草为代表，其品质优良，国内、国际市场很受欢迎。

二是沙地草。沙地草体形通直，呈圆柱形，皮棕红到暗红色，横生环状皮孔。有浅纵皱纹，敲之声音清脆，断面黄色致密，口面稍外翻，质地致密沉实，放入水中下沉或没于水面之下。粉性大，甜味纯正浓厚，不带苦味，根茎具潜伏芽或芽脱落痕迹。沙地草水平根茎发达。生长均匀，水平根茎延伸范围大，呈不规则放射形，支株多，形成的母株周围大范围的由数量不等（可达 20 余株）的支株组成的地下网络。生长在沙化环境的植株随着覆沙厚度的增加，可形成 2～3 层的根茎层。主根和侧根不发达，不定根数量较多。根头一般在地面 50～100 厘米以下，最深可达 200 厘米。商品草以根茎为主。主要指伊克昭盟鄂托克前旗及其以南、以西的陕西省定边县和宁夏盐池、灵武、同心县所产的甘草，其品质不及梁地草。

三是滩地草。体形多弯曲。下端常分枝，皮棕褐色，口面微凹，质地欠沉实，放入水中一般浮于水面不下沉，粉性小，甜味浓厚。但略带苦味。滩地草水平根茎多而粗壮，延伸的范围大，一般距地面 20～30 厘米，支株多（可达 40 余株），主根极不发达，多呈杈状。商品草以根茎为主。主要指黄河流经内蒙古段河床冲积滩上所产的甘草。

第三节　甘草属植物的生物学特性

一、乌拉尔甘草 *Glycyrrhiza uralensis* Fisch.

（一）形态特征

多年生草本，茎高 50～150 厘米，全株被有白色短柔毛和腺毛（图 1-5）。地下根茎通常淡黄色，少数为深褐色，较老的根部外皮呈红色（图 1-6）。叶互生，奇数羽状复叶，小叶 4～8 对，卵圆形，顶端一小叶较大，两侧成对的小叶由上而下渐较小，两面和边缘被棕色腺体及白色短柔毛，小叶具短柄，两侧托叶披针

图 1-5　乌拉尔甘草植株果实

Fig. 1-5　Plants and fruits of *G. uralensis*

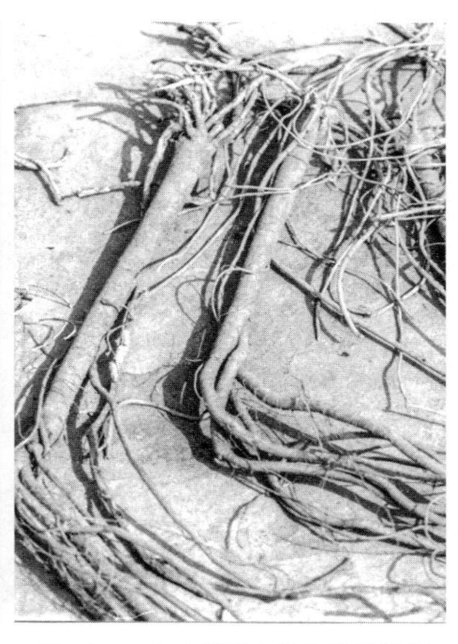

图 1-6　三年生栽培乌拉尔甘草鲜根

Fig. 1-6　Fresh root of triennial planting *G. uralensis*

形，细小，具白色短柔毛。总状花序短于叶，腋生，花梗极短，基部下方一卵形小苞片。花萼钟形，外面被白色短柔毛和棕色腺体，内面在裂片上有棕色腺体。花冠蝶形，紫红色或蓝紫色，较花萼为长，花瓣 5 个，最上一瓣为旗瓣，较大，短圆形，长约 1.5 厘米，宽约 0.6 厘米，先端近于圆形，基部渐狭，呈短爪状；翼瓣线形，长约 1 厘米，基部一侧下延呈爪，长约 0.4 厘米；龙骨瓣较翼瓣稍短；雄蕊 10 个，其中 9 个花丝联一体：花药大小不等；子房无柄，上部渐细成短花柱。荚果多数紧密排列成球形，窄长而弯曲成镰刀状或弯曲成环状，密被状刺腺毛。种

子3～9粒，扁圆形或肾形，褐色，千粒重10～15克。花期6～8月，果期7～9月。

（二）种子形态及组织结构

乌拉尔甘草种子（图1-7）呈圆形或肾形，略扁，长2.5～4.5毫米，宽2.5～4.0毫米，厚1.5～2.7毫米，表面光滑，暗绿至棕绿色，或黄棕色至棕绿色，以棕绿色者居多；种脐在一侧，中心下陷呈暗棕色小圆点，合点在种脐的下方，呈较种皮色深的斑点，两者相连为种脊，为一暗棕色条纹，质地坚硬，齿啮不破。

图1-7 野生乌拉尔甘草种子（内蒙古产）
Fig. 1-7 Seeds of wild *G. uralensis* (Inner Mongolia)

种皮外层革质，厚0.20～0.25毫米，内胚乳紧贴于种皮的内侧，周边的较薄；胚发达，子叶肥厚。种皮外侧为栅状表皮细胞，径向延长，长93～102微米，宽8～12微米，壁特异增厚，表面观呈多角形，细胞腔极小，沿外侧切向面有一条折光性较强、宽7～12微米的明线，细胞腔靠外侧的2/3部分极狭窄，内侧的1/3部分呈三角形，内含暗棕色树脂类物，表皮细胞内侧是一层柱状下皮细胞，长20～33微米，宽15～26微米，壁增厚柱状，其内为数层膨胀层薄壁细胞，未吸水前，壁皱缩，形状不规则，吸水膨胀成椭圆形至矩圆形，切向延长，内含暗棕色物。膨胀层内侧是内胚乳细胞，层数不定，多达16层细胞，少则2～4层，细胞呈多角形，壁厚，腔小，内含糊粉粒和油滴。两片子叶叠合处为上表皮细胞，其外侧壁稍厚，其内为栅栏组织，细胞3～4层，长32～53微米，宽12～16微米，下表皮细胞与上表皮细胞相似，其内为海绵组织，细胞 4～6 层；于栅栏和海绵缀织间，嵌有细胞极小的原形成层组织；叶肉细胞内均含有大量糊粉粒和油滴。

（三）根的显微特征

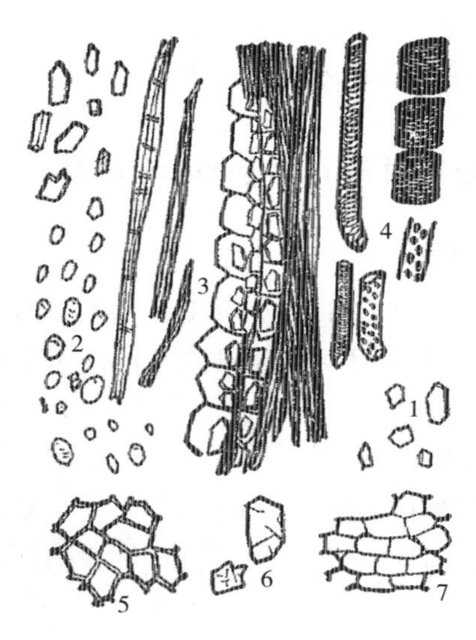

图 1-8　乌拉尔甘草根的显微结构

1. 色素块　2. 淀粉粒　3. 纤维和晶鞘纤维

4. 导管　5. 木栓细胞　6. 射线细胞　7. 草酸钙结晶

Fig. 1-8　Root microstructure map of *G. uralensis*

纤维　成束，也有离散的。平直或稍弯曲，两端细尖，壁厚，胞腔线形；有分隔纤维。纤维束周围的薄壁细胞中含有方形、类方形或多角形草酸钙结晶，形成晶鞘纤维。

导管　主要为具缘纹孔导管，尚有网纹导管，偶有螺纹导管。具缘纹孔呈椭圆形或斜方形。网纹导管为顶端圆形开口（没有呈尾状的突起）。

草酸钙结晶　呈长方形、类方形、多角形，偶有三棱形。

淀粉粒　甚多，单粒，呈椭圆形、卵形或球形；脐点常位于一端呈点状、短缝状，大粒层纹隐约可见。复粒稀少，由二粒复合而成。

木栓细胞　呈棕红色，壁薄，微木质化，多角形，大小较均匀。

色素块　少数呈黄棕色，形状不规则。

射线细胞　壁薄，非木质化，无纹孔。

二、胀果甘草 *Glycyrrhiza inflata* Bat.

（一）形态特征

多年生草本，茎直立，高 50～140 厘米（图 1-9）。它与乌拉尔甘草主要区别为植物体局部密被成片的淡黄色鳞状腺体，不具腺毛。根茎粗大、木质（图 1-10）；小叶较少，通常为 3～5 片，偶可达 7 片，椭圆形或卵形，边缘波状，干时有皱褶，叶面暗绿色，具黄褐色的腺点，叶背有似涂胶状光泽；总状花序，通常与

图 1-9　胀果甘草植株、果实

Fig. 1-9　Plants and fruits of *G. inflata*

图 1-10　野生胀果甘草根

Fig. 1-10　Fresh root of wild *G. inflata*

叶等长；荚果短小而直，膨胀，光滑或具腺毛；果皮坚硬，有种子 3～7 粒。种子肾形，黄褐色，千粒重 9～10 克。

（二）种子形态及组织结构

胀果甘草种子呈圆肾形（图 1-11），长 3.25～3.65 毫米，宽 2.90～3.77 毫米，厚 2.40～2.71 毫米。表面灰黄色或淡棕绿色，种脐周边有一微隆起淡黄色环，种脊棕色条状隆起。

图 1-11　野生胀果甘草种子

Fig. 1-11　Seeds of wild *G. inflata*

种子横切面：表皮外被角质层，栅状细胞径向长 70～76 微米，直径 8～12 微米，外缘有一光辉带，细胞壁自内向外渐增厚，近光辉带处厚至几无胞腔。支持细胞呈哑铃形，径向长14～18 微米，基部宽 16～20 微米，缢缩部壁厚 2～4 微米。胚乳细胞壁薄，遇水膨胀后呈不规则形，长 120～230 微米，宽 30～80 微米。其他特征与乌拉尔甘草种子相似。

（三）根的显微特征

纤维　成束，也有分散的，细长，两端尖，有的纤维中部增宽；壁厚，胞腔窄小，呈线状；偶有分隔纤维，纤维周围的薄壁细胞有方形或多角形的草酸钙结晶，形成晶鞘纤维。

导管　主要为具缘纹孔导管和网纹导管，具缘纹孔导管纹孔呈椭圆形，排列紧密，网纹导管的网纹紧密，导管开口平而圆，偶有直径较细的螺纹导管（直径 2.5 微米）。

草酸钙结晶　呈长方形、类方形和多角形等。

淀粉粒　多为椭圆形，亦有圆形或类似圆形，复粒稀少，由 2 至多粒复合而成；层纹不清，脐点呈点状或缝状，多位于粉粒的一端。

木栓细胞　角稍厚，呈棱形或多角形。

色素块　较少，形状不规则。

射线细胞　略呈长方形，壁薄，无纹孔。

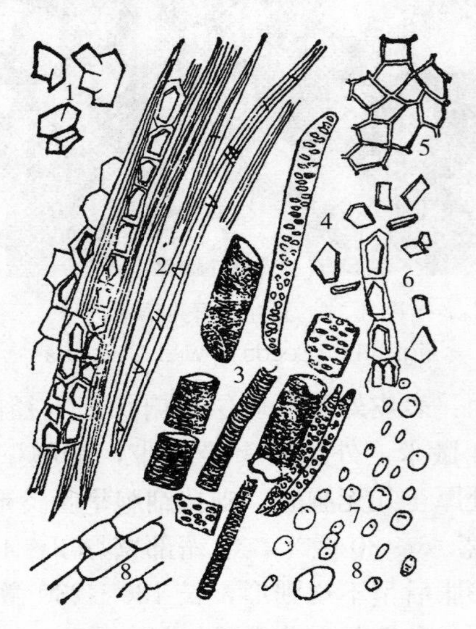

图 1-12　胀果甘草根的显微结构

1. 色素块　2. 纤维和晶鞘纤维　3. 导管　4. 管胞
5. 木栓细胞　6. 草酸钙结晶　7. 淀粉粒　8. 射线细胞

Fig. 1-12　Root microstructure map of *G. inflata*

管胞　为具缘纹孔管胞，两端稍窄而尖，具缘纹孔近圆形。

三、光果甘草 *Glycyrrhiza glabra* L.

（一）形态特征

多年生草本，高 80～180 厘米（图 1-13）。它与乌拉尔甘草极相似，主要区别为植物体密被淡褐色腺点和鳞片状腺体，常局部有白霜，不具腺毛。小叶较多，为 5～19 片，长椭圆形或窄长卵状披针形，两面均淡绿色，叶面无毛或有微柔毛，叶背密被淡黄色不明显的腺点；穗状花序腋生，花稀疏；花序与叶等长或略长。荚壳坚硬，有种子 3～9 粒，种子卵圆形，深褐色，千粒重 7～8 克；花期 6～8 月，果期 7～9 月（图 1-14）。

图 1-13　光果甘草植株、果实
Fig. 1-13　Plants and fruits of *G. glabra*

图 1-14　四年生栽培光果甘草根
Fig. 1-14　Root of quadriennial planting *G. glabra*

（二）种子形态及组织结构

种子近圆形（图1-15），小，长2.58～3.15毫米，宽2.55～2.85毫米，厚1.82～2.11毫米。表面棕色或棕褐色，种脐圆点状，种脊棕褐色。

种子横切面：栅状细胞细长，直径4～8微米，壁较薄。支持细胞略呈哑铃形或宽哑铃形，胞腔内径宽窄相差较大，侧壁及内外壁均薄，厚1～2微米，排列略不整齐。胚乳细胞含黏液，遇水膨胀呈不规则形，较小，长径54～74微米，宽20～34微米。

图1-15　野生光果甘草种子（新疆阿瓦提产）
Fig. 1-15　Seeds of wild *G. glabra*（Sinkiang Awati）

（三）根的显微特征

纤维　成束或离散，平直或稍弯曲，边缘不整齐，自中部向两端逐渐变细，偶有中部膨大，向两端突然变细。周围的薄壁细胞有方形或多角形的草酸钙结晶，形成晶鞘纤维。

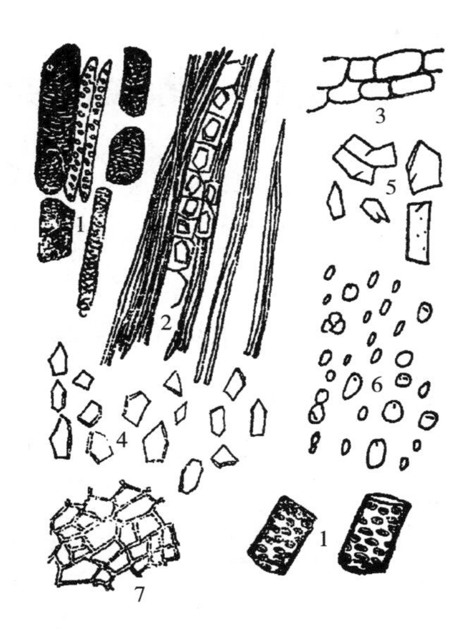

图 1-16　光果甘草根的显微结构

1. 导管　2. 纤维和晶鞘纤维　3. 射线细胞

4. 草酸钙结晶　5. 色素块　6. 淀粉粒　7. 木栓细胞

Fig. 1-16　Root microstructure map of wild *G. glabra*

导管　主要为具缘纹孔导管，纹孔椭圆形，排列紧密。除具缘纹孔导管外，尚有网纹导管。导管升口平直圆形或在侧面开口，偶有螺纹导管。管胞尖细，纹扎排列清楚。

草酸钙结晶　呈类方形或多角形。

淀粉粒　较小，呈圆形、椭圆形，脐点多为点状，偶有缝状脐点，脐点多位于淀粉粒的一端或中央，层纹不清晰；由二至多个单粒组成的复粒。

色素块　黄色或黄棕色，形状不规则。

木栓细胞　呈多角形，大小不均等。

射线细胞　呈长方形或方形，壁薄，无纹孔。

第四节　甘草属植物的生态学特性

一、影响甘草生长的生态因子

甘草在中国分布广泛，生态幅度较宽，受到气候、水分、土壤等生态条件的影响，而呈区域性分布，这些影响甘草生长的因子分述如下。

（一）气候对甘草生长及甘草种子发芽率的影响

甘草生长区域，多为极端大陆性气候，夏季酷热，冬季严寒，昼夜温差大。例如，新疆北部的阿勒泰，年平均气温只有3～6℃，极端最低气温－43℃，无霜期130天，日最低气温低于－20℃的寒冷日达61天，极端年较差73℃，日较差最大26.5℃，冻土深度达110厘米，地面积雪期140天左右，是我国有名的寒冷地区；然而在这样的条件下，野生甘草仍连片分布，生长良好。

温度对甘草种子的发芽率及活力指标有显著的影响。随着温度的升高，甘草种子的发芽率呈现有规律的变化。在10～30℃范围内发芽率逐渐提高，30℃时为最高值，达95%，30～45℃之间发芽率逐渐降低。

（二）土壤、地形对甘草的影响

通过多年的野外调查可以看出，甘草对海拔地形、土质的要求不甚严格。甘草的垂直分布范围在海拔0～2 000米之间，甚至在新疆吐鲁番盆地的阶梯地低于海平面80米及乌恰县高于2 000米的克孜勒苏河河谷都有甘草生长。甘草能够在轻壤、砂壤、重壤及黏壤等多种质地的土质生长，甚至在河谷砾石质滩地中均有分布。但多见于砂质壤土中，新疆3种主要甘草均适于在钙质土壤生长，并有一定的抗盐性。胀果甘草不仅能很好地生长在盐化草甸上、草甸盐土之上，甚至在结皮盐土上也可以生长。这种土壤表皮形成盐结壳，含盐量高达50%，直到底土还有1%左右。根据大量土壤样品分析，胀果甘草耐盐极限可达20%，最适为2%～4%。乌拉尔甘草及光果甘草，不但喜欢生长在土层深厚的钙质土上，在荒漠草甸土和草甸盐土上也有大面积生长，如南疆的巴楚、阿克苏。但是它们耐盐程度上远不及胀果甘草，其耐盐最高极限为10%，最适为1%～2%。

在调查中发现，各种土壤影响着甘草地下根茎表皮及髓部的性状（表1-3）。

表1-3 各种土壤对甘草地下根茎的影响

Table 1-3 Underground rootstalk of *Glycyrrhiza uralensis* in different soil types

土壤名称	表皮	髓部
沼泽化草甸盐土	紫红色、粗糙	粉、淡黄色、发亮
荒漠草甸土	暗褐色、皮光滑	粉、暗黄色、稍松
盐化草甸土	红褐色	粉、淡黄色
结皮盐土	黑褐色	粉、木质化坚硬
半固定沙丘	褐色、粗松	粉、淡黄色

（三）水分对甘草生长的影响

甘草是中生植物，抗旱性能强。甘草虽较耐旱，但其生长发育必须有一定的水分供应。胀果甘草在耐干旱上比乌拉尔甘草、光果甘草强。这是因为它有较其他品种的甘草更为发达的根系，能够直接吸收地下水。胀果甘草分布地区降雨量很少，都在60厘米以内，有些地方仅15厘米，甘草需要的水分全靠根系吸收地下水。调查发现，地下水位在1～5米之间，胀果甘草均可良好地生长，形成群落。地下水位下降至5～8米，胀果甘草仍可生长，并开花结实，但种群个体锐减。当地下水位低于8.5米以下时，则很少再有胀果甘草分布。

土壤含水量对甘草种子发芽率影响很大。在伊克昭盟的野外调查资料表明：土壤含水量为2.5%时，甘草种子不发芽；土壤含水量为5%时，甘草种子发芽率为16%；土壤含水量为7.5%～15%时，甘草种子发芽率为84%～92%，此时较适宜甘草种子发芽。当土壤含水量升至20%时，甘草种子发芽率降至53.2%。调查还发现当土壤含水量达到15%时，种子开始霉烂，霉烂率2%；当土壤含水量为17.5%～20%时，甘草种子萌发数虽然较高，但霉烂率相应增高到14%～38.7%，致使部分萌发种子未达到发芽标准而霉烂，降低了发芽率。故甘草种子发芽最适宜的土壤含水量在10%～12.5%，此时发芽率可达90%以上。

甘草生长虽需水分，但却要求排水良好，不发生积水。若是水分过多，甘草根茎腐烂，大片死亡，这也就是沼泽地无甘草生长的原因。地下水高（0.5～1米），甘草生长受阻，根浅分枝多，植株低矮。地下水高于0.5米以上很少有甘草分布。在调查时未见新疆北疆有野生胀果甘草分布，这可能同该种对温度和热量的需求有关。查阅气象资料，胀果甘草分布的县市，平均极端最低气温均高于－24.5℃，无霜期均大于175天，年积温（≥10℃）在3 600℃以上，而降水量均低于80毫米。

综上所述，甘草生长的限制因子主要是热量和水分。海拔过高（超过2 000米）热量不足很少有甘草分布。降雨量稀少，或地下水位过低甘草也难于生存。所以甘草多集中分布于日照充足的平原和水分条件较好的河谷两岸，河流域的河漫滩，洪积、冲积扇下部，泉水溢出带和低洼地区，地下水位高的地方。

（四）光照对甘草生长的影响

甘草是喜光照的植物。在光照时间短、强度小的地方，它的茎往往很细弱，分枝也很少。在光照充分的地方，枝叶分泌物多而浓，在阴处生长的甘草，枝叶分泌物少而淡。叶子的薄厚也有差别，光照时间长、光照充足，叶片呈绿色，树荫下或灌木丛中混生的甘草，由于光照不充足，叶片薄而色淡。

甘草为阳生植物，野生甘草试验表明，当平均日光照少于8.5小时，甘草生长即受到影响，随着日光照时间缩短，甘草植株高生长增加，株重降低；当平均日光照缩短到6～8小时，甘草高生长终止期推迟；当平均日光照少于6小时，甘草开始出现黄化现象，且随着日光照射时间缩短，黄化现象越来越重，开花期推迟，且不结实；平均日光照少于3.5小时，甘草不开花，并明显的降低单株鲜重。

遮光对甘草枝叶特征影响明显，遮光一周后，除每日8～9时、8～10时遮光的叶片颜色、手感无变化外，其他处理8～12时、8～14时、8～16时、12～14时都与不遮光对照有差异，叶片变薄，颜色变浅，节间伸长，枝叶纽嫩，黏性分泌物减少，粗糙度变小，并且随着遮光时间的增长，这种变化越来越明显，一直持续到植株枯黄。如遮光处理8～12时、8～14时、8～16时，单株鲜重只有不遮光对照的58.7%、49.2%、36.3%。

为保证甘草正常生长发育，人工栽培甘草选地应尽量避开高大建筑物、林地、林带，不与高秆作物间作、套种等。

（五）风沙对甘草生长的影响

风沙灾害主要有沙打、沙压和风蚀地表等。刮大风时沙随风移，沙打甘草茎叶，并掩埋植株；同时风蚀地表，使甘草根、根茎裸露，生长受到影响。

野外观察发现，甘草被风沙击打后，叶片边缘卷曲，呈现黑斑，枯枝，生长不良，恢复很慢。调查和分析表明，甘草具有耐沙埋的特性。野生甘草适量埋沙（10～20厘米）能使水分条件相对改善，生长快、植株高，开花结实率达40.7%，较对照（不被沙压的植株）高8.7%；沙埋40厘米时部分甘草仍能返青，但物候期推迟，推迟天数与沙埋厚度呈非线性正相关。

对二年生人工栽培甘草，分别埋沙厚度 2 厘米、5 厘米、10 厘米、15 厘米、20 厘米、25 厘米、30 厘米，随着沙埋厚度的增加，甘草的返青期、展叶期推迟。埋沙 2 厘米，甘草返青期推迟 8 天；埋沙 25 厘米，推迟 24 天。随着埋沙厚度增加，返青率降低，埋沙 5 厘米，返青率降至 83.5%，埋沙 30 厘米，返青率仅为 7.9%。同样沙埋推迟了甘草物候期，植株变矮。

风蚀地表后，甘草地下部分不同程度裸露，营养环境变劣。据调查，在同等条件下，未风蚀地块甘草返青率为 100%，受风蚀地返青率为 89%，返青期明显推迟，生长发育严重受抑制，植株间物候期差异大，开花结实率仅为 6.7%，比对照降低 25.3%。

二、群落生态学研究

（一）国内外主要甘草群落

对于甘草的群落生态学的研究比较少，蒙古国和前苏联有过报道，且研究对象主要为乌拉尔甘草和胀果甘草。

蒙古国的甘草群落主要依据甘草的分布地按草原和草甸进行划分。

草原区甘草群落主要包括：滨麦—针茅群落，针茅—滨草群落，杂类草—禾本科群落；其中的优势种除了甘草外，还有毛针茅、贝加尔针草、克氏针茅、大针茅、滨麦 *Leymus secalinus*、华滨麦 *L. chinensis*（Tvin.）Tzrel.；副优势种有冷蒿 *Artemisia frigida* Willd.、狭叶早熟禾、大花洽草 *Kocleria macrantha*（Ledcb）Schult.、细洽草 *K. gracills*、冰草等。

草甸区甘草群落主要包括：芨芨草—甘草群落，滨草—甘草群落，拂子茅—甘草群落，芦苇—甘草群落，纯甘草群，冰草—甘草群落等。

在新西伯利亚省，甘草主要分布在南部草原及部分森林草原区的盐渍化土壤地带。共有 4 种植物群落：杂草类—蒿类—拂子茅群落、杂草类—早熟禾—赖草 *Aneurolepidium dasystachys* 群落，杂草类—羊茅群落，杂草类—蒿类—碱茅群落。

根据李学禹等多位学者的研究，中国的甘草属的植物群落主要包括：

宁夏中宁绿洲的莳蔓蒿（*Artemisia anethoides*）＋甘草—小花棘豆（*Oxytropis glabravar*）群落，银川绿洲荒漠草原区的甘草＋披针叶黄花（*Thermopsis lanceolata*）＋蓼子朴（*Inula salsoloides*）群落。

内蒙古包头一带的甘草＋短翼岩黄芪（*Hedysarum brachypterum*）＋蒿属（*Artemisia* spp.）群落，内蒙古伊克昭盟达拉特旗及杭锦旗荒漠及荒漠草原区的甘草＋苦豆子（*Sophora alopecuroides*）＋披针叶黄花群落。

晋西北、陕北、宁夏陕西甘肃边区地带风沙线上的沙芦草（*Agropyron mongolicum*）＋甘草＋蒿属群落。

甘肃民勤的甘草＋白刺（*Nitraria sibirica*）＋有叶盐爪爪（*Kalidium foliatum*）群落，甘草＋拂子茅（*Calamagrostis epigeios*）＋赖草（*Leymus secalinus*）群落。

内蒙古乌兰布和沙漠、腾格里沙漠和巴丹吉林沙漠的丘间低地或湖盆边缘的芦苇（*Phragmites communis*）＋芨芨草（*Achnatherum splendens*）群落。

内蒙古伊克昭盟沙地甘草＋麻黄（*Ephedra intermedia*）群落，油蒿（*Artemisia ordosica*）＋甘草群落，梁地甘草＋骆驼蒿（*Peganum nigellastrum*）群落，甘草＋芨芨草群落，甘草＋马蔺（*Iris lactea*）群落，甘草＋黄蒿（*Artemisia scoparia*），冷蒿（*Artemisia frigida*）＋甘草群落，甘草＋牛心卜子（*Cymanchum komarovii*）群落，滩地白刺＋甘草群落，毛刺锦鸡儿（*Caragana tibetica*）＋刺叶柄棘豆（*Oxytropis aciphylla*）群落，沙生针茅

(*Stipa glareosa*) ＋冷蒿群落，油蒿群落。

甘肃河西走廊的敦煌、安西、玉门、酒泉和金塔等地的大花白麻（*Poacynum hendersonii*）＋黑果枸杞（*Lycium ruthenicum*）＋甘草＋芦苇群落、骆驼刺（*Alhagi sparsifolia*）＋花花柴（*Kareliniacaspia*）群落和甘草＋苦豆子群落。

在北疆阿尔泰地区、天山北坡及马纳斯河流域有芨芨草＋苦豆子＋甘草群落，在阿尔泰地区亦有碱茅（*Puccinellia distans*）＋狭叶赖草（*Leymus angustus*）＋甘草群落。

在东北西部及内蒙古东部有甘草＋芦苇群落及甘草＋细叶黄芪（*Astragalus melilotoides* var. *tenuis*）＋蒿属群落，胀果甘草＋大花白麻群落，胀果甘草＋芦苇群落，胀果甘草＋黑果枸杞群落，胀果甘草群落，胀果甘草＋獐毛（*Aeluropus littoralis*）群落。

（二）内蒙古伊克昭盟甘草群落

国家“七五”科技攻关项目实施中对内蒙古伊克昭盟境内不同生境（沙地、梁地、滩地）的甘草群落类型、结构、植物种类及分布范围；各群落甘草根和根茎储量及采挖3年后的恢复情况进行了调查研究。采用我国目前的群落分类原则，即群落—生态学原则，将伊克昭盟甘草群落可划分为3个大类，即沙地甘草群落、梁地甘草群落以及滩地甘草群落。

1. 沙地甘草群落类　分布在起伏的流动、半固定和固定沙地，面积265万亩。植被总盖度30%～60%，甘草盖度10%～45%。产草量120～250千克/亩，其中甘草30～200千克/亩。甘草储量80～130千克/亩。

（1）沙地甘草群落　甘草呈团块状分布于流动或半固定沙地的丘间低地，范围较小；总面积86万亩，占沙地甘草面积的32.4%。植被总盖度35%，其中甘草25%。

伴生的植物有油蒿 *Artemisia ordosica*、骆驼蒿 *Peganum nigellastrum* Bunge.、沙米 *Agriophyllum squarrosum*、蒺藜

Tribulus terrestris L.、无芒隐子草 *Cleistogenes songorica*、刺沙蓬 *Salsola pestifer* Anelson.、沙生大戟 *Euphorbia kozlovi* Prokh. 等。

（2）甘草+麻黄群落　分布于鄂托克前旗布拉格苏木阿拉太嘎查、白图嘎查乌兰陶亥牧业社；总面积 2 万亩，占沙地甘草面积的 0.8%。植被总盖度 60%，其中甘草 25%、麻黄 10%。

伴生植物有雾冰藜 *Bassia dasyphylla*、油蒿、刺沙蓬、无芒隐子草、沙米、沙生大戟、胡枝子 *Lespedeza dahurica* 等。

（3）油蒿+甘草群落　该群落是沙地甘草中最大的一个类型。主要分布在鄂托克前旗布拉格苏木吐格图嘎查、芒哈图嘎查、陶利嘎查以及白图嘎查的石拉滩和查干陶勒盖两个牧业社、公乌素嘎查，杭锦旗白音乌素苏木宝日胡木嘎查到西北沟一带。总面积 177 万亩，占沙地甘草面积的 66.8%。平均植被总盖度 55%，其中油蒿 30%、甘草 20%。

伴生植物有骆驼蓬、沙米、刺沙蓬、无芒隐子草、胡枝子等。

2. 梁地甘草群落　分布在较平缓的波状起伏梁地，面积 430 万亩；土壤为灰钙土、棕钙土；植被总盖度 40%～50%，其中甘草 25%～40%；产草量 95～200 千克/亩，其中甘草 30～90 千克/亩；甘草储量 50～110 千克/亩。

（1）梁地甘草群落　该类型分布范围广，面积大，是伊克昭盟甘草的主要产区，总面积 168 万亩，占梁地草的 39%。

伴生的植物有蒙古虫实 *Corispermum mongolcum*、雾冰藜、藏锦鸡儿 *Caragana tibetica*、刺叶柄棘豆 *Oxytropis aciphylla*、冷蒿 *Artemisia frigida*、油蒿、胡枝子、二裂委陵菜 *Potentilla bifurca*、骆驼蓬、蒺藜等。

（2）甘草+骆驼蓬群落　分布于鄂托克前旗敖勒召其镇敖勒召其嘎查、毛盖图苏木伊克乌素嘎查、阿日赖嘎查、高林乌素；布拉格苏木公乌素嘎查、白图嘎查石拉滩牧业社；上海庙牧场一带以及杭锦旗浩劳柴登苏木等地。总面积 53 万亩，占梁地甘草面积的 12%。植被总盖度 40%，其中甘草 25%，骆驼蓬 10%。

伴生植物有虫实、银灰旋花 *Convolvulus ammannii*、胡枝子等。

（3）甘草+芨芨草群落　分布于鄂托克前旗布拉格苏木吐格图嘎查敖老乌素一带，总面积 8 万亩，占梁地甘草面积的 2%；植被总盖度 50%，其中甘草 30%、芨芨草 10%。

伴生的植物有藏锦鸡儿、刺叶柄棘豆、胡枝子、蒙古虫实等。

（4）甘草+马蔺群落　分布在鄂托克前旗布拉格苏木哈沙图嘎查、白图嘎查，总面积 67 万亩，占梁地甘草面积的 16%。植被总盖度 40%，其中甘草 20%、马蔺 15%。

伴生的植物有骆驼蓬、刺沙蓬、蒙古虫实、胡枝子、无芒隐子草、刺叶柄棘豆、藏锦鸡儿、芨芨草、油蒿等。

（5）甘草+黄蒿群落　分布于鄂托克前旗布拉格苏木乌堤嘎查、公乌素嘎查，总面积 25 万亩，占梁地甘草面积 6%。植被总盖度 50%，其中甘草盖度 25%、黄蒿盖度 15%。

伴生植物有骆驼蒿、虫实、雾冰旋花、二裂委陵菜等。

（6）冷蒿+甘草群落　分布于鄂托克前旗布拉格苏木哈沙图嘎查与白图嘎查交界地带，总面积 73 万亩，占梁地甘草面积的 17%。植被总盖度 40%，其中冷蒿 25%、甘草 10%。

伴生的植物有藏锦鸡儿、刺叶柄棘豆、胡枝子、蒙古虫实、骆驼蓬、银灰旋花、岌岌草等。

（7）甘草+牛心草群落　分布于鄂托克前旗布拉格苏木乌堤嘎查和杭锦旗浩劳柴登苏木阿拉善嘎查，面积 36 万亩，占梁地甘草面积的 8%。植被总盖度 35%，其中甘草 20%、牛心卜子草 *Cynanchum komarovii* 5%。

伴生的植物有沙米、蒙古虫实、蒺藜、油蒿等。

3. 滩地甘草群落类　大部分生长在黄河南岸的低湿滩地，覆沙薄或无覆沙，面积 10 万亩。土壤多为灌淤土、草甸土和盐化草甸土。植被总盖度 50%～80%，其中甘草 40%～60%。产草量 300～350 千克/亩，其中甘草产草量 150～200 千克/亩。甘草储量 350～500 千克/亩。

（1）滩地甘草群落 分布在杭锦旗独贵特拉镇的道图、乌兰宿亥，鄂托克前旗的大春湖也有分布，面积9.5万亩，占滩地甘草面积的95%。植被总盖度40%～80%，其中甘草40%～50%。

伴生的植物有盐爪爪 *Kalidium foliatum*、苦荬菜 *Sonchus deraccus*、蒲公英 *Taraxacum mongolicum*、芨芨草等。

（2）白刺+甘草群落 分布于鄂托克前旗毛盖图苏木阿日赖嘎查、布拉格苏木的白图嘎查，面积0.5万亩，占滩地甘草面积的5%。植被总盖度45%，其中甘草10%、白刺 *Nitraria tangutomm* 15%。甘草生长在白刺堆间低地，长势良好。

伴生的植物有苦豆子 *Sophora alopecuroides*、芨芨草、蒙古虫实、雾冰藜、骆驼蓬、牛心卜子等。

除上述群落之外，甘草还零星分布于梁地的藏锦鸡儿+刺叶柄棘豆群落和小针茅+冷蒿群落，以及沙地油蒿等群落中。

第五节 甘草的生长发育特性

一、甘草的物候期

野生甘草和人工种植的甘草，其生长发育在一年之中随着季节的变化，有秩序地发生出苗返青、展叶、分枝、孕蕾、开花、结果、枯黄、休眠等过程，各物候期年度之间基本一致，反映了它在某一生长地的生长发育规律，因而，只有掌握环境条件与甘草生长发育关系的规律性，才可能采用有效的农业技术措施，促进和控制甘草的生长和发育，获得好的生产效益。

根据观测统计说明，内蒙古西南部地区野生甘草的返青期一般由5月1日开始，持续13～15天。分枝期持续16～20天，孕蕾期持续20～27天，开花期由7月1日开始，持续15～26天。结实期由8月1日前后开始，持续14～30天。而后进入枯黄期，延续30～50天后，转入休眠期。整个生育期150～170天。

二、甘草地上部分生长发育特性

甘草是多年生宿根性草本，地上部分每年秋末冬初干枯，在芦头上长出越冬芽，翌年春季越冬芽长出新的幼芽。幼苗出土后，向上生长较快，茎直立，基部木质化。人工种子繁殖的实生苗当年苗高30～50厘米，第二年40～70厘米，第三年60～100厘米。

甘草是喜光的植物，在光照时间长强度大的地方，甘草生长茂盛，叶色深。在光照时间短，强度小的地方，茎往往较细弱，分枝少。甘草为羽状叶，单叶因品种不同略有差异，有卵圆形、长披针形、椭圆形。甘草的开花日期亦因地而异。天气炎热的吐鲁番盆地，胀果甘草4月中旬开花。巴楚、阿图什县在5月中旬开花，北疆的阿勒泰地区一带的甘草6月开花。甘草花期较短，盛花期1个月左右。然后形成荚果。荚果形状因品种而异。胀果甘草荚果短，膨胀。光果甘草荚果瘦长，略弯曲。乌拉尔甘草荚果长而弯曲成近环状，种粒硬、黄绿色，千粒重8～10克。由于甘草种皮外具有一层胶状物质，自然条件下发芽率很低。

三、甘草地下部分生长发育特性

甘草属植物的地下部分分为根茎和根。根茎又分为垂直根茎和水平根茎两种。垂直根茎长于土壤表层，一般与地面垂直，上连地上茎，支撑地上枝叶，下接根或水平根茎。垂直根茎较少分枝，粗细因年龄和土壤环境条件的不同而各异。人工有性繁殖甘草，一年生只长直根，接近地表的部分粗约1厘米，而野生通常粗约2～5厘米，但老龄的可达10厘米以上。在新疆和田河的原始甘草带的调查中，曾看到垂直根茎粗达20厘米的甘草。垂直根茎达10厘米以上的甘草，表皮粗糙、髓部常腐烂，中空，不能药用。水平根系从垂直根茎或根长出，向四面水平伸长，长度达 3～5 米或更长。粗度较垂直根茎细，一般 2～3 厘米，也有达 10 厘米以上的。从水平根年轮推算，3～5 年水平根可粗达1.5～2.5 厘米，此时的甘草水平根表皮光滑，里面组织坚实，粉性足，是最适应供药用的时期。水平根茎在土壤中分布的深度受土壤条件及地下水深浅的影响。通常在地表以下 20～30 厘米处，也有在 40～50 厘米深处，甚至更深。一般仅有一层，也有两层或数层的。水平根茎亦可再分生出水平根茎，形成交织的水平根茎网，蔓延成片。水平根茎上生有芽，芽向上可长出垂直根茎，然后长成地上苗，并且相应地长出不定根，形成新植株仍与母株相连。因此，甘草常成群生长，形成块状群落。

甘草的垂直根茎和水平根茎均可长根。根系的深浅依土壤条件及地下水的深浅而异，一般在 1.5 米以下，深达 8～9 米，甚至 10 米以下的也有。发达的根系是甘草能在干旱荒漠得以生存的重要特性。根据调查，分布在草甸、草原化草甸、荒漠化草甸上的甘草，其根系都都能达到地下水，但很少伸入地下水。若地下水较浅，根系在邻近地下水的毛管上升水层内折而横向生长。

荒漠地区的甘草一般以根茎芽长出新株繁植。在巴楚县调查发现，甘草荚果被羊吞食经胃液作用随粪便排出的整粒，在野生条件下长出实生苗。不少地区调查都发现，采挖甘草有促进根茎休眠芽萌生的作用，从而生长新的根茎，形成新的地上苗。

第六节　甘草属植物的化学成分的提取、分离及测定

迄今为止，研究甘草的文献已有 6 000 篇左右，国内研究甘草的专著达 100 多部。众多学者不仅对甘草分类、分布、生物学特性、生态学特性，药用价值等方面进行了研究，同时对于甘草属植物的化学成分的提取、分离及测定也开展了大量的研究工

作。据现有资料报道，国内外多位学者已对甘草属中的乌拉尔甘草、胀果甘草、光果甘草（*G. glabra*）、黄甘草（*G. eurycarpa*）、粗毛甘草（*G. aspera*）、云南甘草、圆果甘草（*G. squamulosa*）和刺果甘草（*G. pallidiflora*）进行了化学成分及含量的研究，截至目前，甘草中共分离得到300多种黄酮类混合物、60多种三萜类化合物以及香豆素类、18种氨基酸、多种生物碱、雌性激素和多种有机酸等。

一、甘草属植物的化学成分提取、分离的研究现状

北京大学药学院向诚等“利用数据库对甘草属植物化学成分的分类和分布分析”研究，至今甘草属植物共报道化合物422个，按结构可以分为黄酮类、香豆素类、三萜皂甙和苷元类、二苯乙烯类四大类，以及少量其他类型化合物。目前从乌拉尔甘草中分离得到的化合物共170个，光果甘草中共134个，胀果甘草中共52个，云南甘草中共31个。

新疆师范大学生物系惠寿年等报道了国内外已从甘草中分离得到100多种黄酮类化合物、60多种三萜类化合物以及香豆素类、18种氨基酸、多种生物碱、雌性激素和多种有机酸等，并对国内研究的化学成分、分离变量方法等作了详细论述。

舒永华等从内蒙古产的乌拉尔甘草中提取、分离出7个皂甙元，其中4个化合物鉴定为已知成分，24-羟基甘草内酯为首次报道的新成分。

张如意等从乌拉尔甘草中分离出两个新的皂甙类化合物，经鉴定分别为：3B-羟基-11-氧化-齐墩果-12-烯-30-羟酸-3-0-p-D-葡萄吡喃糖醛酸基（1→2）-β-D-葡萄吡喃糖醛酸甙，命名为乌拉尔甘草皂甙甲（uralsaponin A）；3 β-羟基-11-氧化-齐墩果-12-烯-30-羟酸-3-O-β-D-葡萄吡喃糖醛酸基（1→3）-B-D-葡萄吡喃糖醛酸甙，命名为乌拉尔甘草皂甙乙（uralsaponin B）。

刘勤等1989年首次报道，自黄甘草*G. eurycarpa*的根及根茎中分离到4个黄酮甙，经鉴定3种为已知成分：甘草甙、异甘草甙和夏佛托甙；一种为新成分：黄甘草甙（glycyroside），结构推定为芒柄花素-7-0-［D-13-D-呋喃芹糖基（1→2）］-β-D-吡喃葡萄糖甙。

邹坤等从胀果甘草中分离出胀果皂甙Ⅰ、Ⅱ和胀果香豆素甲，后来又分离出胀果皂甙Ⅲ和Ⅳ。王分等分离得到两个二氢黄酮二糖链甙。

蔡利宁等从刺果甘草根和根茎中分离得到5种化合物，其中刺果甘草查尔酮为1种新化合物。

1988年刘永隆等从甘肃产胀果甘草中分离出8种黄酮类化合物：甘草查尔酮甲、甘草查尔酮乙、甘草黄酮、甘草甙、甘草甙元、异甘草甙元、芒柄花甙和4，7-二羟基黄酮；3种三萜类化合物：甘草酸、甘草次酸、11-脱氧甘草次酸及1种β-谷甾醇。

赵玉英等对甘肃产的胀果甘草的化学成分进行了分离、鉴定。

曾路等则研究了云南甘草*G. yunnanensis*的化学成分，并分离得云南甘草皂甙元A、B和F（glyyunnansapogenin A、B、F)、云南甘草次皂甙元D（glyyunnanprosapogenin D）等10种新的三萜类成分。高东英等又从中分得羟基查耳酮和后莫紫檀素。

胡金锋等分离鉴定的新成分：甲基化英迪紫檀素、5-羟基-72-氧基二氢黄酮，后者命名为云甘宁（*glyyunnanin*)。

柳江华等从刺果甘草中分离出B-谷甾醇、刺果酸甲酯等5个单体，其中刺果甘草素（pallidiflorin）为一新的天然产物。

阚毓铭等分离出42个化合物结晶。

梁鸿等对圆果甘草三萜成分进行了分离、鉴定。

宣春生等从山西甘草中分离出8种化合物，其中一种被命名为乌拉尔甘草皂甙甲二正丁酯的化合物。

李强等以甘草甙及其甙元为指标，对内蒙古和新疆乌拉尔甘草不同的生态条件、部位和生长期黄酮类成分的积累动态和贮藏期药效成分的消长规律等因素进行了分析，并进行了质量评价。1993年，他们以甘草酸为指标，对内蒙古鄂托克前旗甘草种质资源圃及新疆、甘肃、陕西、宁夏等地指定试验样地中的乌拉尔甘草、光果甘草、胀果甘草和黄甘草（均为3年生甘草）进行了质量评价。

刘丙灿等从乌拉尔甘草的稀碱提取液中分离得到甘草葡聚糖GBW，并进行了结构测定。

曾路（1991）等运用高效液相色谱法HPLC对国内15个产地的8种甘草中12个化合物进行了分离和含量测定。根据测定的结果，对国产甘草的质量进行了综合评价，评价结果见表1-4、表1-5。

表1-4 8种甘草中的皂甙成分含量比较（%）

Table 1-4 Comparation of chemical component between eight *Glycyrrhiza* speices

种	产地	S-I	S-II	合计
乌拉尔甘草（*G. uralensis*）	山西临县	8.167	0.436	8.603
	山西石楼	6.575	none	6.575
	内蒙古杭锦旗	4.095	trace	4.095
	陕西志丹	7.612	trace	7.612
	陕西定边	4.388	0.337	4.725
	甘肃金塔	3.141	0.187	3.601
	甘肃敦煌	2.573	0.551	3.124
	吉林长岭	4.802	0.329	5.131
	新疆和静	5.430	1.163	6.593
	新疆焉耆	6.899	0.923	7.831
胀果甘草（*G. inflata*）	甘肃金塔	2.279	0.372	2.651
	甘肃敦煌	1.864	0.304	2.168
	甘肃安西	3.104	0.481	3.585
	新疆和静	4.685	0.509	5.194
黄甘草（*G. eurycarpa*）	甘肃金塔	3.776	0.726	4.502
	甘肃敦煌	2.451	0.363	2.814

（续）

种	产地	S-I	S-II	合计
光果甘草（*G. glabra*）	新疆和静	2.756	0.813	3.569
粗毛甘草（*G. uspera*）	新疆玛纳斯	0.887	trace	0.887
云南甘草（*G. yunnanensis*）	云南丽江	—	—	—
圆果甘草（*G. squamulosa*）	河南新乡	—	—	—
刺果甘草（*G. pallidiflora*）	江苏盐城	—	—	—

S-I：Glycyrrihiza acid（甘草酸）；S-II：Uralsaponin B（乌拉尔甘草皂甙乙）。

表 1-5　5 种黄酮和 4 种香豆素在 8 种甘草中的含量比较（%）

Table 1-5　Content comparation of flavone and coumarin between eight *Glycyrrhiza* speices

种	产地	甘草甙	异甘草甙	甘草素	异甘草素	甘草香豆素	异甘草香豆素	甘草查尔酮 A	甘草酚	异甘草酚
乌拉尔甘草（*G. uralensis*）	山西临县	3.649	2.328	0.121	0.121	0.138	0.018	trace	0.044	0.027
	山西石楼	2.917	1.727	0.088	0.030	0.188	0.030	none	0.030	0.020
	内蒙古杭锦旗	3.005	1.397	0.033	0.025	0.054	0.008	none	0.012	0.007
	陕西志丹	2.721	1.293	0.095	0.029	0.131	none	none	0.025	0.023
	陕西定边	1.775	1.231	0.123	0.055	0.034	0.011	none	0.017	0.033
	甘肃金塔	0.726	0.464	0.028	0.010	0.029	0.007	trace	0.009	0.003
	甘肃敦煌	0.633	0.363	0.006	0.025	0.017	0.014	0.024	0.003	0.006
	吉林长岭	0.609	0.386	0.076	0.038	0.039	trace	trace	0.010	0.013
	新疆和静	0.804	0.792	0.028	0.022	0.007	trace	trace	0.004	0.002
	新疆焉耆	0.593	0.508	0.032	0.016	0.017	0.009	0.138	trace	trace
胀果甘草（*G. inflata*）	甘肃金塔	0.233	0.134	0.028	0.034	0.038	0.005	0.046	trace	0.011
	甘肃安西	0.221	0.141	0.046	0.016	0.014	0.026	0.247	none	0.022
	甘肃敦煌	0.222	0.109	0.031	0.021	0.018	0.015	0.215	none	0.057
	新疆和静	1.314	0.666	0.033	0.043	0.010	trace	0.003	trace	trace

（续）

种	产地	甘草甙	异甘草甙	甘草素	异甘草素	甘草香豆素	异甘草香豆素	甘草查尔酮A	甘草酚	异甘草酚
黄甘草（*G. eurycarpa*）	甘肃金塔	0.928	0.608	0.084	0.046	0.011	trace	0.008	trace	trace
	甘肃敦煌	0.757	0.694	0.192	0.038	0.005	0.003	0.008	trace	0.004
光果甘草（*G. glabra*）	新疆和静	0.470	0.425	0.014	0.016	0.011	0.005	0.025	0.008	trace
粗毛甘草（*G. uspera*）	新疆玛纳斯	0.332	0.204	0.014	0.008	0.053	0.004	trace	0.009	0.006
云南甘草（*G. yunnanensis*）	云南丽江	0.297	0.172	0.027	0.021	0.006	0.005	0.007	0.004	trace
圆果甘草（*G. squamulosa*）	河南新乡	0.079	0.053	0.005	0.003	0.003	trace	trace	0.001	trace
刺果甘草（*G. pallidiflora*）	江苏盐城	0.027	0.067	0.001	trace	trace	trace	trace	trace	trace

甘草酸（S-I）和乌拉尔甘草皂甙乙（S-II）存在于乌拉尔甘草、胀果甘草、光果甘草、黄甘草和粗毛甘草，而在云南甘草、刺果甘草和圆果甘草中未被检出。对于云南甘草和刺果甘草的皂甙元的研究也未发现甘草次酸。乌拉尔甘草皂甙甲（S-III）在各种甘草及不同产地的样品中均未检出，可能是由于含量较低的缘故。

闫永红等对不同产地及种源的人工栽培甘草、不同生长年限的人工栽培甘草以及野生甘草的有效成分及其含量进行了测定，结果表明产地对甘草酸、多糖有极显著影响；对总黄酮、甘草甙影响不显著；生长年限对人工栽培甘草中总黄酮及多糖的含量有显著的影响。药材中甘草酸、甘草甙、总黄酮的含量在2～4年内基本是随着生长年限的延长不断增加或基本不变，与年限基本是正相关；但多糖含量与生长年限为负相关，随着生长年限的延长而降低；生长年限对甘草中甘草酸、甘草甙、总黄酮、多糖含量的相对比例影响不明显，但对总黄酮中黄酮甙类含量的影响较大，它们含量的相对比值随生长年限延长而增加，即在总成分中所占比例扩大；香豆素类成分在总成分中所占比例变化不明显；异甘草甙（Isoliquiritin）随着生长时间延长而逐渐下降；种源对人工栽培甘草质量的影响研究发现：种源对样品中3种（类）有效成分含量的影响不大，主要影响黄酮类成分。

山崎真己等采用RAPD和RFLP技术分析了4种甘草属植物的遗传关系，发现富含甘草甜素的品种光果甘草和乌拉尔甘草之间亲缘关系非常相近，两者与不含甘草甜素或含量极低的刺果甘草和刺甘草的遗传关系则较远，该结果与植物学分类研究相吻合。遗传距离估算结果初步证实阿富汗甘草来源于光果甘草，西伯利亚甘草来源于乌拉尔甘草，新疆甘草和西北甘草来源于胀果甘草，而且它们之间遗传距离不完全为零，可能与其他地理环境或存在亚种、变种有关。

林寿全等对中国甘草属6种甘草的甘草次酸含量测定后发现，以乌拉尔甘草含量最高，其次为光果甘草，再就是胀果甘草和黄甘草，粗毛甘草含量最低。

冯毓秀等对乌拉尔甘草、胀果甘草、光果甘草和黄甘草质量研究发现，甘草酸含量以黄甘草、乌拉尔甘草和胀果甘草较高，光果甘草及其变种含量略低，甘草甙和异甘草甙以光果甘草中含量最高。

刘伯衡、李学禹等研究了新疆栽培的胀果甘草、光果甘草等4种甘草的多种化学成分。不同种之间甘草次酸、甘草的水溶性浸出物存在着一定差异，新疆甘草的灰分含量较东北地区的乌拉尔甘草含量高。

新疆大学的薛良驹对新疆甘草微量元素进行了分析。丁锐等进行了不同产地甘草中微量元素含量的研究，结果各样品中B、Al、Mn、Fe、Zn等元素含量较高，有害元素As、Cd、Cu、Hg、Pb的含量均符合《中国药典》项下规定，在要求的限度内；其他微量元素没有明显的差别。

杨岚等应用反相高效液相色谱法，分析了6种甘草属植物根的黄酮类化合物组成，发现不同种的甘草中所含的黄酮类化合物成分、含量均不同，从一个侧面评价了甘草质量。

米慕真对不同产地甘草中的甘草酸含量进行了考察，发现甘草酸的含量差别非常大，从0.20%到9.61%。同一种乌拉尔甘草甘草酸含量分布在2.44%到8.47%之间。傅密宁等以高效液相色谱法，分析了黑龙江人工栽培1、2、3年生甘草根的甘草酸含量。郝心敏等对内蒙古包头的栽培甘草从外观性状、甘草酸含量、药材灰分、元素分析、浸出物等方面进行了研究。

王晓强运用薄层光密度法对黄甘草、胀果甘草、欧甘草、乌拉尔甘草、欧甘草变种 *G. glabra* var. *glandalifera* 中所含的甘草甙、异甘草甙进行了含量测定，结果表明：甘草甙的含量在胀果甘草中最多，黄甘草、乌拉尔甘草、欧甘草变种及欧甘草中的含量依次降低；异甘草甙的含量在黄甘草中最高，胀果甘草、欧甘草、乌拉尔甘草、欧甘草变种中含量依次降低。

邱春等对甘草根、茎、叶不同部位的氨基酸含量进行了测定，结果表明甘草中含有18种氨基酸。

河南师范大学的王彩兰等对圆果甘草 *G. squamunosa* 的化学成分进行了研究，从圆果甘草干燥根茎的石油醚和二氯甲烷提取物中首次分离出7种化合物。

徐秀珍等分析了宁夏不同产地、不同采收时期栽培甘草中甘草酸的含量，并与野生甘草进行比较。结果发现不同产地、不同采收时期甘草中甘草酸的含量差异较大，栽培1年甘草中甘草酸含量甚低，栽培3年以上甘草中甘草酸的含量均大于国家药典规定的2.0%，栽培4年生甘草中甘草酸含量明显高于2年生甘草，而5年以上栽培甘草的甘草酸含量有所下降。因此认为4年生、夏秋季采挖的栽培品甘草，其甘草酸的含量与野生品相似。

祈建军、李先恩利用HPLC研究分析了来自哈萨克斯坦的乌拉尔甘草叶片化学成分，发现两个新化合物 prenylated flavanone 和 prenylated dihydrostilbene，同时发现 *G. uralensis* 特异和 *G. glabra* 特异化合物存在于中间型甘草植物中，而这种中间型甘草是两种甘草的杂交种。

傅博强等采用泡沫分离对甘草酸的混合物进行纯化富集。以富集比、质量回收率以及泡沫液中甘草酸的 HPLC 光谱纯度为纯化富集效果的表征参数。

贾晓光等采用高效液相色谱法（HPLC）对不同产地、生长期人工种植的乌拉尔甘草中甘草酸等指标进行了跟踪测定，以此探讨甘草人工规范化种植的技术条件。

卢元林等利用 HPLC 法测定甘草酸含量；依照 Nurmi 等 1996 年提出的改良 Folin-Ciocaltell 法测定总黄酮含量，结果表明 5 种甘草中甘草酸和总黄酮的含量存在显著的种间差异和器官间差异，且同一种甘草的甘草酸和总黄酮含量也存在着显著的产地差异。甘草酸含量最高的器官为根茎，总黄酮含量最高的器官为叶。

李炳奇等利用超声辅助提取法，分别用石灰乳剂、碱水溶液、混合碱液、BWE 混合溶剂联合提取甘草黄酮和甘草酸，甘草黄酮的含量分别为 1.57%、1.59%、1.62%、1.91%，甘草酸的含量分布为 3.25%、3.69%、4%、5.21%；用不同浓度的 BWE 混合溶剂联合提取时，浓度为 70%时含量最高。再采取正交设计法，以超声频率、超声时间、提取温度及固液比为因素，用分光光度计法测定总黄酮和甘草酸含量作为综合评价指标，最后确定了最佳提取条件。

刘金荣利用 HPLC 法测定了不同龄期栽培甘草中甘草酸、甘草多糖以及甘草总黄酮的含量。结果表明甘草酸含量以 3 年生或 3 年生以上的人工栽培甘草最高；甘草多糖以 1 年生或 2 年生的栽培甘草最高；总黄酮含量以 3 年生或 3 年生以上的栽培甘草最高。

二、甘草主要化学成分提取、分离技术

（一）主要化学成分的结构及性质

甘草的主要化学成分有三萜类和黄酮类，其中三萜类成分包括甘草酸（glycyrrhizic acid）、甘草次酸（glycyrrhetinic acid, glycyrrhetic acid）、去氧甘草次酸Ⅰ，Ⅱ（deoxyglycyrrhetic acid Ⅰ，Ⅱ）、异甘草次酸（liquiritic acid）、甘草萜醇（glycyrrhetol）、甘草内酯（glabrolide）等；黄酮类成分包括甘草甙（liquiritin）、甘草甙元（liquiritigenin）、异甘草甙（iso-liquiritin）、异甘草甙元（iso-liquiritigenin）、新甘草甙（neo-liquiritin）、新异甘草甙（neo-isoliquiritin）等。

1. 甘草酸　异名甘草皂甙、甘草甜素（glycyrrhizin）。分子式 $C_{42}H_{62}O_{16}$，分子量 822.92。冰醋酸结晶为无色柱状结晶，mp. 220℃（分解），$[\alpha]_D^{17}+46.2°$（乙醇），易溶于热的稀乙醇，几乎不溶于无水乙醇或乙醚。甘草酸在植物中常以钾、钙盐的形式存在，是甘草甜味成分。

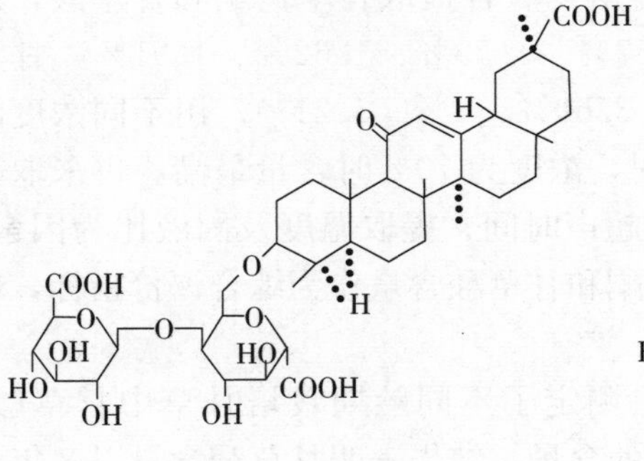

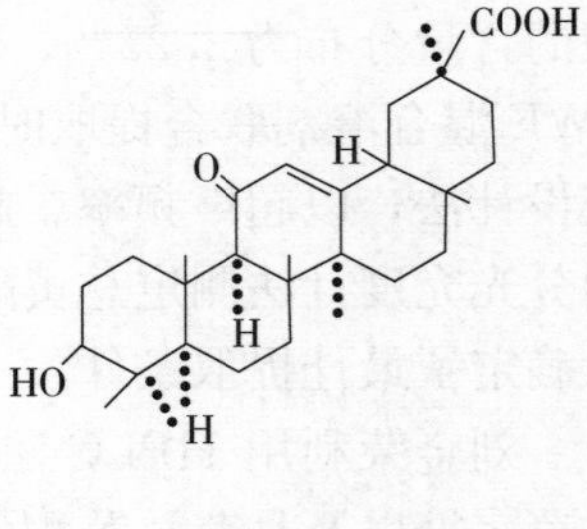

图 1-17　甘草酸和甘草次酸的化学结构

Fig. 1-17　Chemical structure of glycyrrhizic acid and glycyrrhetinic acid

2. 甘草次酸 甘草次酸是甘草酸的水解产物。分子式 $C_{30}H_{46}O_4$，分子量 470.64。针状结晶（醋酸—乙醚—石油醚），mp. 297℃，$[\alpha]_D+36°$（氯仿）。易溶于乙醇、氯仿。

3. 甘草素 异名甘草甙元、甘草黄酮配质。分子式 $C_{15}H_{12}O_4$，分子量 256.25。一水化合物为无色针状结晶（乙醇），mp. 207℃。

甘草素 R=H
甘草甙 R=glu

图 1-18 甘草素和甘草甙的化学结构

Fig. 1-18 Chemical structure of liquiritin and liquiritigenin

4. 甘草甙 异名甘草黄酮，分子式 $C_{21}H_{22}O_9$，分子量 418.39。一水合物（稀乙醇或水），mp. 212～213℃。

（二）主要化学成分的提取、分离技术

1. 甘草酸的提取

（1）煎煮法

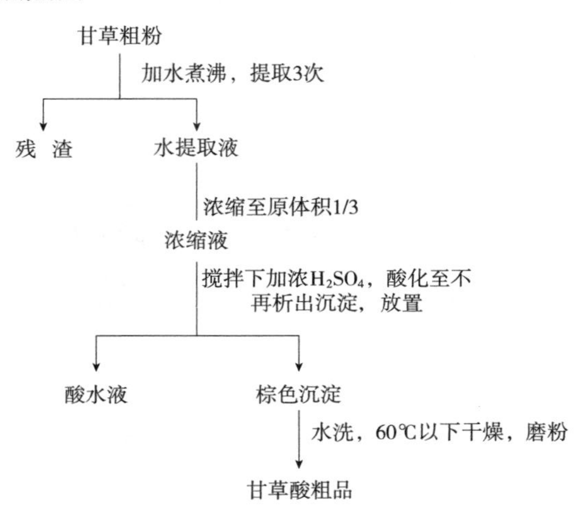

（2）浸泡法

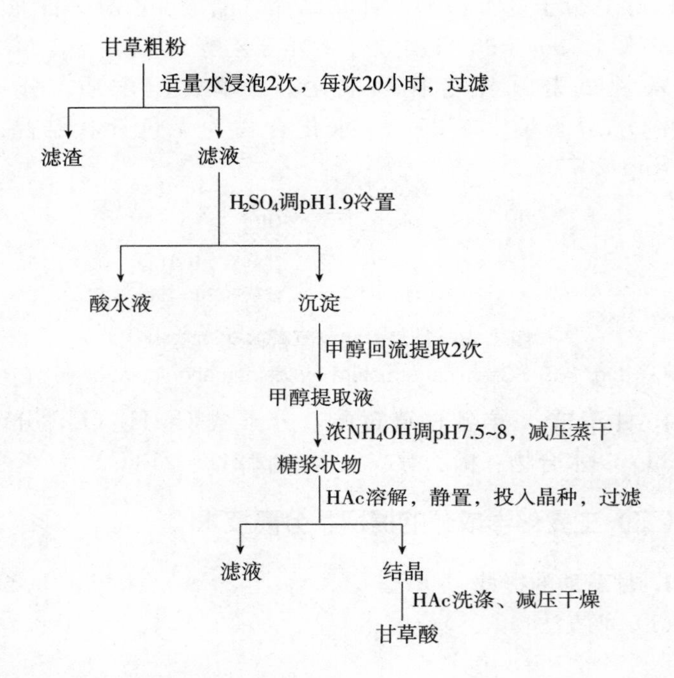
甘草粗粉
适量水浸泡2次，每次20小时，过滤
滤渣
滤液
H₂SO₄调pH1.9冷置
酸水液
沉淀
甲醇回流提取2次
甲醇提取液
浓NH₄OH调pH7.5~8，减压蒸干
糖浆状物
HAc溶解，静置，投入晶种，过滤
滤液
结晶
HAc洗涤、减压干燥
甘草酸

（3）大孔树脂法

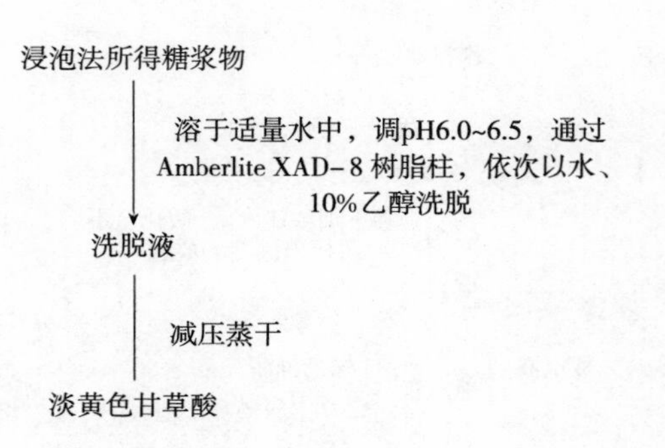
浸泡法所得糖浆物
溶于适量水中，调pH6.0~6.5，通过
Amberlite XAD-8 树脂柱，依次以水、
10%乙醇洗脱
洗脱液
减压蒸干
淡黄色甘草酸

2. 甘草酸的提取与甘草酸铵盐的制备

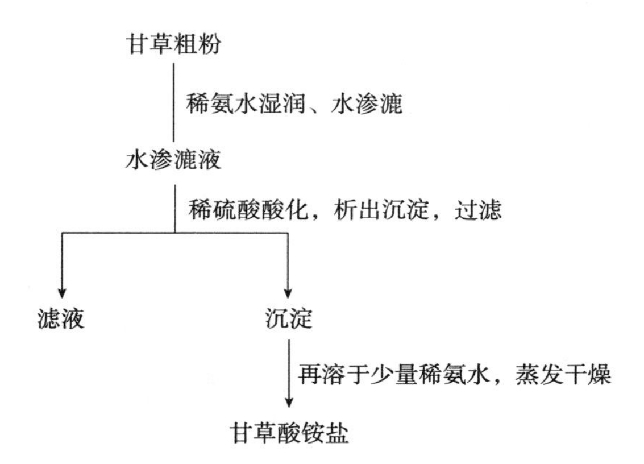

3. 甘草酸的提取与甘草酸单钾盐的制备

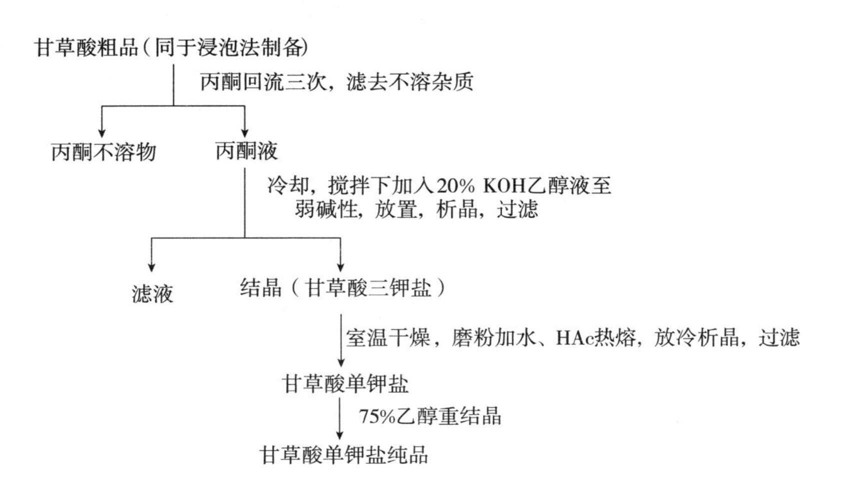

4. 甘草酸的水解与甘草次酸的制备

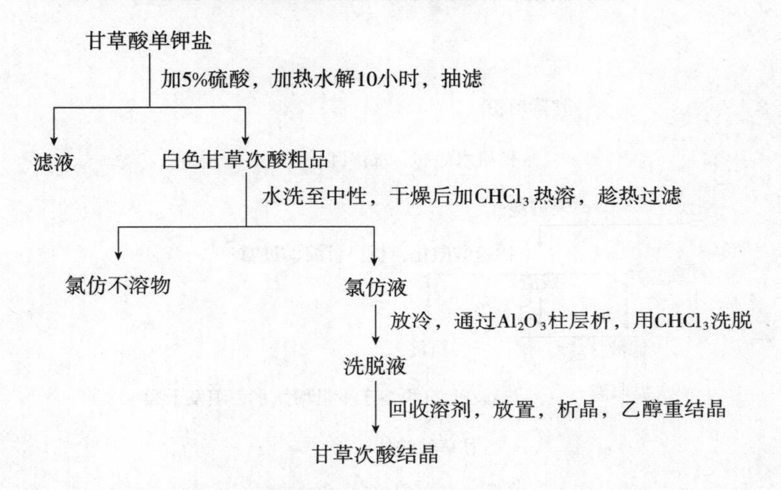

5. 甘草甙、异甘草甙等黄酮类成分的提取分离

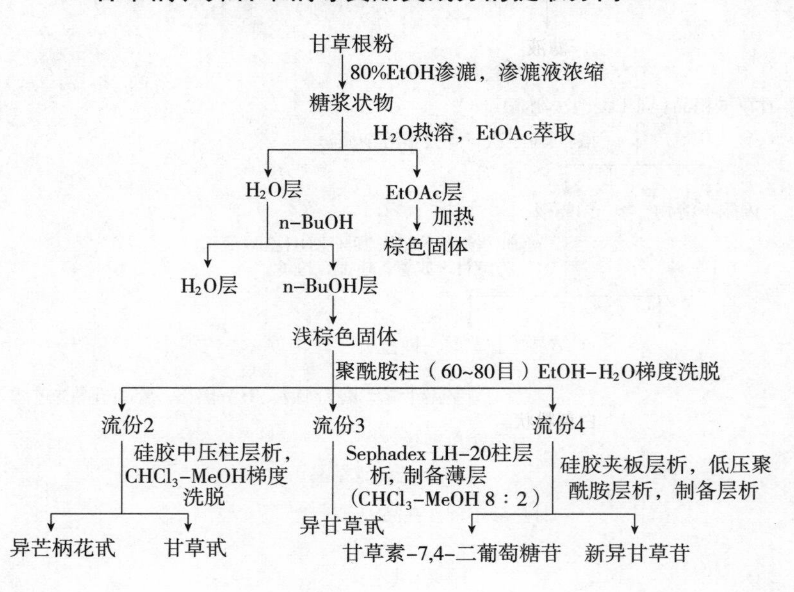

6. 甘草葡聚糖的分离纯化

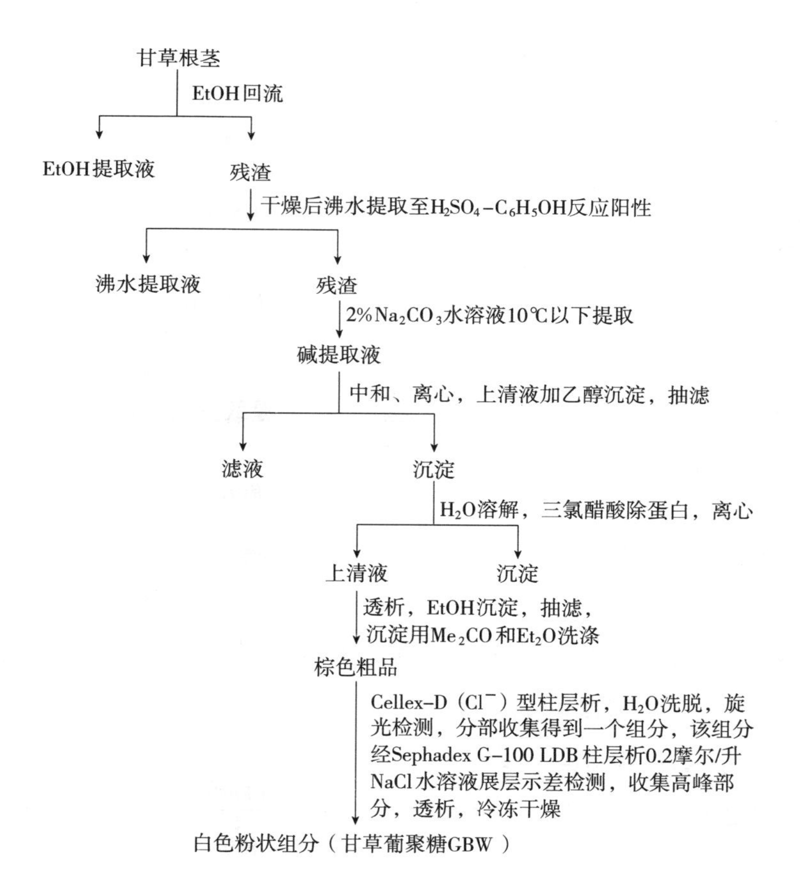

7. 胀果甘草中甘草查耳酮的提取与精制

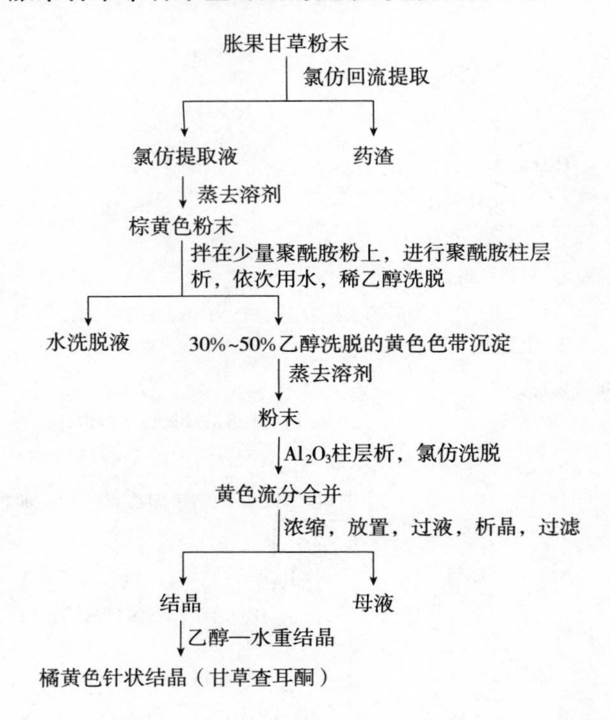

三、甘草化学成分的测定方法

（一）甘草酸的测定方法

1. 高效液相色谱法　不同的学者采用不同的液相色谱仪器、不同的色谱条件以及不同的试剂，会出现不同的结果。

（1）测定方法一

仪器　岛津 LC-6A 高效液相色谱仪。

色谱条件　色谱柱：ODS（4 毫米×20 厘米）；流动相：2.5%乙酸溶液—乙腈（2∶1）；流速：1.4 毫升/分钟；检测波长：254 纳米；柱压：1 127 千帕；灵敏度：0.02AUFS。

标准曲线　精密称取甘草酸对照品 5.01 毫克，置于 10 毫升量瓶中，加入流动相溶解并稀释至刻度，作为对照品溶液。分别进样对照品溶液 1、2、3、4 微升，按色谱条件测定。回归方程为：

$$Y=46\,155.89X+359.5 \qquad r=0.999\,7$$

样品测定　精密称取甘草粉末（过 100 目筛）150 毫克，置于 5 毫升量瓶中，加 50%乙醇浸泡 12 小时。然后超声波振荡提取 10 分钟，补加 50%乙醇至刻度。作为供试品溶液。取供试品溶液，按色谱条件测定，结果见表 1-6。

表 1-6　样品中甘草酸测定结果

Table 1-6　Glycyrrhizic acid content in different *Glycyrrhiza* samples

样品	采集地点	采集时间	甘草酸含量（%）
光果甘草	新疆伊宁	1988 年 10 月	3.86
乌拉尔甘草	甘肃民勤	1988 年 6 月	3.34
	黑龙江肇洲	1988 年 9 月	2.35
	吐鲁番	1989 年 8 月	2.12
胀果甘草	吐鲁番	1989 年 8 月	1.52

（引自陈发奎等，1997）

（2）测定方法二

仪器　美国 Spectra-physics 8800 输液泵；8450 紫外检测器；4270 积分仪。

色谱条件　色谱柱：Spher 1-5 RP-8（2.1 毫米×22 厘米），0.5 厘米不锈钢柱；流动相：甲醇—水—醋酸（60 ∶ 39.6 ∶ 0.4）；流速：0.3 毫升/分钟；柱温：28℃；检测波长：254 纳米；灵敏度：0.02AUFS；衰减：32。

标准曲线　精密称取甘草酸单铵盐对照品，加甲醇配制成 1×10^{-3} 克/毫升的贮备液。取贮备液分别稀释成 5×10^{-6}，1×10^{-5}，2×10^{-5}，3×10^{-5}，4×10^{-5}，5×10^{-5} 克/毫升的甲醇溶液，按色谱条件测定峰面积作图，在 50～500 纳克范围内呈线性关系，回归方程为：

$$Y=3\,500X-28\,906 \qquad r=0.999\,7$$

样品测定　精密称取甘草粉末（过40目筛）0.1克，置于100毫升烧杯中，加水30毫升，加热沸腾15分钟，冷却后离心15分钟（3 000转/分钟），取上清液定容至25毫升。准确吸取5毫升稀释至25毫升，作为供试品溶液。同一甘草样品称取8份，按上述条件提取、测定，结果甘草酸平均含量为2.26%。

回收率试验　精密称取甘草粉末0.1克，添加甘草酸对照品2毫克，按样品测定方法提取、测定，结果平均回收率为99.6%

（3）测定方法三

仪器　岛津LC-6A高效液相色谱仪；SPD-6AV紫外检测器；CR-9A数据处理机。

色谱条件　色谱柱：ShimpackCLC-ODS（6毫米×15厘米），预柱，自填国产$YWGC_{18}$（4.6毫米×1厘米）；流动相Ⅰ（离子对色谱）：取10%TBAH（四丁基氢氧化铵水溶液）10毫升，加水300毫升配成TBAH溶液，再按甲醇—TBAH液（65∶35）比例配成流动相，用磷酸调pH6.5，流动相Ⅱ（离子抑制色谱）：甲醇-36%醋酸-水（65∶5∶30）；流速：1.0毫升/分钟；检测波长：254纳米。

标准曲线　精密称取甘草酸对照品1.10毫克，加甲醇溶解并定容至25毫升，作为对照品溶液（0.044毫克/毫升）。分别以流动相Ⅰ和流动相Ⅱ进样不同量测其回归方程为：

$$Y_{\mathrm{I}}=12\,940X-148 \qquad r=0.999\,8\ (n=5)$$

$$Y_{\mathrm{II}}=12\,229X-45 \qquad r=0.999\,5\ (n=5)$$

样品测定　精密称取甘草粉末约0.1克于三角瓶中，加入1摩尔/升氨水18毫升，超声波振荡提取1小时，静置数分钟后过滤，并用少量氨水分4次洗涤残渣。合并滤液和洗涤液于25毫升量瓶中，定容，作为供试品溶液。按色谱条件进样测定。采用离子对色谱法，测得乌拉尔甘草中甘草酸的含量为3.55%，RSD=0.88%；

采用离子抑制色谱法测得甘草酸含量为3.64%，RSD=0.49%。

（4）测定方法四

仪器　Water 6000A型泵，Rheodyne 7125型进样阀，岛津SPD-2A型紫外检测器，日立056型记录仪及岛津C-EIB型数据处理机。

色谱条件　色谱柱：国产YQG $C_{12}H_{37}$（4毫米×15厘米，3～5微米，天津化学试剂二厂）；流动相：甲醇-水-36%醋酸（58∶42∶2）；流速；1.1毫升/分钟；检测波长；254纳米。

标准曲线　精密称取联苯，用80%甲醇制成0.1毫克/毫升的溶液，作为内标溶液；精密称取甘草酸铵对照品3.5、5.5、7.7、10毫克，分别用80%甲醇溶解．加入内标液1毫升，并定容至10毫升，取以上不同浓度的溶液。按色谱条件进样测定，甘草酸铵进样量在7～18微克范围内与内标物联苯2微克的峰面积比呈线性关系。

校正因子测定　取甘草酸铵-联苯混合对照液（甘草酸铵0.89微克，联苯1.031微克/毫升），进样20微升，测定校正因子平均值为9.483，RSD=1.1%。

样品测定　精密称取样品粉末0.25克，加水20毫升及1摩尔/升氨水6滴，超声波振荡提取1小时，滤过，滤液定容至10毫升，加内标物，进样，采用内标峰面积法定量，结果如表1-7。

表1-7　不同甘草中甘草酸含量（n=5）

Table 1-7　Glycyrrhizic acid content in different *Glycyrrhiza*（n=5）

样　品	产地	含量（%）	RSD（%）
乌拉尔甘草	内蒙古	2.79	0.4
乌拉尔甘草	甘肃	7.13	0.9
胀果甘草	新疆阿克苏	3.64	1.6
胀果甘草	新疆托克逊	3.29	1.8
光果甘草	新疆阿克苏	6.23	1.1

（引自吕归宝等，1988）

回收率试验　精密称取已测定甘草酸含量的样品 0.25g，分别加入甘草酸铵对照品 4 毫克、5 毫克、6 毫克，按样品测定项下方法提取、测定，计算，平均回收率为 97.77%（n=5）。

（5）测定方法五

色谱条件　色谱柱：YMC ODS（5S）（6 毫米×10 厘米）；流动相：水—乙腈—氯化正四丙基铵（620∶380∶1.5g）；流速：2 毫升/分钟；柱温：室温；检测波长：254 纳米；灵敏度：0.08AUFS。

对照品溶液　精密称取甘草酸钾盐 200 毫克，加 50%乙醇溶解并加甲醇至 50 毫升。作为对照品溶液。

供试品溶液　精密称取甘草粉末 0.8 克，加水 150 毫升，于沸水浴中加热 1 小时，放冷后加水至 200 毫升，离心，上清液即为供试品溶液。

样品测定　供试品溶液、对照品溶液各进样 20 微升，按色谱条件测定。测定结果见表 1-8。

表 1-8　样品中甘草酸含量

Table 1-8　Glycyrrhizic acid content in different *Glycyrrhiza* samples

样　品	含量（%）
东北甘草（1 号）	8.6
东北甘草（2 号）	3.8
西北甘草（3 号）	4.4

（6）测定方法六

色谱条件　色谱柱：ODS（4～6 毫米×15～25 厘米）；流动相：Ⅰ：2%醋酸—乙腈（2∶1），Ⅱ：甲醇-0.05 摩尔/升磷酸盐溶液（磷酸二氢钠 7.8 克溶于 2 毫升磷酸中加水到 1 000 毫升）（5∶3）；流速：1.0 毫升/分钟；柱温：室温；检测波长：254 纳米。

标准曲线　精密称取甘草酸铵盐对照品 25 毫克，加稀乙醇定容至100毫升。准确量取该液10毫升，加稀乙醇定容至20毫升，作为对照品溶液。进样不同量，以流动相Ⅰ、Ⅱ及其他色谱条件测定，对照品浓度与峰高或峰面积呈线性关系。

样品测定　精密称取甘草粉末0.5克，加稀乙醇70毫升，振荡提取15分钟，离心，取上清液。残渣加稀乙醇25毫升，同法提取。合并上清液，用稀乙醇定容至100毫升，作为供试品溶液。供试品溶液、对照品溶液按色谱条件测定，测定结果见表1-9。

表1-9　甘草中甘草酸含量测定结果

Table 1-9　Glycyrrhizic acid content in different *Glycyrrhiza* samples

样品号	产地	甘草酸含量（%）		测定次数（n）		RSD（%）	
		流动相Ⅰ	流动相Ⅱ	流动相Ⅰ	流动相Ⅱ	流动相Ⅰ	流动相Ⅱ
1	中国东北	5.39	5.38	8	6	5.2	6.5
2	中国东北	3.43	3.37	9	6	3.8	8.9
3	中国	3.46	3.39	9	6	4.9	8.3
4	中国西北	3.87	3.77	9	6	5.4	8.5

（7）测定方法七

仪器　Varian-5500型高效液相色谱仪；Vanan UV-200型紫外检测器；Varian 4270型数据处理机。

色谱条件　色谱柱：Zorbax ODS（4.6毫米×15厘米）；流动相：乙腈-3%醋酸（47∶53）；流速程序：0.8毫升/分钟（0分钟），1.0毫升/分钟（3分钟），1.2毫升/分钟（6分钟），1.4毫升/分钟（9分钟）；检测波长：248纳米。

标准曲线　精密称取甘草酸、乌拉甘草皂甙甲、乌拉甘草皂甙乙3种皂甙对照品各一定量，共置于2毫升量瓶中，先加冰醋酸少量使溶解，再加水稀释至刻度，混匀后作为对照品溶液。分别吸取不同体积的对照品溶液进样，按色谱条件测定，以对照品重量为横坐标，峰面积为纵坐标作图，分别得通过原点的直线，回归方程为：

甘草酸　$Y=5.52X-0.61$　　$r=0.9955$

乌拉甘草皂甙甲　$Y=5.74X-0.79$　　$r=0.9978$

乌拉甘草皂甙乙　$Y=5.29X-0.29$　　$r=0.9934$

样品测定　精密称取样品粉末100毫克，置于5毫升具塞刻度离心管中，加10%乙醇5.0毫升，室温浸渍24小时，间隔振摇数次。滤过，弃去初滤液，用微量进样器取4～10微升进样。按色谱条件测定，测定结果见表1-10。

表1-10　样品中三种皂甙测定结果

Table 1-10　Content of three chemical component in different *Glycyrrhiza* samples

样品	产地	甘草酸	乌拉甘草皂甙乙	乌拉甘草皂甙甲	总量
乌拉尔甘草	山西	8.167	0.436	未检出	8.603
乌拉尔甘草	内蒙古	4.668	痕量	未检出	4.668
胀果甘草	新疆	6.899	0.932	未检出	7.831
光果甘草	新疆	2.756	0.813	未检出	3.569

（曾路等，1991）

2. 薄层扫描法

仪器　岛津CS-910型双波长薄层扫描仪。

薄层色谱条件　薄层板的制备：硅胶HF_{254} 10克加0.5%羧甲基纤维素钠水溶液40毫升，铺20厘米×15厘米板一块，室温干燥，用前100℃活化1小时；展开剂：Ⅰ. 正丁醇—冰醋酸—水（4∶1∶2），Ⅱ. 正丁醇—冰醋酸—乙醇—水（6∶1∶1∶4）。均能得到较好分离效果；显色：紫外光灯（254纳米）下检视。

扫描条件　波长：$\lambda_s=255$纳米，$\Lambda_r=300$纳米；扫描方式：反射式锯齿扫描；背景补偿：CH=1。

标准曲线　精密称取一定量甘草酸对照品，用50%乙醇溶解，准确稀释至一定体积，在薄层板上分别点样2、3、4……10微升，用展开剂Ⅰ展开，扫描，作图，为一通过原点的直线。

稳定性试验 甘草酸对照品展开后的斑点每隔1小时测定一次，在15小时内比较稳定。

样品测定 精密称取样品粗粉（过75目筛）0.3克，加50%乙醇回流提取1.5小时，滤过，滤液转移至10毫升量瓶中，用50%乙醇补加至刻度，作为供试品溶液。供试品溶液、对照品溶液各点样10微升，展开，薄层色谱图见图1-19。扫描，计算含量，结果见表1-11。

表1-11 不同产地甘草中甘草酸测定结果（n=9）

Table 1-11 Glycyrrhizic acid content of *Glycyrrhiza* samples in different areas（n=9）

样品	产地	含量（%）	样品	产地	含量（%）
乌拉尔甘草	宁夏盐池	4.7	胀果甘草	甘肃金塔	8.47
乌拉尔甘草	西北	5.16	胀果甘草	新疆托克逊	4.53
乌拉尔甘草	内蒙古	4.49			

（舒永华等，1986）

3. 紫外分光光度法

供试品溶液 精密称取样品粉末（过60目筛）200毫克，加70%甲醇45毫升，室温浸提1小时，其间时时振摇。滤过，残渣用少量70%甲醇洗，合并滤液及洗液。用70%甲醇定容至50毫升。准确量取该液20毫升，上柱（聚酰胺C-200，日本和光纯药制，用甲醇湿法装柱，内径约1厘米，层长约5厘米，然后用含1%氢氧化铵的甲醇溶液20毫升洗柱，再用蒸馏水洗至中性），依次用甲醇40毫升、50%甲醇10毫升、水20毫升预洗，洗液弃去。接着用1%氨水洗脱，收集洗脱液50毫升。准确量取洗脱渡25毫升，加盐酸5毫升，接上冷凝器，在沸水浴中加热45分钟，冷却。加氯仿30毫升振摇萃取，分取氯仿层，水层同法加氯仿15毫升萃取。合并氯仿层，用氯仿调整体积至50毫升，即得供试品溶液（T）。

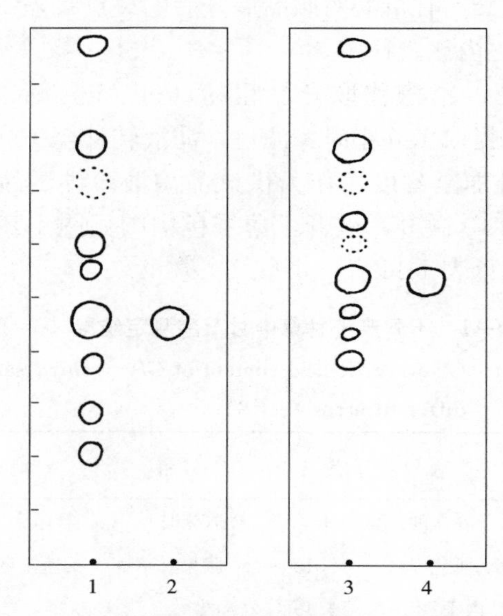

图 1-19　甘草薄层色谱图（舒永华等）

1. 乌拉尔甘草　2、4. 甘草酸　3. 胀果甘草

Fig. 1-19　Lamina chromatogram figure of *Glycyrrhiza* (Shu Yonghua etc.)

1. *Glycyrrhiza uralensis*　2、4. Glycyrrhizic acid　3. *Glycyrrhiza inflata*

对照品溶液　精密称取甘草酸铵盐标准品 10 毫克置于量瓶中，加 70%甲醇溶解并稀释至刻度，准确吸取该液 20 毫升，同供试品溶液操作上聚酰胺柱，得对照品溶液（S）。

样品测定　取供试品溶液（T）、对照品溶液（S），以氯仿为空白对照，在 248 纳米处测定吸收度 A_T 和 A_S，计算出样品中甘草酸含量，结果见表 1-12。

表 1-12　甘草中甘草酸含量

Table 1-12　Glycyrrhizic acid content of *Glycyrrhiza* samples in different areas

样品号	产地	甘草酸平均含量（%，n=3）
1	中国西北	5.92

（续）

样品号	产地	甘草酸平均含量（%，n=3）
2	中国西北	5.44
3	中国东北	4.02

4. 大孔吸附树脂处理—比色法

仪器及实验材料　721 型分光光度计（上海第三分析仪器厂）；D_{101}吸附树脂 40～60 目。

吸附树脂的预处理　D_{101}型吸附树脂，用前将树脂置索氏提取器中用甲醇或丙酮连续加热洗脱 3～4 天，以除去未聚合的单体、致孔荆（多为长碳链的脂肪醇类）、分散剂和防腐剂等，洗脱时间视杂质多少而定。其检查，取干树脂 0.5 克，加 70%乙醇 5 毫升振摇，滤液蒸干不得有残留物。

装柱　称取干树脂 0.2 克，装柱前应在容器里加一定量水，使其溶胀至体积不再增加为止，然后用 95%乙醇湿法装柱（直径 7～8 毫米，长 160 厘米），待树脂沉淀，过量乙醇从底部放出，加棉花少许轻压。由于树脂在预处理中可能残留甲醇而降低树脂的吸附能力，为此在进样前必须用蒸馏水洗去甲醇。

标准曲线　精密称取 80℃真空干燥 2 小时的甘草酸单铵盐对照品，用 80%乙醇配制成浓度为 1 毫克/毫升的对照品溶液。准确吸取对照品溶液 0.05、0.10、0.15、0.20、0.25 毫升于具塞试管中，加入 80%乙醇 0.45、0.40、0.35、0.30、0.25 毫升和 4.5%香草醛溶液 0.5 毫升，混匀，置冰浴中，加入 78%硫酸溶液 5.0 毫升混匀，置 60℃水浴中加热 20 小时，冷却至室温，同法作空白，于 556 纳米波长处测定吸收度，以浓度对吸收度绘制标准曲线。

回收率试验　准确吸取甘草酸单铵盐对照品溶液 0.10、0.15、0.20 毫升，分别通过吸附树脂柱，同法作空白，以下按标准曲线制备项下进行。将通过柱及未通过柱的对照品溶液在同一条件下用香草醛—硫酸比色法测定吸收度并计算，8次平均回收率为97.4%。

样品测定　精密称取40℃干燥4小时的甘草细粉（过40目筛）0.5克，置于索氏提取器中，用乙醚脱脂3小时，挥去乙醚的脱脂扮末，加蒸馏水30毫升，同时加入1摩尔/升氨水5滴，在水浴上蒸煮2小时，用干燥棉花过滤后再加水20毫升继续蒸煮1小时，过滤，转移到50毫升量瓶中，用水稀释至刻度，即为供试品溶液。准确吸取供试品溶液0.2～0.3毫升，加到树脂柱上端，待液面接近柱上表面时，用10%乙醇12毫升洗脱，流速0.4毫升/分钟，收集干磨口具塞试管中水浴蒸干，同法作空白。试管中各加入80%乙醇液0.5毫升，加入4.5%香草醛溶液0.5毫升，摇匀。置冰浴中，加入78%硫酸5.0毫升，混匀，置60℃水浴中加热20分钟，冰冷至室温，于556纳米波长处比色，测得吸收度按标准曲线计算含量。

（二）甘草次酸的测定方法

采用薄层扫描法测定。

仪器　岛津CS-930型双波长薄层扫描仪。

薄层色谱条件　薄层板：硅胶GF_{254}板；展开剂：石油醚—苯—醋酸乙酯—冰醋酸（10：20：7：0.5）；显色：紫外光灯(254纳米）下检视。

扫描条件　波长：$\lambda_S=253$纳米，$\lambda_R=360$纳米；扫描方式：反射式锯齿扫描；线性参数：SX=7；狭缝：2毫米×2毫米。

标准曲线　精密称取一定量甘草次酸对照品，加无水乙醇配制成浓度为1.33毫克/毫升的对照品溶液，分别点1、2、3、4、5微升于同一薄层板上，上行展开约14厘米，扫描、作图，得到良好的标准曲线。回归方程为：

$$Y=91\,940.6X-13\,261 \qquad r=0.999\,6$$

样品测定　精密称取甘草粗粉 1.5 克，加入浓盐酸 3 毫升及氯仿 50 毫升，加热回流 1 小时。放冷，滤过，药渣用氯仿洗涤数次，取滤液置水浴上浓缩至干。加入无水乙醇溶解，转移至 10 毫升量瓶中，加无水乙醇至刻度，摇匀，滤过，弃去初滤液，续滤液作为供试品溶液。在 20 毫米×20 毫米薄层板上分别点供试品溶液适量（约相当于对照品 2～3 微克）和对照品溶液 2 微升、4 微升，按标准曲线项下方法展开、扫描，按外标两点法计算含量，结果见表 1-13。

表 1-13　四种甘草中甘草次酸含量（%）

Table 1-13　Glycyrrhetinic acid content of different *Glycyrrhiza* samples

样品	平均含量	样品	平均含量
甘草饮片 1	0.46	甘草饮片 3	0.81
甘草饮片 2	0.52	甘草个子货	1.24

（杨建红等，1991）

（三）甘草黄酮类成分的测定方法

1. 高效液相色谱法

仪器　法国 Gilson 公司高效液相色谱仪；Apple Ⅱe 微机控制 Gilson 梯度洗脱分析系统；Holochrome 可调波长紫外检测器。

色谱条件　色谱柱：Partisil 5 ODS-3（4.6 毫米×25 厘米，Watman 公司）；流动相：A. 水—冰醋酸（97∶3），B. 甲醇梯度洗脱，40 分钟内 B 为 30%～100%。流速：1 毫升/分钟，检测波长：254 纳米。

标准曲线　精密称取各对照品适量，分别置 1 毫升量瓶中，用甲醇溶解并稀释至刻度。取不同浓度的对照品溶液进样测定。各成分的回归方程为：

异夏佛托甙：$Y=0.0237X+0.0049$　　$r=0.9993$

夏佛托甙：$Y=0.0242X+0.014$　　r=0.9976

甘草甙：$Y=0.0252X+0.0295$　　r=0.9999

异佛来心甙：$Y=0.0537X+0.020$　　r=0.9998

佛来心甙和异甘草甙：$Y=0.0424X-0.010$　　r=0.9998

芒柄花甙：$Y=0.00939X+0.0176$　　r=0.9860

4，7-二羟基黄酮：$Y=0.0178X-0.1025$　　r=0.9995

样品测定　精密称取甘草粉末约2克，用80%甲醇约5毫升浸泡5小时，滤过。滤渣用50%甲醇约5毫升浸泡5小时，滤过，合并滤液于10毫升量瓶中。用甲醇稀释至刻度，作为供试品溶液。进样20微升，按色谱条件测定，按照标准曲线计算各黄酮类成分含量，结果见表1-14。

表1-14　甘草中黄酮类成分的含量

Table 1-14　Content of flavone in different *Glycyrrhiza* species

样品	异夏佛托甙	夏佛托甙	甘草甙	异佛来心甙	佛来心甙	芒柄花甙	异甘草甙	4，7-二羟基黄酮	总量
胀果甘草	0.085	0.038	0.049	0.044	0.021	0.011	0.027	0.015	0.48
光果甘草	0.12	0.015	0.15	未检出	0.015	0.032	0.092	未检出	0.42
乌拉尔甘草（内蒙古）	0.027	未检出	0.69	0.044	0.022	0.077	0.16	0.011	1.03
乌拉尔甘草（甘肃）	0.045	未检出	0.76	0.03	未检出	0.034	0.11	未检出	0.98
乌拉尔甘草（新疆）	0.12	0.038	0.26	0.033	0.32	0.016	0.066	未检出	0.85
乌拉尔甘草（新疆）	0.05	未检出	0.34	未检出	0.04	0.02	0.012	0.024	0.49

（杨岚等，1990）

2. 薄层扫描法

仪器　岛津CS-910型双波长薄层扫描仪。

薄层色谱条件　薄层板：硅胶 GF_{254} 预制板（青岛海洋化工厂）；展开剂：氯仿—甲醇—醋酸（8 毫升∶2 毫升∶2 滴）或氯仿—甲醇—甲酸（5∶1∶0.1）；显色：紫外光灯（254 纳米）下检视。

扫描条件　波长：λ_S＝280 纳米，λ_R＝350 纳米；扫描方式：反射式线性扫描；狭缝：1.25 毫米×1.25 毫米；背景补偿 CH＝1，线性参数 SX＝3；扫描速度：20 毫米/分钟；纸速：20 毫米/分钟。

标准曲线　精密称取甘草甙 1.04 毫克，置于 5 毫升量瓶中。加甲醇溶解并稀释至刻度，用 1 微升毛细管精密吸取 1、2、3、4、5 微升，分别点于同一薄层板上，按上述条件展开，取出，晾干，扫描。以斑点面积积分值为纵坐标。点样量为横坐标作图，甘草甙在 0.416～2.08 微克范围内为一通过原点的直线。回归方程为：

$$Y=11\,920X-1\,078 \qquad r=0.995\,9\ (n=5)$$

精密称取异甘草甙 0.34 毫克，置于 1 毫升量瓶中，加甲醇溶解并稀释至刻度，用 2 毫升毛细管分别吸取 2、4、6、8、10 微升，同甘草甙标准曲线操作，异甘草甙在 0.68～2.04 微克范围内为一直线，回归方程为：

$$Y=2201.47X+660\,6.75 \qquad r=1.00\ (n=5)$$

稳定性试验 取甘草甙、异甘草甙对照品溶液各 5 微升。分别点于薄层板上，按标准曲线项下操作，测定，结果表明在 2 小时内稳定。

样品测定　精密称取甘草粉末（过 40 目筛）0.2 克，置磨口三角瓶中，精密加入甲醇 5 毫升，称重，超声波振荡提取 40 分钟，取出，称重，补足失去的溶剂量。作为供试品溶液。在同一薄层板上点样供试品溶液 2 微升及对照品溶液适量，按上述条件展开。用外标法计算含量。结果见表 1-15。

表 1-15　甘草中甘草甙、异甘草甙含量

Table 1-15　Content of liquiritin and iso-liquiritin in different *Glycyrrhiza*

样　品	产　地	含量（%）	
		甘草甙	异甘草甙
乌拉尔甘草	内蒙古噔口	0.492	0.289
胀果甘草	甘肃金塔	0.915	0.849
光果甘草	新疆沙湾	0.22	0.723

（冯毓秀等，1991）

回收率试验精密称取胀果甘草两份，每份 0.2 克，其中一份精密加入甘草甙和异甘草甙一定量，分别提取、测定，以未加对照品的样品作对照，计算。3 次测定结果，甘草甙平均回收率为 98.59%，异甘草甙平均回收率为 99.10%。

3. 比色法

仪器　岛津 UV-265FW 紫外-可见分光光度计，721 型分光光度计。

最大吸收峰的确定　精密称取甘草甙对照品 5 毫克，置于 50 毫升量瓶中，加 70%乙醇溶解并稀释至刻度，即为甘草甙对照品溶液（0.1 毫克/毫升）。准确吸取对照品溶液 1 毫升，在水浴上蒸干，加入 95%乙醇 1 毫升，再加 $NaBH_4$ 100 毫克。在振摇下缓缓加入含 0.5 摩尔/升硼酸的 50%异丙醇溶液 19 毫升，放置 30 分钟，加入 10 毫升酸溶液（36%盐酸 40 毫升，冰醋酸 60 毫升）中，室温放置 15 分钟，以还原液（$NaBH_4$ 100 毫克加入含 0.5 摩尔/升硼酸的 50%异丙醇溶液 19 毫升，放置 30 分钟，加入 10 毫升酸溶液）为空白，于 500～600 纳米波长处扫描，结果在 550 纳米处有最大吸收。

标准曲线准确吸取对照品溶液 1.00、2.00、3.00、4.00、5.00 毫升在水浴上蒸干。加入 95%乙醇 1 毫升，同上法操作，测定吸收度。以吸收度为纵坐标，甘草甙取样量为横坐标作图，为一直线。回归方程为：

$A=0.1401\times10^{-3}C+0.00107\times10^{-3}$　　$r=0.9998$

样品测定　精密称取甘草粉末一定量，加 70%乙醇 30 毫升，水浴加热回流提取 3 次，每次 2 小时。过滤，滤液定容于 100 毫升量瓶中。准确吸取 1 毫升，在水浴上蒸干，加入 95%乙醇 1 毫升，同上法操作，测定吸收度。计算含量，结果见表 1-16。

表 1-16　不同产地一等品甘草中甘草甙、甘草甙元含量（%）

Table 1-16　Content of liquiritin and liquiritigenin of *G. uralensis* in different areas

样品产地	甘草甙	甘草甙元	样品产地	甘草甙	甘草甙元
新疆伊犁	2.81	1.35	内蒙古额前旗	1.81	1.3
内蒙古奈曼旗	5.47	2.19	内蒙古杭锦旗	4.34	2.65

甘草甙元的测定，以甘草甙为对照品，560 纳米为测定波长进行测定。回归方程为

$C=3.8992\times10^{-3}A+0.02083\times10^{-3}$　　$r=0.9998$。

第七节　甘草属植物资源开发利用

一、药用方面的研究

甘草属植物入药的有 8 种，《中国药典》收藏 3 种，甘草、胀果甘草、光果甘草，其中，甘草（*Glycyrrhiza uralensis*）为主要的药用植物。

甘草属植物化学成分非常复杂，其中药用的有效成分主要包括甘草酸及其水解产物甘草次酸和葡萄糖醛酸、黄酮类化合物及水溶性浸出物、还原糖、淀粉、氨基酸、有机酸、生物碱和多种金属元素，主要药用有效成分为甘草酸及黄酮类化合物。甘草黄酮类化合物有 10 大类 160 多个，药效作用优于甘草酸，且从甘

草属植物地上部分分离出 59 个黄酮类化合物和 7 个酚类成分。例如，从云南甘草中分离出 12 个化合物，从刺果甘草中分离出 42 个化合物。

《中国药典》2015 版记载甘草饮片："性味归经：甘，平。归心、肺、脾、胃经。功能主治：补脾益气、清热解毒、祛痰止咳、缓急止痛、调和诸药。用于脾胃虚弱、倦怠乏力、心悸气短，咳嗽痰多，脘腹、四肢挛急疼痛，痈肿疮毒，缓解药物毒性、烈性；炙甘草补脾和胃，益气复脉。用于脾胃虚弱，倦怠乏力，心动悸、脉结代。"

经过现代医学研究，甘草药理作用比较明确的主要包括：①呼吸系统：镇咳祛痰、平喘、肺保护、抗病原体作用；②消化系统：对乙醇诱导肝细胞损伤的保护作用、抗消化性溃疡作用、治疗肠易激综合征重叠功能性消化不良、抑制胃酸分泌反常的作用、胃肠平滑肌的解痉作用、解毒作用；③对免疫系统：具有肾上腺皮激素样作用、抗炎及抗变态反应的作用、抑菌作用、增强小鼠免疫功能；④神经系统：对神经系统的保护作用、甘草过度消费对神经系统的损害、镇痛、抗惊厥作用；⑤对泌尿系统人膀胱癌细胞 T24 的抑制作用、对急性肾小管坏死的治疗与保护作用、治疗上尿路结石并肾绞痛；⑥生殖系统：孕妇怀孕期间摄入甘草对胎儿及新生儿有影响，可能增加死胎的影响。对小鼠雄性生殖细胞遗传物质具有保护作用，即抗诱变作用。甘草提取物不损害男性生殖功能。

临床常用于治疗胃、十二指肠溃疡、支气管哮喘、肺结核、传染性肝炎、子宫颈糜烂、皮肤炎症、防治癌症等。此外，据报道甘草提取物对艾滋病毒、SRAS 以及肝癌等病症具有一定的抑制作用，是治疗艾滋病最理想、最有前途的药物之一。

1. 甘草的临床应用

（1）解毒作用　按传统中医理论甘草能调和药性以解毒；用其味甘能缓，缓和峻猛以解毒；用其味甘能补，扶正固本以解毒。现代医学表明，甘草甜素吸收后在肝脏中分解为甘草次酸与葡萄糖醛酸，后者能与毒物结合而解毒。四氯化碳是典型的肝细胞毒物，甘草次酸可抑制四氯化碳自由基的生成，而不使肝脏损伤，因而甘草对四氯化碳、四氯乙烯、抗结核剂及酒精引起的肝脏损伤有保护作用。甘草还能解除白喉毒素、破伤风病毒的致死作用，与蛇毒混合注射于白鼠，可以防御蛇毒的致死作用与局部坏死作用，其效力甚至超过蛇毒血清，甘草对咖啡因、乙酰胆碱、烟碱和巴比妥等有中度或轻度的解毒作用。

（2）抗艾滋病　由于近年甘草用于治疗艾滋病，使得对甘草抗病毒的研究得以深入。甘草甜素具有广泛的抗病毒谱，不但用于抑制带状疱疹病毒的增殖，而且可直接灭活带状疱疹病毒；甘草还是治疗慢性肝炎较好的药物，广泛用于急、慢性肝炎及肝硬化的治疗；甘草甜素还具有抑制艾滋病病毒增殖的作用。最近研究表明，甘草中的三种黄酮类成分对艾滋病病毒的抑制作用更强。甘草对艾滋病的治疗作用已引起世界广泛关注。

（3）抗癌症　甘草可用于皮肤癌、肝癌等癌症的治疗。国外报道甘草酸经皮肤给药，对皮肤癌的继续恶化有阻止作用。许多实验结果表明，甘草能抵抗对肝脏致癌的作用，并观察到在解毒的同时还有迅速恢复已损伤细胞的作用。用 3-me-DAB（化学致癌剂）长期饲养动物可引起多发性肝癌，而同时给甘草甜素的动物则未出现致癌现象。研究表明，中药中甘草的根茎对治疗恶性葡萄胎及绒毛蜡上皮癌等具有较好疗效。后经证明其抗癌有效成分为生物碱，对癌细胞分裂增殖有直接抑制作用。日本德岛文理大学佐藤利夫教授领导的研究小组开发出一种能有效抑制癌细胞药，他将甘草中含有的查耳酮衍生物与氟结合研制出的低分子化合物—氟化查耳酮，可将癌细胞叶 1 酶杀死，从而使癌细胞的扩散得到抑制。

（4）抑制非典病毒　德国法兰克福大学医学病毒研究所专家英德日赫·奇纳特尔领导的科研小组发现，从甘草根部提炼的甘草甜素在实验室研究中对非典病毒有着良好的抑制效果。与目前普遍采用的抗病毒药物病毒唑相比，其疗效更加明显。科学家相信，利用甘草甜素有望研制出比目前所用的抗非典药物更有效的新药。此前医学家已用甘草甜素作为有效成分开发出药物，治疗丙肝与艾滋病等，并取得了一定效果。科学家指出，如果利用甘草甜素果真能研制出治疗非典的有效药物，那么这种药物将具有无毒副作用且价格低廉等优点。

（5）对消化系统的作用　研究表明，甘草浸膏对十二指肠溃疡有明显抑制作用。根据实验结果，甘草浸膏以 250 纳克/千克的剂量大鼠皮下给药或内给药，溃疡发生率被抑制了 40%，并且在相同实验条件下，幽门结扎后 4 小时内的胃液容量、游离酸度、总酸度都有明显减少。据报道，犬的辛可芬消化道溃疡与人的消化性溃疡有比较接近的病理表现。给予这种溃疡犬以 6～8 克甘草，有 60% 的动物消化道溃疡减轻，也有的完全瘢痕化。对醋酸诱发的大鼠慢性消化道溃疡，口服甘草甜素的治愈为 47.7%，不仅可抑制其胃酸分泌，还可促进消化道溃疡愈合。但亦有报道，含有甘草甜素较多的甘草浸膏对幽门结扎溃疡和组织胺引起的消化道溃疡的治病效果难以肯定，这些方面有待进行深入的研究。

甘草甲醇提取物 F_M100 抗消化道溃疡作用。甘草甲醇提取物 F_M100 有明显抗消化道溃疡作用。甘草甲醇提取物 F_M100（含甘草甜素较少的甲醇浸膏精制组分）腹腔给药 100 毫克/千克使消化道溃疡被抑制，胃液分泌抑制也很显著，上述实验虽然受甘草样品限制，且例数有限，但是给予从甘草中分离出的黄酮类甘草甙、异甘草甙及其甙元进行实验提供了重要线索。此外，甘草甲醇提取物 F_M100 能抑制乙酰胆碱、组织胺及蛋白胨所致的胃液分泌，甘草根的甲醇提取物 F_M100 与阿托品不同，没有抗乙酰胆碱作用，并不能抑制胃的自发运动。甘草甲醇提取物 F_M100 十二指肠内给药对急慢性胃瘘及幽门结扎的大鼠，能抑制基础的胃液分泌量，与芍药花甙合用显协同作用。甘草甲醇提取物 F_M100 对蛋白胨、组织胺及甲酰胆碱引起的胃液分泌有显著抑制作用。

甘草煎液、甘草流浸膏等不同制剂对胃肠平滑肌均有解痉作用。10%甘草浸膏 4 毫升/千克便可以使胃运动逐渐减弱，30 分钟后胃运动几乎完全停止。研究表明，甘草、白芍水提取剂（0.21 克）对患者平滑肌运动有明显的抑制作用，两者合作较单用效果好，降频率作用较降幅度作用强。

（6）对中枢神经的作用　研究报道，甘草甲醇提取物 F_M100 有好的解痉、镇痛作用，甘草和其他药物合用有使镇静、镇痛作用加强的作用。甘草对神经末梢有兴奋和抑制的双向作用，而芍药甙具有镇静、解痉和抗炎作用，两者合用有明显的协同作用，从而说明了芍药、甘草汤组成的合理性。由甘草、乳香等中药组成的镇痛散，是广泛用于多种疾病的疼痛治疗作用的复方。用热极法、扭体法对 20%的镇痛散与生理盐水进行镇痛效果比较，表明 90 分钟内有非常显著差异，说明镇痛散镇痛作用特别明显；与 0.15%的延胡索乙素比较其镇痛作用初始时虽有所减弱，但 60 分钟后镇痛散出现明显优势，显示镇痛散止痛作用持续时间长于延胡索乙素。据报道，由川芎、白芍各 300 克，荜茇、甘草各 200 克制成的颅痛灵口服液，进行血栓的二重和湿重、抑制血小板黏附的作用比较，提示颅痛灵口服液对偏头痛病患者可能具有综合治疗意义。

此外，甘草甲醇提取物 F_M100 对戊四唑引起的惊厥有较弱的抗惊厥作用，在抗惊厥同时还有解除惊厥后引起痉挛疼痛的作用。

（7）对呼吸系统的作用　甘草制剂有明显的止咳作用。研究表明，甘草浸膏和甘草合剂口服后能覆盖发炎的咽部黏膜，缓和炎症对它的刺激，从而发挥镇咳作用。甘草还能促进咽喉及支气管的分泌，使容易咳出，呈现祛痰镇咳作用。

(8) 甘草的毒副作用研究概况　甘草研究及应用中也发现有毒副作用，所以对甘草的毒副作用也应引起高度重视。张若松总结了甘草不良反应及不良反应对策：1968年科恩报告，给予肝炎患者甘草甜素（423毫克/天）时，肝炎好转，但血压升高，引起低血钾及低血钾性痰病。在甘草甜素剂量为2～5克/千克（po）时，可见电解质作用，甘草的溶血作用较弱。日本卫生部管理条例规定，对甘草甜素剂量超过100毫克/天或甘草的剂量超过2.5克/天（iv）的患者，必须予以紧密监控。

1968年荷兰医学杂志报道，大量食用甘草糖果的儿童和成年人，由于盐类和水分的潴留引起水肿，并往往伴随着高血压，舒张压常达13千帕。另报道300毫克/天的甘草酸服用患者，有30%的人出现严重反应。对于有某些疾病的患者，即使用量很少，也有不良反应。

2008年3月美国宾夕法尼亚州一家医院首次报道服用大量甘草也能导致霎时性失明的5个病例。患者都曾服用大量的甘草，其药物成分能够引起网膜或视神经血管收缩，引起缺血，影响视觉。

1984年我国临床报道，老年患者及贫血病患者用甘草，最易产生水肿，尤其是贫血病，每日用甘草10克以上，连续4～5天即可发生水肿。同样长期服用复方甘草片也会出现上述症状。

2. 引起甘草毒副作用的原因

(1) 饮食禁忌　市面上出售的零食如糖果、酸梅、橄榄，有些是用甘草调制或混有甘草，如果长期吃甘草，或是吃了大量的甘草，恐怕会有不良后果。

(2) 超剂量用药　甘草的药理作用有肾上腺皮质激素（荷尔蒙）样作用，很多对甘草有认识人的知道过量的甘草会使尿量及钠（sodium，盐含有成分）的排出减少，身体会积存过量的钠（盐分）引起高血压；水分储存量增加，会导致水肿。同时过多血钾流失引起低血钾症，导致心律失常，肌肉无力。

（3）配伍禁忌　许多中药是不能混用的，否则会产生毒性或严重的不良反应。中药“十八反、十九畏”的配伍禁忌是有道理的，不可忽视。

①强心苷类。复方甘草片中甘草浸膏能促进机体钾排泄，使机体血钾浓度降低，因而可增强机体对强心苷的敏感性，易诱发强心苷的敏感性，易诱发强心苷中毒，故心血管疾病及水肿病者当忌。

②利尿剂。复方甘草片与速尿及噻嗪类利尿剂合用时，可发生药理拮抗或增加不良反应。甘草的水钠潴溜作用可减弱利尿剂的利尿效果，并且二者都能使钾排泄量增加，引起低血钾症。

③降压药。长期应用复方甘草片，可由于水钠潴溜作用而引起血压升高，因而与降压药合用，可发生拮抗作用，使降压药失去降压作用，或降低降压药效力，因而有高血压者应回避使用，或改用其他止咳药。

④降糖药。甘草具有糖皮质激素样作用，可导致血糖升高，因而可拮抗胰岛素、甲磺丁脲、降糖灵等降糖药的疗效，影响糖尿病的治疗，甚至加重糖尿病病情。

⑤水杨酸类。有学者认为复方甘草片与水杨酸及保泰松类药物合用时,可增加胃肠道的不良反应,并可诱发或加重消化道溃疡。

3. 甘草不良反应的对策

（1）坚持辨证论治　中药的治病防病，必须是在中医理论的指导下进行。如果违背了辨证论治的理论而滥用中药，不但达不到防病治病效果，反而有害健康。对一般药品，规定甘草酸的最大配伍量每日 300 毫克以下，甘草为每日 5 克以下。含甘草 5 克以上的药品，要注明醛固酮增多症的患者、肌肉症患者和低血钾患者禁用。服用本剂量的患者，要密切观察其副作用，一旦有异常应停药。在坚持辨证论治的基础上注意用药剂量，避免配伍禁忌、服药禁忌，综合考虑年龄、性别、体质等因素，同时采用合理的煎药和服用方法。

（2）停止用药　当服用甘草制剂出现低血钾症、血压上升、水肿、体重增加、软弱无力、四肢痉挛、麻痹等症状，应立即停药或给予醛固酮拮抗剂安体舒通，症状会消失。芍药甘草附子汤引起的水肿，用五苓散治疗。

（3）完善甘草不良反应的监测　甘草不良反应有多种原因，应建立完整的不良反应监测。

参考文献：张若松，中药甘草的不良反应和对策研究，中国医药导报，2009 年 3 月第 6 卷第 9 期 161 页。

4. 甘草在民间偏方中的应用

（1）伤寒咽痛（少阴症）　用甘草 100 克，蜜水炙过，加水 2 000 毫升，煮成 1 500 毫升。每服五合，一天服两次，此方名“甘草汤”。

（2）肺热喉痛（有炙热）　用炒甘草 100 克、桔梗（淘米水浸一夜）50 克，加入阿胶 0.25 千克。每次服五钱（1 钱＝5 克），水煎服。

（3）肺痿（头昏眩，吐涎沫，小便频数，但不咳嗽）　用炙甘草 200 克、炮干姜 100 克，水 3 000 毫升，煮成一半，分几次服，此方名“甘草干姜汤”。

（4）肺痿久嗽（恶寒发烧，骨节不适，嗽唾不止）　用炙甘草 300 克，研细。每日取 5 克，童便三合调下。

（5）小儿热嗽　用甘草 200 克，在猪胆汁中浸 5 天，取出炙后研细，和蜜作成丸子，如绿豆大。每次服 10 丸，饭后服，薄荷汤送下。此方名“凉隔丸”。

（6）婴儿初生便闭　用甘草、枳壳各 5 克，水半碗煎服。再以乳汁点儿口中。

（7）小儿撮口风　用甘草 12.5 克，煎服，令吐痰涎。再以乳汁点儿口中。

（8）婴儿慢肝风（目涩、畏光、肿闭、甚至流血）　用甘草一指长，猪胆汁炙过，研细。以米汁调少许灌下。

(9) 儿童遗尿　用大甘草头煎汤，每夜临睡前服之。

(10) 小儿尿中带血　用甘草 60 克，加水六合，煎成二合。一岁儿 1 天服尽。

(11) 小儿干瘦　作甘草 150 克，炙焦，研细，和蜜成丸，如绿豆大。每次服 5 丸，温水送下。1 天服 2 次。

(12) 赤白痢　甘草 3.3 米长，炙后劈破，以淡浆水 1 500 毫升，煎至八合服下。

(13) 舌肿塞口（不治有生命危险）　用甘草煎成浓汤，热嗽，随时吐出涎汁。

(14) 口疮　用甘草 2 厘米、白矾 1 块（如粟米大），同放口中细嚼，汁咽下。

(15) 背疽　用甘草 150 克，捣碎，加大麦粉 450 克，共研细。滴入好醋少许和开水少许，作成饼子，热敷疽上。冷了再换。未成脓者可内消，已成脓者早熟破。体虚的人可加服黄芪粥。又方：甘草 50 克，微炙，捣碎，浸入 1 000 毫升水中，经过一夜，搅水使起泡，把泡撇掉，只饮甘草水。

(16) 各种痈疽　用甘草 150 克，微炙，切细，浸入一半酒中；另取黑铅 1 片，熔汁投酒中，不久取出，反复九次。令病人饮此酒至醉，痈疽自渐愈。又方：甘草 1 千克，捶碎，水浸一夜，揉取浓汁，慢火熬成膏，收存罐中。每次服一、二匙。此方名“国老膏”。消肿去毒，功效显著。

(17) 初起乳痈　用炙甘草 10 克，新汲水煎服。外咂乳头，免致阻塞。

(18) 痘疮　用炙甘草、栝楼根各等份，水煎服。

(19) 阴部垂痈（生于肛门前后，初发如松子大，渐如莲子，渐红肿如桃子。成脓破口，便难治好）　用甘草 50 克、溪水 1 碗，以小火慢慢蘸水炙之。自早至午，至水尽为度。劈开检视，甘草中心已有水润即可。取出细锉，再放入两碗中煎成一碗。温服。两剂之后，病渐好转，但须经 20 天，肿痛才会消尽。

（20）阴部温痒　用甘草煎汤，1天洗3～5次。

（21）冻疮发裂　先用甘草汤洗过，然后用黄连、黄芩，共研为末，加水银粉、麻油调敷。

（22）汤火伤　用甘草煎蜜涂搽。

（23）利用甘草属植物提取物中的查耳酮类化合物作活性成分治疗牛皮癣。

（24）牙痛　食疗方，绿豆100克，甘草15克，水煮熟去甘草分二次食豆饮汤。

（25）中暑　食疗方，绿豆500克，甘草30克，加水煮至豆烂开花，冷后代茶饮。

（26）手癣　外治方，地骨皮30克，甘草15克。水煎外洗患处，每天一剂，洗2～3次。据报道，用本方治疗手癣15例均痊愈，最多用药5天。

（27）癔病　单验方，小麦30克，甘草9克，大枣5枚，丹参、朱茯神各12克，水煎2次，混合后分上、下午服，每日一剂。

（28）咽喉痛　单验方，生甘草3～5克，桔梗5～10克。开水冲泡含漱饮服。

此外，甘草在蒙医药中占有比较重要的地位，甘草的上方率为30%；民间验方上方率达到40%。甘草与其他蒙药配合具有清热止咳、安神理肺、清食化痰、凉血明目、舒筋活络等重要功能。主治肝火肺热、喉痛定喘、胸闷痰稠、半身不遂、头昏眩晕、肌肉萎缩等重症。上方率达到70%以上。

二、食用及日用化工方面的研究

除了中医临床大量用药外，甘草在医药、食品、酿造、化妆、烟草、消防、石油化工等方面有非常广泛的应用。

1. 用于食品工业　甘草甜素从甘草中提取的一种三萜类物

质，其甜度是蔗糖的50倍，与其他甜叶剂合用时可达200～250倍。甘草甜素作为甜味、调味、矫味等添加剂已广泛应用于食品工业和饮料工业。目前主要作为食品甜味剂有：甘草酸单钾、二钾、三钾，甘草酸铵等。甘草酸单钾的甜度是蔗糖的500倍；甘草酸二钾和三钾甜度是蔗糖的150倍；甘草酸铵的甜度是蔗糖的200倍。甘草甜素不仅可以作为甜味剂，而且具有很高的药用价值，如用于治疗急慢性肝炎等。

另外，甘草可用作制造蜜饯及香糖，也可添加在起泡沫的饮料和口味浓烈的甜酒中，增加酒味的口香度；在糕点中应用有疏松、增泡、软化等效果；生啤酒中加甘草发酵，泡沫多，且昧长久；巧克力加甘草甜素可强化可可豆粉的特殊香味，还可减少25%～30%可可粉用量；日本和东南亚等国家还普遍用于酱油、酱菜及调味品中。

2. 用于轻工工业　甘草根和根茎浓缩的浸渍液可以作为灭火器中起泡物的稳定剂以及石油钻井的稳定剂，经处理的废渣可用作浸调剂、黏着剂和散开剂等，也可以用来制作皮鞋油、油墨等；从甘草中提取的天然抗氧化物质可作为油脂和油脂食品的抗氧化剂；甘草内含的有色物质对毛和丝织品可染色，且不脱色、不褪色，印染业利用它的渗透作用可使染色均匀、艳美；在香烟内掺入甘草能降低和缓解烟毒，且烟味清秀，在美国一半以上的甘草用于香烟配料。

3. 用于日化工业　用甘草甜素或甘草次酸及其衍生物可配制成具有治疗作用的护肤霜、祛斑霜等化妆品，对毛肤、毛发有营养保湿作用，并对损伤的皮肤、毛发有修复作用。甘草黄酮在美容化妆品上具有多种功效：①具有抗炎、抗变态反应的作用，这主要来自于甘草酸以及甘草次酸盐，还可抑制毛细血管通透性。②肾上腺皮质激素样作用，具有盐皮质甾醇样作用和糖皮质类甾醇样作用，即甘草次酸抑制了肾上腺皮质甾醇类在体内的破坏，因而血中含量相应增加。

4. 加工综合利用　甘草加工后的废渣可制成绝缘人造嵌板、食用菌培养基和肥料等。甘草根和根茎中含有单宁（高可达8.4%）可以作为制造烤胶的原料。甘草含氮素及矿物质很多，是很好的有机肥料，茎叶用作绿肥，根和根茎加工后的残渣用作肥料。甘草的菌根含氮达30%（占干物质）能提高土壤肥力，在土壤瘠薄的干旱地区具有特别重要的意义。

第八节　野生甘草的采挖现状与资源保护

一、野生甘草的采挖现状

当今，国内外甘草资源已经和正在遭到破坏，同时带来环境恶化。意大利、西班牙、伊朗、伊拉克、前苏联、阿富汗、土耳其等历史上的甘草出口国，尽管资源丰富，由于无计划大量采挖，不注意合理利用、保护和发展甘草，以致形成甘草资源的枯竭情况，只能从我国或其他国家进口。俄罗斯的中亚细亚卡拉尔帕克地区，由于大面积开荒和采挖，甘草面积由1955年的26.69万亩到1980年只剩下5.64万亩，生物贮量由13.62万吨降到2.7万～3.06万吨，均减少了4/5左右，致使甘草失去了恢复能力。

国内的资源情况也不乐观。我国历史上甘草全靠采挖野生资源供应商品。历史上，我国甘草资源十分丰富。据推算，新中国成立初期全国甘草蕴藏量约20亿～25亿千克，辽宁、吉林、黑龙江及河北、山西、陕西等省都曾经有大量甘草产出。20世纪80年代初期，全国甘草总蕴藏量约15亿千克，其中新疆、宁夏、内蒙古西部（西草）产区蕴藏量约12.5亿千克，约占全国甘草总蕴藏量的83%；内蒙古东部及松辽平原（东草）产区蕴藏量约4 790万千克，约占总蕴藏量的3.15%。

由于连年过量采挖以及开垦草原、荒地，使我国可利用甘草资源的区域急剧向西北收缩，资源压力逐年加大。目前，甘草总蕴藏量估计在10亿千克左右，大体相当于原有蕴藏量的40%。根据全国中药资源普查结果，甘草主要分布于内蒙古、宁夏、新疆、黑龙江、吉林、辽宁、河北、山西、陕西、甘肃等省份250多个县（市、区、旗），山东、河南亦有少量分布。其中主产区新疆有71个县（市），内蒙古有55个旗（市），宁夏有16个县（市）。由于大量采挖，山西、河北早已不能提供商品；陕西、甘肃、青海、宁夏只有零星分布；东北和内蒙古东部的天然优质“棒草”也不多见了。由于过度采挖发生产区转移的严重局面。全国甘草主产区，由东向西转移。目前新疆、内蒙古西部已成为天然甘草的主产区。

青海1955—1985年平均每年收购甘草35万千克，最高达45万千克。1983年中药资源普查，全省天然甘草资源蕴藏量仅剩140万千克，到1990年年初资源骤减，年收购量仅6万千克。目前甘草基本枯竭，难以收购。

宁夏为甘草主产区。根据宁夏畜牧局的调查资料，新中国成立初期宁夏的野生甘草有1408.8万亩，至1983年分布面积仅约880.5万亩，其中以甘草建群种的面积仅为238.6万亩，其余多为伴生种出现，甘草的蕴藏量也只有20世纪50年代的1/3左右。野生甘草的收购量呈现出逐年成倍增加（表1-17）。随着采挖量的增加，甘草品质逐年呈下降趋势（表1-18）。宁夏盐池县1982年与1963年相比，甘草年总收购量由74万千克增加到280万千克，质量等级却大大下降，乙级以上的甘草由21.33%下降为8.32%，而丁级以下的甘草由46.63%增加到76.33%。

表1-17 宁夏甘草收购量

Table 1-17 Number of purchasd *G. uralensis* in Ningxia

时间	20世纪50年代	60年代	70年代	80年代	90年代
年均收购量(万 千克)	75.4	126.4	281.5	552.5	623

注：据宁夏统计局资料。

表 1-18　宁夏盐池县 1963—1982 年甘草收购等级变化

Table 1-18　Grade change of *G. uralensis* between 1963—1982 in Yanchi County of Ningxia

年份	总收购量（万千克）	各等级所占比率（%）							
		特级	甲级	乙级	丙级	丁级	毛条	节子	疙瘩
1963	74	1.04	6.7	13.59	32.04	18.1	2.64	25.37	0.7
1982	280	0.24	1.33	6.61	15.3	38.73	28.69	8.96	—

注：盐池县药材公司资料。

20 世纪 50 年代中期，甘肃省甘草年收购销售量基本上在 100 万千克左右，1957 年甘草收购量曾达到 400 万千克以上，销售量也在 200 万千克左右。从 60 年代一直到 80 年代初，甘草年收购量基本上稳定在 250 万千克左右，销售量也在 180 万千克到 190 万千克之间。1983 年收购量猛增到 630 万千克，几乎是全省蕴藏量的 1/4，销售量也在 530 万千克左右。随着市场需要的骤增，甘草资源已呈日趋枯竭之势。

甘肃省酒泉地区 1983 年中药资源普查结果显示，全区共有野生甘草资源 42 万亩，以后数年连续发生“甘草大战”，年年提供 300 万千克以上的商品草，到 1995 年调查统计，天然甘草已不足 8 万亩。据甘肃省合水县医药公司统计，1988 年收购甘草 250 万千克，1989 年夏初 1 个月就收购 50 万千克，创同期历史最高纪录；宁县金村乡兰庄村和湘乐镇的欠湾村，1988 年 3 月以来有 80%的农民整日上山采挖甘草，仅欠湾村南面的一块 10 亩大的缓坡林地上，毁坏的林苗占总数的 40%；华池县 1988 年已进行了一场前所未有的“甘草大战”，1989 年当地农民又纷纷上山采挖甘草。

内蒙古赤峰市郊，20 世纪 60 年代每年可收购甘草 10 余万千克，现在却难有成批商品收购。

位于内蒙古黄河南岸的伊克昭盟市是我国著名的优质“西草”商品中心产区，是东汉以来“中国甘草”的重要产区之一。

在隋代就有“甘草城”、“甘草根子厂”的历史记载，由于该地区的日照长，强辐射，降水季节集中，水热同季，积温有效性高，昼夜温差大的气候特点以及深厚松软的砂质土壤，比较完全和高钙的土被营养形成了当地甘草抗旱、抗风、抗沙、耐压、耐热、耐寒、耐盐碱的生态特性和返青早、生长快的生长特点，大面积生长着我国使用最早、质量最佳、分布最广、蕴藏量最大的乌拉尔甘草。该草以皮细、色棕红、根头肥实，质坚骨重，粉多筋少等特点闻名于世，是我国甘草中的精品，产品远销欧美、日本、韩国、东南亚的许多国家和地区，享有“梁外草”品牌的美誉。由于对甘草进行掠夺性采挖，使资源日趋减少。到 1981 年，资源保存面积由解放初的 1 800 万亩减少到 540 万亩，蕴藏量由 5 亿千克，减少到 2.2 亿千克。新中国成立初全盟各地均长甘草，现在只有鄂托克前旗、杭锦旗、达拉特旗、鄂托克旗的 27 个乡生长甘草，其他地方基本绝迹，且商品草质量大幅降低，条、毛草比例由 8∶2 下降到 5∶5。

新疆地区具有广泛的甘草资源，全自治区 86 个县市中，有 82 个县有甘草生长，现在分布面积约 1 300 万亩，蕴藏量 10 亿千克，占全国甘草资源的 70%以上（表 1-19）。新疆甘草根茎粗壮，含酸量高，品质较佳。

表 1-19　20 世纪 80 年代初新疆野生甘草分县蕴藏量统计

Table1-19　Storage of wild *G. uralensis* in 1980s in Sinkiang

县名	蕴藏量（吨）	主产地	县名	蕴藏量（吨）	主产地
乌鲁木齐市	2	达坂城	塔城市	885	
伊犁哈萨克自治州	37.3		和丰县	400	
察布查尔县	15		托里县		零星分布
巩留县	10		博尔塔拉蒙古自治州	11.23	
新源县	9.5		精河县	10.6	
伊宁县	1		博乐市	630	

（续）

县名	蕴藏量（吨）	主产地	县名	蕴藏量（吨）	主产地
伊犁霍城	1.7		温泉县		零星分布
特克斯县	100		石河子市	20	
尼勒克县		零星分布	昌吉州	6.155	
昭苏县		零星分布	呼图壁县	1.35	种牛场
奎屯市		零星分布	玛纳斯	900	户东地、兰州湾
阿勒泰地区	22		阜康县	900	鱼尔村、城关镇
福海县	7.4		奇台县	810	西北湾牧场
阿勒泰市	3		吉木萨尔县	665	红旗农场
布尔津县	3		木垒县	610	
富蕴县	3		米泉县		零星分布
清河县	1.5		昌吉市		零星分布
哈巴河县	1.95		吐鲁番地区	20	
吉木乃县	150		吐鲁番市		零星分布
塔城地区	10.685		鄯善县		零星分布
沙湾县	3.6		托克逊县		零星分布
乌苏县	3		哈密地区	30.25	
塔城额敏	1.5		哈密市	26.5	
裕民县	1.5		巴里坤县	1.05	三塘湖
伊吾县	2.7	三淖毛湖乡	乌恰县	100	乌鲁克恰提乡
巴音郭楞州	238.163		喀什地区	211.4	
轮台县	79.08	草湖、群巴克	巴楚县	150	叶河沿岸
尉犁县	63.885	塔河沿岸	麦盖提县	37.6	
且末县	48.969		莎车县	11.7	
库尔勒市	17.263	普惠、伙什力克	伽什县	4	
和硕县	10	乌什塔拉包尔图	叶城县	4	
和静县	8.421		岳普湖县	1.2	
若羌县	8		英吉沙县	1	
焉耆县	1.945	查汗采克、紫泥泉	疏附县	800	
博湖县	600		疏勒县	580	

（续）

县名	蕴藏量（吨）	主产地	县名	蕴藏量（吨）	主产地
阿克苏地区	343.8		泽普县	500	
沙雅县	150	海楼、托依堡塔里木	和田地区	54 400	
阿瓦提县	92	和田河叶尔羌河16团	和田市	12.5	
温宿县	45.4	札木台、克孜勒	墨玉县	11.5	
库车县	35	草湖区、哈拉哈塘	玉田县	10	
柯坪县	6.8	喀什格尔河两岸	洛浦县	9.5	
拜城县	6.3	赛里木	民丰县	9.2	
阿克苏市	6.6	12团、15团	策勒县	1.1	
乌什县	1.6	依麻木	皮山县	600	
新和县	100				
克孜勒苏州	33.48				
阿图什	33.2	哈拉俊			
阿克陶县	180	布伦口乡			

新疆甘草在新中国成立前很少量使用，较大范围的开发始于20世纪50年代中期，到70年代中期，由于国内用药量的增加和对外出口数量逐年大幅增长，造成新疆甘草采挖量不断迅速上升。据统计，1957年至1986年30年间新疆甘草总采挖量约58万吨，其中，医药收购20万吨，外贸收购14万吨，甘草制品厂原料消耗24万吨，平均年采挖量为：1957—1970年为0.46万吨，1971—1980年为2.6万吨，1981—1986年为3.3万吨，其中以1978—1980年为最高，采挖量达4.4万吨。虽然2000年甘草收购量降至1.95万吨，但对蕴藏量日益减少的甘草资源也是不轻的负担。进入80年代之后，新疆甘草分布面积和蕴藏量逐步呈下降趋势（表1-20）。新疆喀什地区药材公司调查，随着甘草面积逐年减少，甘草采挖量也在不断下降，1978年为4 300吨，到1985年降至3 296吨，1986年采挖量只有2 200吨，1990年不足1 500吨（表1-21）。

表 1-20　新疆甘草分布面积与储藏量的变化

Table 1-20　Change of distributing areas and storage

时间	20 世纪 50 年代	80 年代	降低率（%）
分布面积（万亩）	2 300～2 900	900～1 000	60.9～65.5
储藏量	20～25	4.1～6.1	79.5～76

注：参考 1983 年国家医药管理局与国务院四部新疆甘草调查汇报提纲。

表 1-21　新疆喀什地区历年甘草采挖量（吨/年）

Table 1-21　Digging number of *G. uralensis* in Kashi of Sinkiang

时间	1966	1978	1983	1985	1986	1990
采挖量	440	4 300	4 265	3 296	2 200	1 500

注：参考新疆维吾尔自治区及喀什地区药材公司资料汇总。

二、野生甘草资源及生态环境的保护

1. 甘草的生态价值　甘草是生长在干旱荒漠区的一种耐旱、寒、热和盐碱性的良好的固沙草本植物。在年降水量 300 毫米以下，土壤含盐量最高极限为 60 克/千克，极端最高温度（47.6℃）和冬季严寒气温（－30 ～－40℃）的空旷荒漠、半荒漠地带，以及强光照等生态条件下甘草均能生长发育。甘草地上部分的茎叶可作为优质的牧草，地下根茎可供药用。甘草地下根状茎繁殖力强，再生能力旺盛，具有深长的根系和纵横网状的地下强大根状茎，可适应干旱环境；其地下根状茎有强大的萌发力，在地表以下数米处呈水平状向老株四周延伸。1 株甘草数年后可发新株数十株，种植 3 年后，在远离母株 3～4 米处均有新株长出，其水平根状茎和垂直根状茎均可生根，根茎节上腋芽萌发出地面后发育成新株，形成同一根源的株丛。生长在沙化环境的甘草植株随沙层覆盖度的增加，可形成 3～4 层根状茎层。因此，甘草为钙质土壤的指标性植物，具有很强的防风、固沙固土作用，是干旱半干旱荒漠地区优良生态先锋植物。

2. 甘草资源现状以及不合理开发造成的生态破坏　近年来由于对环境资源的不合理开发和利用，甘草的生存空间日益减小，其中开荒造田是使甘草分布面积锐减的主要因素。在新疆，仅新中国成立后的30年间，在开荒造田中就减少甘草资源约70万公顷。其次，随着农业开发规模扩大，水利建设发展，沿河筑坝，引水灌田，截流贮水，修渠防渗，造成地下水位下降，部分河流下游断水，湖泊干涸，也使原生甘草失去生存条件而大面积地枯死。再加上国内外需求量增长，人为的过度采挖甘草，使我国野生甘草资源遭到极大破坏，也使西北的生态环境遭到严重的破坏。

据2001年草场资源调查统计，新疆甘草现分布面积仅55万公顷，不足1958的1/3，其中以甘草为建群种集中成片生长的分布面积只有36万公顷，甘草资源呈快速下降的趋势。内蒙古自治区伊克昭盟20世纪50年代野生甘草面积为120万公顷，20世纪80年代调查已不足50年代的1/4。在宁夏，被誉为宁夏五宝之一的甘草，20世纪50年代全自治区共有生长面积93.87万公顷，储量约5亿千克；到了20世纪80年代，生长面积减少到58.67万公顷，其中以甘草为建群种的面积只有15万公顷，甘草蕴藏量只有20世纪50年代的1/3左右；20世纪90年代甘草生长面积减少到26.67万公顷，储量仅1亿千克左右。自20世纪80年代以来，全自治区因采挖甘草直接破坏草原面积17.83万公顷，间接破坏35.7万公顷。从而使草原大面积沙化，使“黄宝”变为引发草场被破坏的“黄祸”。黑龙江省在新中国成立初期草原面积为400万公顷，到1980年减少到240万公顷，目前仅剩200万公顷，其中严重退化面积67万公顷，盐碱化面积52万公顷，沙化面积16.7万公顷。由于这些原因，昔日的“甜草岗”已难见甘草种群，只留下大片裸露的沙地。2003年调查数据显示，同20世纪50年代相比，全国野生甘草分布面积减少

70%，蕴藏量减少 80%。专家预测，甘草资源在东北地区已近枯竭，在华北地区 2～3 年内将达到濒危，在西北地区 4～5 年内将达到濒危等级。

滥挖甘草等固沙植物以及过度放牧等原因，造成大面积草场沙化，导致我国西北地区沙化日益严重，使我国沙尘暴频发而且愈演愈烈，造成了巨大的损失。

为了保护生态和资源，2002 年国家经济贸易委员会下达文件，规定甘草的采挖、运输、经营必须具有专业许可证，同时国家 5 野生药材资源保护管理条例 6 亦把甘草列为国家二级重点保护野生药材，以限制对甘草的过量应用，保护生态环境。但由于巨大的市场需求，仍不能很好地遏制民间对甘草掠夺性采挖的狂潮。

甘草产区一般是甘草资源集中，优势种突出，群落密集性强，加之其茎基木质化，根系和根状茎呈盘结交错的网络状分布，幼小根茎和落地种子均可繁殖的生物学特性，因而成为产区的重要生态植物。研究表明，每挖 1 千克甘草，50 厘米以上的土层要翻动 1～2 米^3，翻土量在 1 米^3 以上，覆盖和影响草地 20 米^2。就内蒙古伊克昭盟生态条件而言，每挖 15 千克甘草破坏 1 亩草地或甘草基地。1965 年以来，鄂托克前旗因采挖甘草，沙化草地 177 万亩，破坏甘草资源 119 万亩。

甘草的过度采挖，给农牧业生产、人民生活、生命财产带来极大的危害。产草量减低，载畜量下降；地面凹凸不平，蜂窝似的土坑，损伤羊只和马匹四肢。春乏羊只栽入坑内往往不能自拔，造成死亡。内蒙古草原还放牧马群，扭伤或折断马腿，损失更大。例如，1983 年对宁夏同心县韦州乡的调查结果表明，该乡石峡、阎家圈、塘坊、巴庄、马庄五个村多沙地，主要副业为挖甘草，每年由甘草所得收入人均 50～80 元。甘草年总收购量不断增加，由过去的 25 万～35 万千克，进入 80 年代增加到 50 万千克以上。虽然群众从挖甘草得到一些收入，但造成环境的恶化却带来了更大的灾难。石峡村 2 500 亩小麦被风沙打光，秋作物反复种了几次又均被风沙破坏；阎家圈 2 500 亩小麦颗粒不收。1994 年春季，宁夏同心县红寺堡乡，一场沙暴过后，沙埋人亡，挖甘草和放牧的人、畜丧生于沙暴。

根据农业部环保科研监测所生态室考察，近年来因滥挖甘草引起的草牧场沙漠化，在新疆、宁夏、内蒙古已达上千万亩。巴楚县的沙漠以每年百米的速度向绿洲推进，巴音郭楞蒙古族自治州原有甘草面积 1 140 万亩，目前除边缘人迹罕至的 450 余万亩保存较好外，其余大部分沙化、退化，部分地段甘草已被沙埋绝迹。滥挖乱采，破坏野生甘草资源带来的后果是严重的。宁夏盐池县甘草产区各类沙丘和浮沙面积已从 1961 年的 270 万亩上升到 380 万亩。不但沙漠化加剧，草牧场退化也很严重。盐池县草场通过定点调查，20 世纪 90 年代初与 70 年代末相比，单位面积内以甘草为主的豆科牧草减少了 31.4％，禾本科牧草减少了 22.1％，毒草、害草（牛心朴子、醉马草等）增加了 27.2％，牧草生物量下降 24.5％。大部分甘草类型的植被已由表土完整型向片状覆盖沙地和流沙地演化，优良牧草渐次减少至消失。当前已进人生态环境恶化的第三阶段，造成地下水位下降，风暴日增多。

总之，无计划、过度的甘草开发利用，已经严重地威胁到甘草资源的天然蕴藏和自然更新，同时严重地恶化了甘草产区的生态环境，从而严重地影响了甘草产业及地方经济社会的可持续发展。科学保护和合理开发甘草资源已刻不容缓。

1. 完善现行的法律法规，加强野生甘草资源的保护　多年来，国家医药管理局、中医药管理局以及一些地方药材部分做了大量的工作，为扼制野生甘草资源的破坏，恢复和重建野生甘草资源起到了重要作用。我国的甘草是中医药处方和中成药生产用量最多、耗量最大的品种。尽管我国的野生甘草资源面积大、种类多，蕴藏量丰富，但大部分分布在严酷的环境下，一旦遭到破坏，难以恢复，因此必须完善现行的法律法规，依法保护野生甘草资源。不断的开展宣传教育，增强法律意识，健全甘草资源保护的规章制度，做到依法保护甘草资源。

保护野生甘草资源，必须从根本抓起，合理放牧，围栏保护，人工抚育，使局部甘草资源恢复后方可进行适量采挖，在严重荒漠区禁止野生甘草的交易。从法制上立法，制度上规范化管理。必须尽早实行退耕还牧，退耕还林，退耕还草，恢复与保持甘草的生态平衡和良性发展。目前按照 2000 年国务院颁布的《关于禁止采集和销售发菜、制止滥采乱挖甘草、麻黄草有关规定的通知》和 2001 年国家经济贸易委员会下发的《关于保护甘草和麻黄草药用资源，组织实施专营和许可证管理制度的通知》，采取“先国内后国外、先人工后野生、先药用后其他”的原则，优先安排人工种植甘草供应国内市场，适量安排出口，限制饮料、食品、烟草等非医药产品使用国家重点管理的野生药材资源，以防止对生态环境的破坏。

2. 当地政府要加强生态保护宣传教育　甘草的主要采挖者多数为农民或者牧民，生态保护教育尚未普及，所以农民或者牧民们认为甘草资源是无限的、野生无主的，可以随意采挖。另外，药商为了逐利，对野生甘草资源的挖掘推波助澜，虽然国家从 1983 年就限制出口甘草，但是在多方插手，百家经药的状态下，高价争购继续诱发乱采滥挖；另外，在我国的医药教育领域，对甘草等濒危动植物的生态价值和保护意识教育是不够的。

3. 通过围栏保护抚育，逐步恢复野生甘草资源　内蒙古伊克昭盟野生甘草产区由于地广人稀，并且放牧和采药双重利用，广大农牧民在草原承包到户后，大部分采用围栏保护，在恢复野生甘草资源上收到了明显的效果。野生甘草不论是哪种采挖方式，何种生境类型，围栏保护效益都很明显。从植被恢复和效益提高程度看，在过度采挖地段上实施围栏保护的效益更加显著，在沙地实施比梁地的效果更好（表 1-22）。根据调查结果，甘草经过围栏抚育后，不仅使当地的植被发生了很大变化，对增加甘草资源蓄积量起到了明显的作用，而且提高了药用商品甘草的质量。

表 1-22　不同采挖强度、生境类型围栏后效益分析

Table 1-22　Benefits analysis in different digging intensity and ecological entironments after enclosure

处理		植被盖度（%）		产草量(千克/亩)		甘草密度	甘草高度	甘草贮量	条草
		总盖度	甘草盖度	总产量	甘草产量	(株/米²)	(厘米)	(千克/亩)	毛草
过渡性采挖	栏外	31	9	175	110.4	8	26.9	97.9	54.46
	栏内	46	20	322	243.5	13	41.4	206.6	75.46
正常采挖	栏外	32	11	141.7	91.6	8	22.8	91.7	46.54
	栏内	30	15	248.2	176	12	35.2	135.4	58.42
梁地	栏外	32	10	167.9	107.2	10	22.7	107.2	53.47
	栏内	33	19	285.9	205	12	36.3	205	63.37
沙地	栏外	28	11	161.1	108.3	9	27.6	61.1	47.53
	栏内	31	14	230.6					

注：①过渡性采挖包括破坏性采挖；②产草量和甘草贮量均为鲜草。
（乔世英等，2004）

4. 综合利用甘草的各个部位　甘草作为药用时，仅用到其根及根茎，其余部分多废弃不用。地上部分也可以提取甘草甜素，用于食品、烟草、化工、化妆品等，而如果甘草连秆一同回收，茎可作燃料，荚皮和叶可用做优质的牛羊饲料。甘草经提取甜素后，残渣富含纤维质、有机质和矿物质，可用做食用菌的培养基，或用做优质肥料。综合利用可减少对甘草资源的需求并降低生产成本，从而间接地实现资源保护。

5. 积极发展人工种植　近年来，随着甘草资源需求量的日渐增长，野生甘草资源面临的压力越来越大。如何做到既能合理利用甘草资源，又能长期高效的满足生产实际需要，实现甘草资源的可持续发展利用，这就需要甘草资源的保护和开发相结合，积极开展人工优良品系的选育和人工种植培。

第二章 乌拉尔甘草优良品系选育研究

甘草广泛分布于我国西北干旱区域的温带荒漠区和温带草原区域，北纬37°～50°，东经75°～123°的范围内。随着气候带的延伸，呈东西长、南北较窄的带状分布。包括新疆、内蒙古、宁夏全境，青海、甘肃、陕西、山西、河北省的北部，辽宁、吉林、黑龙江省的西部。中心区在新疆的塔里木河流域和内蒙古的西部高原。甘草是我国6 000多种中草药中用量最大的一味中草药，年用量达6万吨以上，素有“十方九草，无草不成方”之说，也是世界上甘草生产、出口大国，出口50多个国家和地区。由于前几十年的滥采乱挖及近年来国内外甘草需求量的增加，全国野生甘草资源遭到严重破坏，为了满足国内外市场需求，我国自20世纪60年代起已进行了甘草栽培试验，陆续开展了甘草野生变家种的引种驯化研究，人工栽培技术日趋成熟，并且在育种方面有了一定的研究积累。

第一节 甘草属（*Glycyrrhiza* L.）植物种质资源

一、甘草属植物种类

全世界有甘草属（*Glycyrrhiza* L.）植物20种，中国分布12种。包括乌拉尔甘草（*G. uralensis*）、光果甘草（*G. glabra*）、无腺毛甘草（*G. eglandulosa*）、胀果甘草（*G. inflata*）、黄甘草（*G. eurycarpa*）、石河子甘草（*G. shiheziensis*）、粗毛甘草

(*G. aspera*)、大叶甘草 (*G. macrophylla*)、平卧甘草 (*G. prostrata*)、圆果甘草 (*G. squamulosa*)、刺果甘草 (*G. pallidiflora*)、云南甘草 (*G. yunnanensis*) 等。

二、不同种甘草比较研究

乌拉尔甘草、胀果甘草和光果甘草的主要生物学特征见表 2-1。

表 2-1　中国产三种药用甘草区别特征

Table 2-1　Distinguishable characters between three medicinal *Glycyrrhiza* speices

原植物	乌拉尔甘草	胀果甘草	光果甘草
种子	暗棕绿色，直径 2.5～4.5 毫米	黄绿色，直径 2.0～3.6 毫米	淡棕绿色，直径 1.6～3.0 毫米
幼苗	第 7 或 8 片叶始长出复叶，小叶先端钝尖，叶两面、叶柄和茎密被有柄腺毛和柔毛	第 8 或 9 片叶始长出复叶，小叶先端微凹，叶两面、叶柄和茎密被无柄腺瘤，无或稀柔毛	第 3 或 4 片叶始长出复叶，小叶先端圆，边缘波状皱折，叶两面、叶柄和茎被稀无柄腺点和柔毛
茎高	30～120 厘米	60～160 厘米	50～180 厘米
小叶	2～8 对	1～4 对	3～10 对
花序	密集头状，较叶短，长 4～12 厘米	疏穗状，与叶等长，长 5～16 厘米	密穗状，较叶略长或等长，长 10～19 厘米
荚果	长矩形，长 3～4.5 厘米，皱折，镰刀状，密被有柄腺毛，脱落后呈刺状	长椭圆形，长 0.8～2.2 厘米，明显膨胀，略被腺瘤	圆柱形，长 2.0～3.5 厘米，光滑无毛

李志军等人对 5 种甘草进行了根及根状茎的解剖学研究，并根据其根部结构的不同分析出 5 种甘草抗旱性的差异。具体结果见表 2-2。

表 2-2　5 种甘草根及根状茎的表面特征

Table 2-2　Exterior characters of root and rhizomorphous stalk of five *Glycyrrhiza* speices

植物名称	根	根状茎
胀果甘草 *G. inflata*	表面暗棕色、棕红色，很粗糙。有明显凸起的纵皱纹及横长皮孔	表面暗棕色，很粗糙。有明显纵沟纹，可见隆起的芽痕
光果甘草 *G. glabra*	表面黄棕色，粗糙。有细密的纵皱纹及横长的皮孔	表面黄色，粗糙。纵沟纹深而宽。可见隆起的腋芽
乌拉尔甘草 *G. uralensis*	表面黄棕色，粗糙。有明显的纵皱纹及圆形的皮孔	表面黄棕色，粗糙。纵沟纹深而宽，可见隆起的腋芽
黄甘草 *G. eurycarpa*	表面黄棕色，略粗糙。有细小的纵皱纹及横长的皮孔	表面暗棕色，粗糙。纵沟纹较深，可见隆起的腋芽
刺果甘草 *G. pallidifara*	表面红棕色，光滑，横长的皮孔短而突起	表面黄棕色，较粗糙。纵沟纹浅而宽，可见芽痕

（李志军等，1997）

第二节　甘草属植物繁殖方式

一、无性繁殖

1. 野生和栽培甘草横走茎的无性繁殖　甘草横走茎发达，横走于地下 5～10 厘米处，横走茎节上的腋芽长出地面后，发育成新的植株，植株地下部分可生出新根，新根可不断伸长加粗，发育成新的粗大根系。人工栽培条件下，将野生和栽培甘草的横走茎（直径 1 厘米左右）剪段（10～20 厘米一段），平摆在深 5～10 厘米的沟内，盖土压实，浇水保苗，早春晚秋均可以移栽，成活率高达 95%。

2. 甘草主根苗繁殖　将一年生或二年生的甘草苗，根头直径约 0.3～0.7 厘米，根长 20～30 厘米的小苗移植到沟深 15 厘米的沟内，斜栽或平栽，越冬芽埋在土下 2 厘米深处，栽后浇水，保成活。目前，内蒙古、宁夏、甘肃主产地都采用此方法繁殖，效果极好，为主要的无性繁殖方式。

二、有性繁殖

1. 乌拉尔甘草花的构造和开花习性　甘草为自花授粉植物，其花为总状花序，腋生，长 5～12 厘米，蝶形花冠长 15～25 毫米，萼阔钟状，长 7～15 毫米，具 5 齿，披针形，较萼筒稍长，有 2 齿合生状，覆被白色柔毛和褐色鳞片状腺毛，萼齿内面腺毛较少；花冠紫红色至蓝紫色，无毛，较萼长，旗瓣大，卵圆形，长约 15 毫米，宽约 6 毫米，有爪，翼瓣线形，长约 10 毫米，宽约 2 毫米，基部一侧下延呈爪，长约 4 毫米，宽 0.5 毫米左右，龙骨瓣平直，较翼瓣短，也有爪。

主产区花期为 6 月下旬至 8 月上旬，8～9 月野生种子长成，家种甘草种子成熟稍晚于野生种子。

2. 乌拉尔甘草种子生物学特性和萌发习性　乌拉尔甘草种子呈圆形或圆肾形，略扁，长 2.5～3.7～4.5 毫米，宽 2.5～3.2～4.0 毫米，厚 1.5～2.0～2.7 毫米，表面光滑，暗绿至棕绿色，或黄棕色至棕黑色；种脐在一侧，中心凹陷呈暗棕色小圆点；质地坚硬。甘草种皮厚实，阻碍了水分的吸收，种子在自然状态下掉入土里，要埋在土里 3～5 年才能出芽。但是一旦突破种皮障碍，种子在极其干旱的条件下也能迅速吸足水分萌发。因此，人工播种前需对甘草种子进行人工处理。处理方法如下：①将种子进行研磨；②将种子放入温水中搅拌至自然冷却，浸种时间为 6～8 小时；③或用硫酸处理，都可打破种皮的限制。这些方法经济有效，并简单易行，在生产中已经得到推广使用。

第三节　甘草育种研究

一、影响栽培甘草品质的重要因子

目前对影响甘草品质的内、外在因素研究报道的较少，概括来讲主要包括种、产地、生长期、生长部位、栽培技术和生态环境等。

1. 种　不同种类甘草在成分种类、含量方面差别较大。乌拉尔甘草、胀果甘草、光果甘草、黄甘草、粗毛甘草、刺果甘草的甘草酸含量差异很大。张继等测定了同一生境条件下 3 年生和 4 年生的 5 种甘草含甘草酸的量，发现乌拉尔甘草的甘草酸最高，其次为胀果甘草、光果甘草、粗毛甘草、刺果甘草。

2. 产地　药材的道地性非常重要，不同产地来源甘草的甘草酸含量差别较显著。谷会岩等用高效毛细管电泳法（HPCE）测定了 14 个不同栽培产地的甘草产品中的甘草酸，实验结果表明：不同栽培产地的甘草产品中含甘草酸的量有较大的差异，黑龙江省肇东区栽培甘草的甘草酸最高，内蒙古的鄂托克前旗、赤峰和杭锦旗地区栽培甘草的甘草酸依次降低。

甘草抗逆性较强，对不同土壤类型适应性强，但通常多适应于腐殖质含量高的壤土、砂土条件。在新疆轻壤土、砾质砂土，西北黄土高原沙质灰钙土，黑龙江松嫩平原碳酸盐黑钙土上也可生长。其中乌拉尔甘草在不同的土壤类型中，含甘草酸的量高低依次为栗钙土＞棕钙土＞风沙土＞盐碱化草甸土＞次生盐碱化草甸土＞碳酸盐黑钙土。

3. 生长期　对栽培乌拉尔甘草研究表明，甘草酸及甘草总黄酮在甘草中的动态积累为逐年增加，生长期 3 年可达较高值；而甘草多糖则随生长期的增长含量逐渐降低。光果甘草一年生根中甘草酸量在 8～11 月份增加，10～11 月增加迅速；三年生根中甘草酸量从2～5月及8～10月增加，其中10月达最大值。研究中还发现在地上部分枯萎和枝条伸长时期，甘草酸的量呈增长变化。

4. 药用部位　同一生长年限甘草根中不同部位的甘草酸含量也有一定的差异。孙志蓉等研究了乌拉尔甘草地下部分不同的分布格局对甘草酸的影响，发现2年生以下横走茎含甘草酸的量较低；直径0.5厘米以下的不定根甘草酸较低；横走茎和不定根与主根之间甘草酸存在显著差异。

5. 栽培技术　我国于20世纪60年代就开始了乌拉尔甘草人工栽培技术的研究，已经形成了一系列比较成熟的栽培体系。傅克治在20世纪60年代在黑龙江开始进行乌拉尔甘草野生变家种的研究，逐步形成了一套适合黑龙江地区的甘草栽培技术，3年和4年龄亩产鲜根产量达到了324千克和427千克，并且在药材性状上与野生甘草有显著差异，而甘草酸等化学成分含量较野生甘草相差悬殊。周成明等在多年乌拉尔甘草栽培研究的基础上进行地膜覆盖研究，解决了早春恶劣天气下甘草保苗问题。田茂忠等研究了盐碱地种植甘草的生物学特性和甘草在盐碱地上的种植技术，为盐碱地栽培甘草提供了依据。甘草种皮厚实是其发芽困难的主要原因，大量的研究总结了提高甘草种子发芽率的方法：高温浸种、增温复浸、沙磨浸种、碾末、硫酸浸种、氢氧化钠溶液浸种、热水浸种法等，这些研究为甘草的种子繁殖及播种栽培提供了科学依据。

6. 生态环境　甘草属于典型的阳性旱生植物，根系发达，抗旱能力较强。其中胀果甘草生长地区年降水量多在100毫米以内。乌拉尔甘草和光果甘草耐旱性较胀果甘草差，多分布在年降水量180～500毫米地区。在地下水位1～3米的河流漫滩、河谷阶地及地下水位较高的荒漠地带，由于土壤水分过多，甘草的根茎易腐烂，甚至死亡。

林寿全等（1992）研究了生态因子对甘草质量的影响，表明甘草的生长发育受多种因素的影响，包括各种气候因素、土壤因素和人为因素。气候因素是甘草生存的先决条件，而土壤因素则直接影响甘草药材的质量优劣。因此气候与土壤两个生态因子是相辅相成的，气候适宜才能正常生长，而土壤适合则质量高，缺一不可。

廖建雄等的研究表明，适当的干旱胁迫有利于提高甘草中甘草酸的量。刘长利等研究发现在水分供应充足的条件下，根皮颜色浅，相反在水分亏缺的条件下，根皮颜色较深，并且亏缺的越严重，颜色越红。

二、甘草育种的目标

优质、高产、稳产、采收期适当、抗性强、适应性广，是各种药用植物育种的共同目标。甘草分布广泛，具有抗寒、耐热、抗盐碱、耐沙埋等优良特性，适生性强，生命力旺盛，并且已经有了几十年的栽培历史，栽培技术已经比较成熟，其主要育种目标为抗病虫害、高产、稳产和商品性。

1. 抗病虫害　甘草野生变家植，从种子萌发到采收的生长过程中有许多病虫害的发生。地下害虫种类多、数量大，出苗阶段主要有蝼蛄（*Gryllotalpa unispina*）、何氏东方鳖甲（*Anatolica lioldereri*）华北大黑金龟子（*Holotrichia oblita*）的幼虫（蛴螬）、黄褐丽金龟（*Anomala exoleta*）等，常咬食胚轴、子叶造成缺苗断垄。苗期到成株期主要有宁夏胭蚧蚧（*Poxphyrophora ningxiana*）（二年生后）、华北大黑金龟子（*Holotrichia oblita*）的幼虫（蛴螬）、金针虫（*Agriotes fuscicollis*）、拟步甲、黄斑大蚊（*Nephrotoma* sp.）等，而甘草的病害主要有锈病、白粉病、红粉病及褐斑病等。这些病虫害在不同时期发生，不仅造成甘草产量的大幅度下降，影响了甘草的品质，造成很大的人力物力的浪费，而且大幅度增加了农药的使用，不利于无公害甘草产品的生产，因此有必要优选出抗病虫能力强的甘草新品系。

2. 优质 国家药典规定入药甘草中甘草酸含量必须大于等于2.0%，而栽培甘草2年以上（含2年）甘草酸含量一般都能达到国家药典的规定，但是相对于野生甘草含量要低。研究表明在6种甘草属植物根中，胀果甘草黄酮类化合物种类最多，黄甘草次之，光果甘草较少，但其黄酮类化合物含量与胀果甘草相近，粗毛甘草、刺果甘草中黄酮类化合物种类、含量均较低。按黄酮类化合物排序，内蒙古杭锦旗和甘肃金塔甘草为最，其次是黄甘草、光果甘卓和胀果甘草。对来源于15个产地8种甘草的12个化合物包括3个皂甙类，5个黄酮类和4个香豆素类进行比较，以总皂甙、总黄酮、总香豆素计算，乌拉尔甘草含量最高，其次是胀果甘草、光果甘草，而粗毛甘草、云南甘草、刺果甘草和圆果甘草总皂甙含量低或含他种皂甙，总黄酮和总香豆素含量亦较低。因此，选育甘草酸含量较高的栽培新品系也是重要的育种方向之一。

3. 高产 甘草为多年生草本，以根或根状茎入药，一般在2年生以上采挖，其有效成分含量以及产量才能达到药用的要求。人工栽培甘草播种期在华北地区为3月中旬至4月初，6、7、8月为快速生长期，至10月地上部分枯萎，第二年开春4月初即返青发芽，秋季采挖，生长期为2年；而东北、内蒙古、西北地区生长期要比华北地区短2个月左右，一般在东北、西北地区栽培3年采收。在华北地区直播2年生甘草鲜根1 000～1 200千克/亩，折干后亩产350～450千克，其中尾部直径0.7厘米，根长20厘米以上，含水14%以下的混等条甘草250～350千克，剪下的毛甘草，下脚料统称毛草，亩产毛草100～150千克（周成明等，2000）。在西北甘肃民勤，栽培3年乌拉尔甘草亩产可达1 500～2 500千克鲜根，亩产值达5 000～7 000元。由于栽培甘草所需时间较长，相对其他一年生药材和农作物来讲投入成本较高，因此对高产新品系的需要更为迫切。

4. 稳产　目前栽培所用的乌拉尔甘草种子几乎全部采自野生，受气候条件影响较大，产地自然环境复杂，遗传背景复杂，种子成熟度不一致，甘草种子产量分大小年，所产甘草产品的产量和有效成分含量各不相同。因此，有必要进行甘草新品系的人工繁育，筛选培育出产量、品质等各项指标稳定的乌拉尔甘草新品系。

5. 商品性　论野生甘草质量，以“身干、质坚、体重、粉性大者为佳”。国家在76种最常用药材商品规格标准中规定：野生甘草优质者表面为红棕色，皮细紧，质坚实，体重，断面黄白色，粉性足，味甜，直径在1厘米以上。

由于乌拉尔甘草栽培技术日趋成熟，栽培甘草产品根形条状、皮色深红、横截面纹理密细、粉性适中，形成了栽培甘草特有的商品性，栽培时间2年以上甘草酸含量达到了国家药典规定的大于等于2%的要求，在市场上成为有别于野生甘草的商品类型。家种甘草斜片产品畅销韩国、马来西亚、中国香港等国家和地区，价格每千克30～100元不等。现在，家种乌拉尔甘草已占到国内外市场份额的80%左右，是一种重要的出口创汇产品。

三、甘草育种研究进展

我国自20世纪60年代开始进行甘草栽培研究，人工栽培技术逐步成熟，并且在育种方面进行了一定的研究。众多学者在甘草的生物学、种质资源、系统育种、杂交育种、辐射诱变、抗病性、多倍体及组织培养等方面进行了初步探索。

1. 系统选育　目前乌拉尔甘草的栽培种主要来自于野生，有许多学者利用自然界的现有变异进行甘草新品系的选育，并在甘草的栽培技术方面进行了深入的研究。

周成明等（2000）在多年进行乌拉尔甘草大面积引种栽培的

基础上，应用小区试验和大田大面积栽培相结合的方法对全国各地出产的野生乌拉尔甘草进行大面积引种栽培，并进行乌拉尔甘草优良品系的系统选育研究。下一节将详细论述。

杨发林等（2004）对野生乌拉尔甘草进行了种子人工繁育及配套栽培技术研究，建立了“优良野生甘草种子—栽培繁育—自繁种子质量检测—小区栽培试验—甘草品质检测—选择最适栽培方式—示范推广”的技术体系。

于福来等进行了“甘草栽培群体主要数量性状遗传变异及相互关系研究”。

杨全等进行了“甘草群体形态变异类型研究”。

2. 杂交育种　杂交育种是国内外应用最广泛，最有成效的育种方法之一，实际操作过程中难度也比较大。甘草属植物种类丰富，分布区域广阔，种间差异较大，进行杂交育种有广阔的前景。张新玲等（1998）以居群为单位对新疆甘草属7个种进行种间人工杂交。通过对种间杂交结实量和亲本种平均结实量的分析比较，测出相应的杂交结实指数，以比较种间杂交亲和性的大小。结果表明蜜腺甘草与乌拉尔甘草的杂交亲和性最高，疏花甘草与紫花甘草的杂交亲和性相对最低；疏花甘草与平卧甘草及粗毛甘草之间的杂交亲和性介于上述组合之间。

3. 胚胎学与发育学方面的研究　李学禹等（1991）对中国甘草属11种，1变种进行了染色体核型分析，染色体数目都为 $2n=2x=16$，并通过对染色体长度、臂比等的分析对其种间关系进行了讨论。

蔡雪等（1992）对甘草进行了胚胎学的研究，发现甘草成熟胚囊有多种形式的变异，小孢子发育过程中有各种形式的败育，认为雌雄配子体发育不正常很可能是导致结实率低的根本原因，为甘草的生殖生物学研究以及单倍体育种和常规育种提供了参考资料。

任茜（2003）对甘草雌雄配子体进行的发生发育学研究表

明，甘草花药具4室，小孢子四分体排列为四面体型，成熟花粉为2细胞，败育花粉占17.4%。胚珠倒生，为厚珠心类型，大孢子四分体直线型排列，胚囊的发育为蓼型。并且分析了花粉败育的原因可能与绒毡层过早解体有关，并很快被消耗殆尽有一定关系。

孔红等（2003）对甘草属的黄甘草等进行了染色体的核型研究，表明体细胞染色体数目均为2n=16，核型公式2n=2x=16=16m，属于Stebbins核型的“1A”型。

4. 诱变育种技术研究　诱变技术应用于育种研究已有40多年，已经在国内外取得了很大的成绩。诱变育种已经成为创造植物变异材料的常用方法，在甘草育种研究中也得到了广泛的应用。

荀克俭（1993）采用Co对甘草种子进行了辐射，5万～6万伦的射线使M1世代部分植株产生了矮化、花期提早和育性降低的效应，并且获得了品质优良的植株。

叶力勤（1996）用^{60}Coγ射线辐照甘草种子，当剂量在50～200戈瑞范围之内时，对种子发芽及幼芽生长有促进作用，并且根茎粗度、长度、生长量显著增加，快速生长期明显提前，根产量显著提高，尤其是加200戈瑞时效果最为明显。

魏胜林（2004）用N^+注入的诱导方法对甘草种子萌发和根发育效应以及幼苗部分耐旱特征效应进行了研究，结果表明25 000电子伏特，4.68×10个/厘米 N^+注入能提高甘草种子萌发成活率，促进根发育，提高幼苗的耐旱特性，可用于沙漠植被甘草种子的前处理；而对甘草干种子注入能量为25 000电子伏特、1 800×2.6×1 013/米^{2}的N^+注入量能有效提高甘草6天幼苗的主根生长和30天幼苗根冠比干重和鲜重，促进侧根发生；也能明显刺激6天和30天幼苗的下胚轴和主根、茎高的生长。

李晓瑾等（2004）应用低能离子束注入不同年份的甘草种子并观察其发芽率、出土率，以及测定呼吸率。结果显示光果甘草发芽率等增加，乌拉尔甘草降低，证明了离子注入对有不同生命活力的甘草种子产生的生物效应不同。因此可以进一步研究以确定甘草的最佳诱变剂量，进行定向诱变选育新品种。

傅荣昭（1998）利用 Ap-PCR 分子标记估测太空飞行中离子辐射和失重对甘草基因组的影响，结果表明，离子辐射/失重因素引发的基因组 RAPD 多态性水平大于失重因素的 RAPD 多态性水平，可以认为失重确实引起了较大程度的基因组变异，而离子辐射则略显加重了失重的诱变效应。

5. 多倍体培养研究　用多倍体育种法使植物的染色体倍增，致使多倍体植物的营养器官变大，有效成分增加，抗逆性增强，特别是在许多经济性状上产生了显著的改变。多倍体植物的结实率降低，种子发芽率低，这对于不以种子为收获对象，而收获根、茎、叶、花的药用植物来说不致成为缺点。

目前国内甘草属植物多倍体研究比较少，仅见吴玉香（2004）采用改良琼脂涂抹法（0.2%浓度的秋水仙碱与 0.1%的琼脂混合成半固体）和直接滴渗法处理刺果甘草幼苗顶芽进行多倍体诱变，结果表明，用改良琼脂涂抹法处理 2 天效果最好，变异率达 55%，变异株表现出较强的抗虫性。

6. 抗性研究　甘草栽培过程中病虫害一直是影响甘草产量和质量的主要限制因素，往往耗费大量人力、物力。危害甘草的病害主要有根腐病、锈病、褐斑病、猝倒病、白粉病，虫害主要有叶甲类、叶蝉类、蜡蝉和蚜虫等。

蒋永喜（1994）等经过系统的研究发现甘草种间抗锈病的差异显著，光果甘草抗锈性较强，乌拉尔甘草次之，胀果甘草较易染病。对甘草虫害研究方面，李新成等（1993）研究了 4 种甘草的抗蚜性，结果表明光果甘草抗蚜性最优，黄甘草次之，胀果甘草和乌拉尔甘草较差，不同产地间同种甘草的抗蚜性也具有明显的差异。

抗逆性研究是甘草育种的目标之一。陈震（1996）等对甘草种子进行了抗逆性研究，指出坚硬的种子能抵抗霉菌或细菌的侵袭，能忍耐 80℃4 小时和 100℃10 分钟的高温，100℃1 小时就基本丧失发芽力，而在常温下保存 4 年不降低生活力，长期保存 13 年仍然有 60%的发芽率。

7. 遗传基础研究　对植物遗传本质（包括典型性、稳定性和特异性）的客观描述对育种过程具有十分重要的指导意义，也是品种鉴定和品种保护的前提。近年来很多学者应用 RAPD、AFLP 等技术对甘草属植物的遗传多样性等进行了研究。

吴霞（2003）等用 RAPD 技术分析了新疆 6 个乌拉尔甘草不同地理群体的遗传多样性，结果表明不同地理群体中存在一定的遗传多样性；产地相距越远，群体间相似性程度越低；人工栽培种与同一产地野生种具有相似的遗传特性。

王鸣刚（2004）用 RAPD 技术分析了不同地区的甘草、胀果甘草、光果甘草 3 种甘草的亲缘关系，结果表明，采自甘肃民勤野生甘草与采自新疆布尔津乌拉尔野生甘草遗传距离最小，为 0.26；而采自内蒙古杭锦旗的野生甘草与采自青海贵德的乌拉尔野生甘草遗传距离最大，为 0.63。由 RAPD 聚类分析结果得出 15 组甘草植物之间的亲缘关系与形态学分类结果存在差异。

佟汉文（2005）等利用 ISSR 技术对甘草种质资源的遗传多样性进行深入研究，结果表明：最适宜用于甘草 ISSR-PCR 分析的反应条件为：20 微升反应体系中，1×TaqDNA 聚合酶配套缓冲液（10 毫摩尔/升 Tris-HCL，pH9.0，50 毫摩尔/升 KCL，0.1% TritonX-100，2.0 毫摩尔/升 Mg^{2+}），0.8Unit TaqDNA 聚合酶，0.41 微摩尔/升引物，200 微摩尔/升 dNTP，10 纳克模板 DNA。

陆嘉惠等（2006）应用 RAPD 技术对国产 12 种甘草属植物进行 RAPD 实验，聚类结果表明甘草属植物种内不同居群具有丰富的遗传多样性，平卧甘草从粗毛甘草类群中分出，聚为一支。疏花甘草、紫花甘草在种内与其他类群存在较大的遗传分化。从而得出粗毛甘草种内遗传分化较大，平卧甘草有可能是由粗毛甘草中抗旱的类群在长期进化过程中分化出的一支，建议上升为种的地位，疏花甘草、紫花甘草作为种下变型处理。

8. 组织培养研究　甘草为多年生植物，直播 4 年才能产生一代种子，进行育种研究需要很长的时间。植物的组织培养具有组织生长速度快、不受外界环境影响等优点，应用组织培养进行优良种苗无性系的快速繁殖，是进行甘草优良品系选育的有效途径。

张荫麟等（1990）用发根农杆菌 15834 菌株感染甘草无菌实生苗的下胚轴或子叶后，诱导出发状根，在 3 周液体培养期间，发状根增殖速度为 43.6～46.9 倍，在 10 升转瓶培养条件下生长良好，发现发状根中甘草黄酮类化合物含量高于正常根培养物，但实验结果中未检测到甘草酸的合成。

苟克俭等，进行了 6 种甘草的试管繁殖研究，以 1 个带芽枝条，在 3 个月内快速繁殖 216 棵完整植株。

于林清等（1999）以子叶、下胚轴、胚根为外植体，培养条件为：温度（25±1)℃；光周期 12 小时光/12 小时暗；光照强度为 1 500 勒克斯。诱导初代愈伤组织的培养基是 MS＋2，4-D1.2 毫克/升＋6-BA1.0 毫克/升＋3％蔗糖＋0.8％琼脂。甘草外植体愈伤组织诱导率以下胚轴最高，达到 95％，子叶和胚根的诱导率分别为 80％、72％，这说明甘草愈伤组织易于诱导。但分化十分困难，只有下胚轴愈伤组织分化成再生植株，分化率仅有 3％～5％。

杜旻等（2001）试验表明发根农杆菌 ATCC1 5834 对甘草幼茎的转化为宜，转化率为 39.5％。适合甘草毛状根生长的碳源为蔗糖，葡萄糖不适合。甘草毛状根的最佳培养条件是：50 毫克/升 KNO_3，100 毫克/升 $CaCl_2 \cdot 2H_2O$，0～225 毫克/升 KH_2PO_4，640 毫克/升 $MgSO_4 \cdot 7H_2O$，微量元素及有机物质采用 B5 水平，32.5 克/升蔗糖，转速 100 转/分钟，pH6.2 左右。化学成分分析结果表明，甘草毛状根含半胱亚磺酸，不含胱氨酸，商品甘草却含胱氨酸而不含半胱亚磺酸；甘草毛状根能合成多种黄酮成分，其中甘草查尔酮A的含量高达干重的0.18%。

胡海英（2004）以胀果甘草的子叶和下胚轴为外植体，分别接种在不同激素组合的MS培养基上，黑暗条件下培养，诱导愈伤组织。结果表明：诱导甘草子叶愈伤组织的最适培养基为MS+2，4-D（1毫克/升）+BA（1毫克/升），其愈伤组织诱导率达100%，而且其愈伤组织鲜重与接种外植体重的比值达到15.37倍；诱导甘草下胚轴愈伤组织的最佳培养基为MS+2，4-D（0.5毫克/升）和MS+2，4-D（0.5）+NAA（0.5），通过在这两种培养基上进行愈伤组织的增殖培养，也得到了十分可观的增殖效果，其相对生长量分别达到了381.52%和498.80%。

陈巍等（2005）将甘草芽体作为外植体进行愈伤组织培养研究，实验结果表明，甘草愈伤组织培养的合理方案应为：甘草种子萌发后，以0.5厘米长度的根中部为外植体接种在MS+2，4-D 2毫克/升+KT 0.7毫克/升的培养基中，诱导并培养甘草的愈伤组织，在15d左右进行继代培养。

9. 航天育种研究 2005年由中国药材公司牵头，组织北京时珍中草药技术有限公司、中国农业大学、中国中医药大学，对航天搭载的乌拉尔甘草种子进行地面栽培实验，观察空间宇宙射线对甘草种子的影响，以期发现乌拉尔甘草的变异株系，但从实验结果看，尚未发现有显著变异的株系。

高文远（2000）等研究了太空环境对甘草结构的影响，结果表明微重力组和射线击中组材料的过氧化物酶活性和可溶性蛋白质含量明显高于地面对照组材料，而且射线击中组材料的过氧化物酶活性和可溶性蛋白质含量又明显高于微重力组材料。随机多态性DNA分子标记技术的试验结果表明地面对照组、微重力组和射线击中组三者之间有明显区别的RAPD图谱。未被高能重核离子辐射的甘草细胞核密度降低，线粒体等细胞器增加，出苗率下降。

严硕等进行了“太空环境对甘草中甘草酸生物合成相关基因的诱变作用分析”和“太空环境对甘草生理生化的影响”的研究，结果表明，甘草经过卫星搭载后，甘草酸相关基因 ITS 序列没有发生变化，而甘草酸合成关键基因 B-香树脂醇合成酶基因某些位点呈现了差异性，并且太空环境对甘草酸合成关键基因 B-香树脂醇合成酶基因表达有一定影响。结论：太空环境对甘草酸相关形成和表达产生一定影响，这些变化对于揭示太空环境对甘草酸形成的基因机制具有重要意义。结果：甘草 CAT，SOD 酶活性均有不同程度提高，差异明显，而且鄂托克前旗比杭锦旗酶活性均高。甘草经过卫星搭载后，甘草蛋白含量有一定程度提高，差异明显，同时甘草蛋白电泳也产生了差异，产生了微弱的新的条带。结论：太空环境对甘草蛋白类产生一定影响，这些变化对于后期选育甘草优良种质奠定基础。

第四节　乌拉尔甘草优良品系选育研究

一、四种乌拉尔甘草栽培新品系的遗传基础研究

目前栽培甘草存在单位面积产量、甘草酸含量偏低的问题，许多栽培专家在大田栽培技术上进行了一系列的研究，但该问题没有得到很好的解决，主要原因之一是目前还没有选育出农艺性状和品质优良并能够在栽培中进行推广的新品系。我们从 2001 年开始进行乌拉尔甘草优良品系的选育研究，在甘肃民勤选育出具有优良性状的乌拉尔甘草栽培新品系，命名为“民勤 1 号”，其优良性状表现为植株抗逆性强，越冬芽数量较多，株型好，栽培三年生植株开花、结子数量多，主根长、直、分叉少，根头直径粗壮，栽培三年生甘草酸含量达到 3%以上，单株鲜重平均达

到100克，亩产根鲜重达到2 500千克，比常规栽培品系内蒙古乌拉尔甘草要高出1 000千克左右，2005年扩繁了6.7公顷。2004年我们又在新疆的喀什、阿克苏选育出两个优良栽培新品系，分别命名为“喀什1号”、“阿克苏1号”，目前已经扩繁了200公顷。

AFLP扩增片段长度多态性（amplified fragment length polymorphism，AFLP）结合了RFLP和PCR的优点，既具有RFLP可靠性好、重复性高的特点，同时又具有PCR的高效性、安全性和方便性，重复性比RAPD好，被广泛地应用于植物遗传育种方面的研究。

为了确认乌拉尔甘草栽培新品系“民勤1号”、“喀什1号”、“阿克苏1号”与目前常规栽培品系内蒙古甘草在遗传本质上是否有所不同，我们应用AFLP技术对以上4个来源乌拉尔甘草进行遗传基础分析。

（一）材料与方法

试验所用材料为乌拉尔甘草栽培新品系“民勤1号”、“喀什1号”、“阿克苏1号”和常规内蒙古乌拉尔甘草种子，种子由北京时珍中草药技术有限公司周成明采集鉴定。种子常规发芽，每种材料分别取10株胚根，混为一份样品，提取DNA组织。

1. DNA组织提取 采用CTAB法提取。

2. AFLP分析 模板DNA的酶切、连接、预扩增和选择性扩增的反应液配方和反应程序由北京鼎国生物公司设计进行。

3. AFLP图谱分析 应用ABI 377测序仪进行AFLP多态性分析。

4. 数据处理 将电泳图谱上清晰可见且可重复出现的条带记为“1”，同一位置没有出现的条带记为“0”，生成由“1”和“0”组成的原始矩阵。计算多态性位点百分率（p）：p=(k/n)×100%，其中k是多态位点数目；n为所测位点总数。用AFLP-

SURVEY 1.0（Vekemans et al.，2002）软件计算每个居群的多态位点数，多态位点百分率（P），并计算居群、物种水平的遗传多样性（He）（Nei，1978）。以 Jaccard 相似系数为参数用 NTSYSpc 2.0（Rohlf，1994）对 40 个乌拉尔甘草样品用非加权配对算术平均的方法（Unweighted pair-group method with arithmetic mean，UPGMA）进行聚类分析。

（二）结果

1. AFLP 分析的引物筛选及其标记的多态性　由此对 Eco RI 标记引物 E-AAC、E-AAG、E-ACA、E-ACT、E-ACC、E-ACG、E-AGC、E-AGG（8 个）和 Mse I 标记引物 M-AA、M-AC、M-AG、M-AT、M-TA、M-TC、M-TG、M-TT（8 个）完全排列组成的 64 对引物组合进行筛选，从中选出了 8 个谱带清晰、带型分布均匀并且多态性高的引物组合，共扩增出 1025 条带谱，平均每个引物扩增出 128 条。8 对引物共扩增出多态性带 540 条，多态位点百分率为 52.7%，其中 44 条带为 40 个样品所共有，平均每对引物扩增出 67.5 条多态性带（表 2-3）。

表 2-3　适宜于甘草 AFLP 分析的 8 个引物组合序列及其扩增结果

Table 2-3　The base sequence of 8 primer combinations for AFLP analysis; and AFLPs generated among 40 individuals using the eight combinations

引物组合 Primer combination	引物序列 Prime sequence (5′-3′)	总位点数 Total bands	多态位点数 Polymorphic bands	多态位点百分率 P Polymorphism (%)
E-AAC/M-CAA	GACTGCGTACCAATTCAAAC GATGAGTCCTGAGTAACAA	129	68	52.7

（续）

引物组合 Primer combination	引物序列 Prime sequence (5′-3′)	总位点数 Total bands	多态位点数 Polymorphic bands	多态位点百分率 P Polymorphism (%)
E-AAC/M-CAG	GACTGCGTACCAATTCAAAC GATGAGTCCTGAGTAACAG	144	80	55.6
E-AAC/M-CTC	GACTGCGTACCAATTCAAAC GATGAGTCCTGAGTAACTC’	137	69	50.4
E-AAG/M-CAA	GACTGCGTACCAATTCAAAG GATGAGTCCTGAGTAACAA	111	59	53.2
E-AAG/M-CAG	GACTGCGTACCAATTCAAAG GATGAGTCCTGAGTAACAG	143	75	52.4
E-AAG/M-CTC	GACTGCGTACCAATTCAAAG GATGAGTCCTGAGTAACTC	138	72	52.2
E-AAG/M-CTT	GACTGCGTACCAATTCAAAG GATGAGTCCTGAGTAACTT	113	56	49.6
E-ACT/M-CTC	GACTGCGTACCAATTCAACT GATGAGTCCTGAGTAACTC	110	61	55.4
总计/平均		1 025/128	540/67.5	—/52.7

2. 品系内遗传多样性分析 不同品系多态位点数为 55～73，多态位点百分比率从 48.4%（“喀什 1 号”）到 56.6%（内蒙古对照）不等；各品系的遗传多样性为 0.195 2～0.206 1，其中“民勤 1 号”的遗传多样性最大（0.206 1），遗传多样性最小的是“喀什 1 号”（0.195 2）。品系的平均遗传多样性 Hep＝0.191 6（表 2-4）。

表 2-4　甘草品系内遗传多样性分析

Table 2-4　Genetic diversity within populations of *Glycyrrhiza uralensis*.

品系 Population	样品数 Number of sample	多态位点数 Polymorphic sites	多态位点百分率 PPB（%）	基因多样性（He）Gene diversity	标准差 Standard error
内蒙古 Inner Mongolia	10	73	56.6	0.195 2	0.017 46
阿克苏 1 号 Akesu No. 1	10	67	52.5	0.185 8	0.017 89
喀什 1 号 Kashi No. 1	10	55	48.4	0.179 4	0.018 39
民勤 1 号 Minqin No. 1	10	71	55.2	0.206 1	0.018 55
品系平均 Population	10	66.5	53.2	0.191 6	—

注：PPB=Percentage of polymorphic sites。

3. 指纹图谱构建　在筛选出的 8 对引物组合中，E-AAC/M-CAG 组合共扩增出 144 条带谱，扩增的 DNA 片段在 50～450bp 之间，其中多态性带谱为 80 条，共有带 64 条，多态位点百分率达到了 55.6%，为各引物中最高。特异性谱带 8 条，其中“民勤 1 号”分别在 74bp，95bp，113bp，167bp，258bp，300bp 六个位点处有区别于内蒙古乌拉尔甘草的特征谱带，“阿克苏 1 号”和“喀什 1 号”具有的特异性谱带数分别为 5 条（98bp，106bp，113bp，171bp，184bp）和 2 条（89bp，357bp）。因此，该引物组合具有较强的检测不同乌拉尔甘草基因型间遗传变异差异性的能力，用以构建“民勤 1 号”、“阿克苏 1 号”、“喀什 1 号”和内蒙古对照的指纹图谱（图 2-1）。

4. 聚类分析　依据以上 8 对引物所扩增出的 4 个来源乌拉

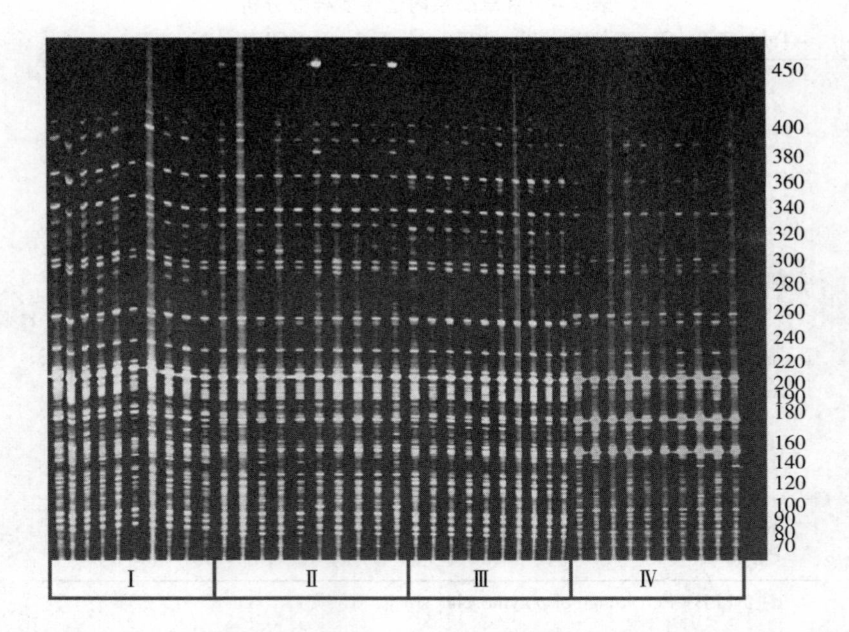

图 2-1 基于引物组合 E-AAC/M-CAG 的四个来源乌拉尔甘草 AFLP 指纹图谱

Ⅰ：内蒙古对照 Ⅱ：阿克苏 1 号 Ⅲ：喀什 1 号 Ⅳ：民勤 1 号

Ⅰ：Nei Monggol Ⅱ：Akesu No. 1 Ⅲ：Kashi No. 1 Ⅳ：Minqin No. 1

Fig. 2-1 AFLP fingerprinting amplified with primer E-AAC/M-CAG

尔甘草的 1 025 个 DNA 带谱的数据，按照 Jaccard 相似性系数进行 UPGMA 聚类，构建供试材料间的亲缘关系树状图（图 2-2）。

由图 2-2 中可以看出，4 个来源乌拉尔甘草被聚为两组。其中，在 0.61 处“民勤 1 号”被分出；在 0.65 处其他 3 份样品聚在一起。在 0.67 处“阿克苏 1 号”和“喀什 1 号”被聚为一支，在 0.68 处内蒙古对照被分离。结果表明，“阿克苏 1 号”与“喀什 1 号”亲缘关系最近，内蒙古对照和“阿克苏 1 号”、“喀什 1 号”之间亲缘关系也较近，而“民勤 1 号”与其余 3 种亲缘关系较远。

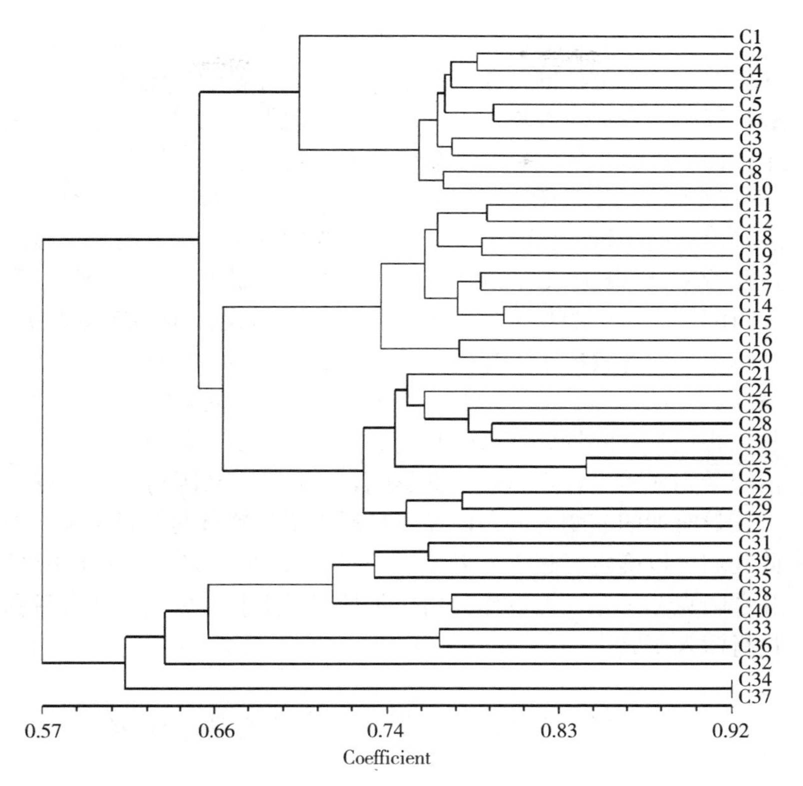

图 2-2　基于 AFLP 数据的 40 份乌拉尔甘草种质的 UPGMA 聚类图

c1-c10. 内蒙古对照　c11-c20. 阿克苏 1 号　c21-c30. 喀什 1 号　c31-c40. 民勤 1 号

c1-c10. Nei Monggol　c11-c20. Akesu No. 1　c21-c30. Kashi No. 1　c31-c40. Minqin No. 1

Fig. 2-2　Dendrogram illustrating the genetic relationships among 40 *Glycyrrhiza uralensis L*. accessions based on UPGMA cluster analysis of AFLP data

（三）讨论

甘草长期生长在甘肃、新疆恶劣气候条件下，其基因构成可能会产生不同程度的变异，而这种变异正是我们进行甘草新品系选育的基础。

"民勤 1 号"、"喀什 1 号"、"阿克苏 1 号"分别采集于甘肃、新疆等地的野生种群，我们在对其进行引种栽培和优良品系选育的过程中，发现与常规人工栽培品系内蒙古乌拉尔甘草相比，在单位面积产量、抗性、产品品质等方面具有显著的优势。

UPGMA 聚类图表明 4 种来源乌拉尔甘草被划分为 4 组，并表现出不同远近的亲缘关系。遗传多样性分析显示，民勤 1 号的遗传多样性最大（0.2061），遗传多样性最小的是喀什 1 号（0.1952），这可能与生长环境有关：喀什较民勤生态环境恶劣，甘草生态位比较狭窄，遗传分化不如民勤明显。指纹图谱显示出"民勤 1 号"、"阿克苏 1 号"、"喀什 1 号"和内蒙古对照乌拉尔甘草相比具有的特异性谱带数量分别为 6 条、5 条和 2 条，说明由于受到恶劣生长环境的长期影响，3 个不同来源乌拉尔甘草经过较长时期的演变之后，已经各自形成了其独有的基因结构。因此我们可以确定经过多年栽培选育的"民勤 1 号"、"喀什 1 号"和"阿克苏 1 号"可以作为乌拉尔甘草优良栽培新品系选育目标进行深入研究。

二、甘草属几种不同植物的遗传基础研究

由于数十年来人工大量的采挖野生乌拉尔甘草，导致内蒙古主产区乌拉尔甘草种源急剧减少，种子质量降低，无法满足大面积栽培需要。我们从 2002 年开始采集内蒙古以外地区的乌拉尔甘草种源进行大面积栽培并选育优良栽培新品系，从中发现"阿勒泰 1 号"，根系发达，主根直、长，根皮淡红色，地上植株矮小紧凑，适合密植。在甘肃酒泉栽培 3 年每公顷产量约 30 000 千克鲜根，比内蒙古乌拉尔甘草产量每公顷产量约高 4 500 千克，甘草酸含量超过 2%。目前，我公司已推广约 4 000 公顷"阿勒泰 1 号"。"乌什 1 号"叶小，茎秆直立，抗到伏，正在选

育过程中。

为了确认乌拉尔甘草栽培新品系“阿勒泰1号”、“乌什1号”与常规内蒙古产乌拉尔甘草在遗传本质上是否有所不同，以及不同栽培品系的乌拉尔甘草与光果甘草及胀果甘草的亲缘关系，本文应用AFLP技术对甘草属以上5种不同来源的植物进行遗传基础分析。

（一）材料与方法

1. 材料　试验所用材料为常规内蒙古产乌拉尔甘草、乌拉尔甘草栽培新品系“阿勒泰1号”、“乌什1号”、光果甘草和胀果甘草种子。种子由北京时珍中草药技术有限公司周成明采集鉴定。取干种子常规发芽，每种材料分别取10株胚根，混为一份样品，提取DNA组织。

2. DNA组织提取　采用CTAB法提取。

3. AFLP分析　模板DNA的酶切、连接、预扩增和选择性扩增的反应液配方和反应程序由北京鼎国生物公司设计进行。

4. AFLP图谱分析　应用ABI 377测序仪进行AFLP多态性分析。

5. 数据处理　将电泳图谱上清晰可见且可重复出现的条带记为“1”，同一位置没有出现的条带记为“0”，生成由“1”和“0”组成的原始矩阵。计算多态性位点百分率（p）：$p=(k/n)\times 100\%$，其中k是多态位点数目；n为所测位点总数。用AFLP-SURVEY 1.0（Vekemans et al.，2002）软件计算每个居群的多态位点数，多态位点百分率（P），并计算居群、物种水平的遗传多样性（He）（Nei，1978）。以Jaccard相似系数为参数用NTSYSpc 2.0（Rohlf，1994）对40个乌拉尔甘草样品用非加权配对算术平均的方法（Unweighted pair-group method with arithmetic mean，UPGMA）进行聚类分析。

（二）结果

1. AFLP 分析的引物筛选及其标记的多态性　由此对 Eco RI 标记引物 E-AAC、E-AAG、E-ACA、E-ACT、E-ACC、E-ACG、E-AGC、E-AGG（8 个）和 Mse I 标记引物 M-AA、M-AC、M-AG、M-AT、M-TA、M-TC、M-TG、M-TT（8 个）完全排列组成的 64 对引物组合进行筛选，从中选出了 15 个谱带清晰、带型分布均匀并且多态性高的引物组合，共扩增出 2001 条带谱，平均每个引物扩增出 133 条。15 对引物共扩增出多态性带 1 030 条，多态位点百分率为 51.47%（表 2-5）。

表 2-5　适宜于甘草属 AFLP 分析的 15 个引物组合序列及其扩增结果

Table 2-5　The base sequence of 15 primer combinations for AFLP analysis; and AFLPs generated among 50 individuals using the 15 combinations

引物组合 Primer combination	引物序列 Prime sequence（5′-3′）	总位点数 Total bands	多态位点数 Polymorphic bands	多态位点百分率 P Polymorphism（%）
E-AAC/M-CAA	GACTGCGTACCAATTCAAAC GATGAGTCCTGAGTAACAA	134	72	53.7
E-AAC/M-CAC	GACTGCGTACCAATTCAAAC GATGAGTCCTGAGTAACAC	169	86	50.9
E-AAC/M-CAG	GACTGCGTACCAATTCAAAC GATGAGTCCTGAGTAACAG	119	62	52.1
E-AAC/M-CAT	GACTGCGTACCAATTCAAAC GATGAGTCC TGAGTAACAT	126	66	52.4
E-AAC/M-CTC	GACTGCGTACCAATTCAAAC GATGAGTCCTGAGTAACTC	118	58	49.2
E-AAC/M-CTG	GACTGCGTACCAATTCAAAC GATGAGTCCTGAGTAACTG	136	71	52.2

（续）

引物组合 Primer combination	引物序列 Prime sequence（5′-3′）	总位点数 Total bands	多态位点数 Polymorphic bands	多态位点百分率 P Polymorphism（%）
E-AAC/M-CTT	GACTGCGTACCAATTCAAAC GATGAGTCCTGAGTAACTT	128	69	53.9
E-AAG/M-CAA	GACTGCGTACCAATTCAAAG GATGAGTCCTGAGTAACAA	146	61	41.8
E-AAG/M-CAC	GACTGCGTACCAATTCAAAG GATGAGTCCTGAGTAACAC	150	80	53.3
E-AAG/M-CAG	GACTGCGTACCAATTCAAAG GATGAGTCCTGAGTAACAG	124	63	50.8
E-AAG/M-CTC	GACTGCGTACCAATTCAAAG GATGAGTCCTGAGTAACTC	111	60	54.1
E-AGG/M-CAA	GACTGCGTACCAATTCAAGG GATGAGTCCTGAGTAACAA	140	77	55
E-AGG/M-CAG	GACTGCGTACCAATTCAAGG GATGAGTCCTGAGTAACAG	138	64	46.4
E-AGG/M-CTG	GACTGCGTACCAATTCAAGG GATGAGTCCTGAGTAACTG	120	65	54.2
E-AGG/M-CTT	GACTGCGTACCAATTCAAGG GATGAGTCCTGAGTAACTT	142	76	53.5
总计/平均		2 001/134	1 030/67.5	—/51.47

2. 甘草属植物遗传多样性分析　甘草属5种不同来源的植物的多态位点数在65～74之间，多态位点百分率从46.8%（胀果甘草）到56.6%（光果甘草）不等（表2-6）；而乌拉尔甘草不同栽培品系的多态位点数以内蒙古对照最高，“阿勒泰1号”次之，“乌什1号”最低，多态位点百分比率分别为55.2%、53.4%、48.3%。

甘草属5种不同来源的植物的遗传多样性在0.167 3～0.198 6之间，其中光果甘草的遗传多样性最大（0.198 6），遗传多样性最小的是胀果甘草（0.167 3），属内的平均遗传多样性Hep=0.186 4。对于乌拉尔甘草各栽培品系的遗传多样性以内蒙古对照（0.198 2）最高，“阿勒泰1号”（0.189 3）次之，“乌什1号”（0.178 4）最低（表2-6）。

表2-6　甘草属5种不同来源植物的遗传多样性分析

Table 2-6　Genetic diversity within different species of *Glycyrrhiza*

品种 Population	样品数 Number of sample	多态位点数 Polymorphic sites	多态位点百分率 PPB（%）	基因多样性（He） Gene diversity	标准差 Standard error
内蒙古 Neimongo	10	72	55.2	0.198 2	0.016 46
阿勒泰1号 Aletai No.1	10	70	53.4	0.189 3	0.015 01
乌什1号 Wushi No.1	10	68	48.3	0.178 4	0.014 32
胀果甘草 *Glycyrrhizainflata*	10	65	46.8	0.167 3	0.016 05
光果甘草 *Glycyrrhiza glabra*	10	74	56.6	0.198 6	0.017 32
平均 Population	10	66.5	53.2	0.186 4	—

注：PPB=Percentage of polymorphic sites。

3. 指纹图谱构建　在筛选出的15对引物组合中，E-AGG/M-CAA组合共扩增出140条带谱，扩增的DNA片段在50～450bp之间，其中多态性带谱为77条，共有带43条，多态位点百分率达到了55%，为各引物中最高。特异性谱带12条，其中“阿勒泰1号”分别在82bp，90bp，116bp，295bp，330bp五个位点处有区别于内蒙古乌拉尔甘草的特征谱带，“乌什1号”具有的特异性谱带数分别为2条（310bp，430bp），而光果甘草与内蒙古乌拉尔甘草相比较在102bp，165bp，291bp，330bp，350bp五个位点处具有特征谱带，胀果甘草则具有3条特征谱带（85bp，98bp，

210bp)。因此，该引物组合具有较强的检测甘草属不同来源植物的基因型间遗传变异差异性的能力，用以构建指纹图谱（图 2-3）。

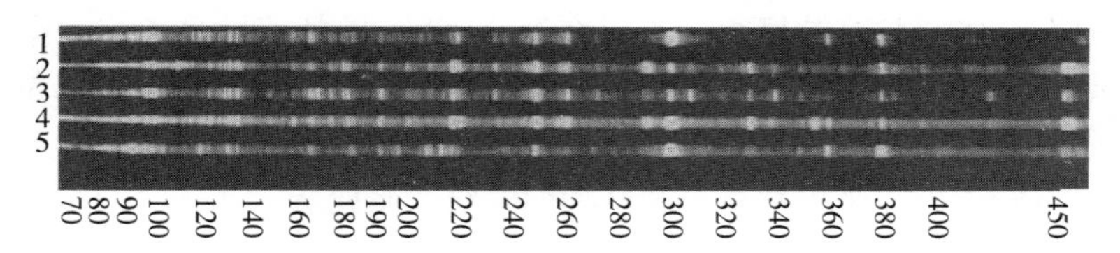

图 2-3　基于 E-AGG/M-CAA 引物组合的甘草属植物的 AFLP 指纹图谱

1. 内蒙古对照　2. 阿勒泰 1 号　3. 乌什 1 号　4. 胀果甘草　5. 光果甘草

1. Inner Mongolia　2. Aletai No. 1　3. Wushi No. 1

4. Glycyrrhiza inflata　5. Glycyrrhiza glabra

Fig. 2-3　AFLP fingerprinting amplified with primer E-AGG/M-CAA

4. 聚类分析　依据以上 15 对引物所扩增出的甘草属的不同植物的 2001 个 DNA 带谱的数据，按照 Jaccard 相似性系数进行 UPGMA 聚类，构建供试材料间的亲缘关系树状图（图 2-4）。

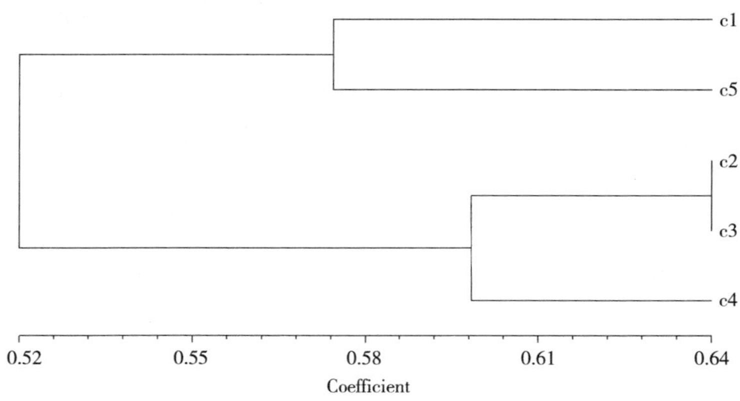

图 2-4　基于 AFLP 数据的甘草属五种不同来源植物的 UPGMA 聚类图

c1. 内蒙古对照　c2. 阿勒泰 1 号　c3. 乌什 1 号　c4. 胀果甘草　c5. 光果甘草

c1. Inner Mongolia　c2. Aletai No. 1　c3. Wushi No. 1

c4. *Glycyrrhiza inflata*　c5. *Glycyrrhiza glabra*

Fig. 2-4　Dendrogram illustrating the genetic relationships among *Glycyrrhiza* accessions based on UPGMA cluster analysis of AFLP data

由图 2-4 可以看出，所研究的甘草属的植物被聚为两组。其中，内蒙古对照与光果甘草聚为一组；“乌什 1 号”、“阿勒泰 1 号”与胀果甘草被聚为一组，在 0.60 处胀果甘草被分离出。结果表明，内蒙古乌拉尔甘草和光果甘草之间亲缘关系最近；乌拉尔甘草栽培新品系“阿勒泰 1 号”与“乌什 1 号”之间的亲缘关系也较近，而胀果甘草与其余种的亲缘关系较远。

（三）讨论

新疆天山南北及塔克拉玛干沙漠周边地区是甘草属植物的发源地，该地区气候条件恶劣，沙尘暴频繁，昼夜温差大，蕴藏着丰富的甘草属植物资源。乌拉尔甘草、光果甘草、胀果甘草同时长期生长在该地区，它们之间一定存在着某种亲缘关系，并产生某种程度的变异，而这种变异正是我们进行甘草新品系选育的基础。

“阿勒泰 1 号”、“乌什 1 号”分别采集于新疆的阿勒泰地区、乌什县的野生种群，经连续 7 年的大面积引种栽培，发现与常规人工栽培品系内蒙古产乌拉尔甘草相比，在单位面积产量、株型、抗性、产品品质等方面具有显著的优势，目前正大面积推广累积超过 4 000 公顷。

分析结果表明，光果甘草与内蒙古产乌拉尔甘草亲缘关系最近,而胀果甘草距离二者较远,由此看来，内蒙古产乌拉尔甘草与光果甘草、胀果甘草存在某种进化关系，乌拉尔甘草有可能经过数百万年的演化变异，进化到光果甘草。该推论有待进一步研究。

第五节　乌拉尔甘草进化到光果甘草的推论

——一个全新的甘草属植物进化理论

乌拉尔甘草分布于北纬 35°～55°，东经 76°～126°，分布广泛，适应各种恶劣的生境。塔克拉玛干大沙漠周边地区是甘草属植物的发源中心。经过数亿年的地壳变化，形成天山。新疆以天山为界分为南疆、北疆，南北疆形成了不同的气候条件。乌拉尔甘草广泛分布在内蒙古、甘肃、新疆。而光果甘草仅分布在南疆。因此，我们推论由于气候、土壤等自然条件的变化以及物种长期演化、变异，乌拉尔甘草逐渐进化为光果甘草或光果甘草变种，即乌拉尔甘草最明显的特征：果荚逐渐由镰刀状弯曲变异为半月形弯曲，直至直立状；并且果荚逐渐由球状变异成直立状、逐渐松散；果荚上腺毛的密被程度逐渐降低，变的越来越稀疏，直至无腺毛（图 2-5）。

图 2-5　乌拉尔甘草 *G. uralensis* 的植株和果实（新疆阿克苏产）

Fig. 2-5　Plants and fruits of *G. uralensis* (Sinkiang Akesu)

乌拉尔甘草的果荚呈镰刀状弯曲，果荚上密被腺毛，每个果内有 5～7 粒种子；叶片宽大，近圆形或卵形（图 2-6）。

果荚呈半月形弯曲，果荚上密被腺毛，每个果内有 4～5 粒种子；叶片宽大，近圆形或卵形（图 2-7）。

图 2-6 乌拉尔甘草（新疆乌什县产）

Fig. 2-6 Plants and fruits of *G. uralensis* (Sinkiang Wushi)

果荚近直立排列，果荚上有少许腺毛，每个果内有 4～5 粒种子；叶片宽大，近圆形或卵形；根皮红色（图 2-8）。

图 2-7 乌拉尔甘草（新疆阿拉尔产）

Fig. 2-7 Plants and fruits of *G. uralensis* (Sinkiang Alaer)

图 2-8 疏小叶甘草（*G. glabra* L. var. *laxifoliolata* X. Y. Li）（新疆阿拉尔产）

Fig. 2-8 Plants and fruits of *G. glabra* L. var. *laxifoliolata* X. Y. Li(Sinkiang Alaer)

果荚近直立型排列，果荚上被短柄腺体，淡棕色，每个果内有 4～5 粒种子；羽状复叶的小叶数少（7～9 枚），排列疏松，长卵圆形（图 2-9）。

图 2-9　密腺甘草（*Glycyrrhiza glabra* L. var. *glandulosa* X. Y. Li）（新疆阿拉尔产）

Fig. 2-9　Plants and fruits of *G. glabra* L. var. *glandulosa* X. Y. Li (Sinkiang Alaer)

果荚近直立排列，果荚上密被深褐色腺毛，每个果内有 4～5 粒种子；叶片长椭圆形，较疏小叶甘草大，排列紧密（图 2-10）。

图 2-10　光果甘草（*G. glabra*）（新疆阿克苏产）

Fig. 2-10　Plants and fruits of *G. glabra* (Sinkiang Akesu)

果荚直立，果荚上无腺毛，每个果内有 4～5 粒种子；叶片长椭圆形，排列紧密（图 2-11）。

图 2-11　光果甘草（*G. glabra*）（新疆阿拉尔产）

Fig. 2-11　Plants and fruits of *G. glabra*（Sinkiang Alaer）

果荚直立，果荚上无腺毛，每个果内有 4～5 粒种子；叶片长椭圆形，排列紧密（图 2-12）。

图 2-12　光果甘草（*G. glabra*）（新疆阿瓦提产）

Fig. 2-12　Plants and fruits of *G. glabra*（Sinkiang Awati）

果荚直立，果荚上无腺毛，每个果内有 4～5 粒种子；叶片长椭圆形，排列紧密（图 2-13）。

图 2-13　胀果甘草（*G. inflata*）（新疆沙雅产）

Fig. 2-13　Plants and fruits of *G. inflata*（Sinkiang Shaya）

果荚直立排列状，膨胀，果荚上无腺毛，每个果内有 2～3 粒种子；叶片稀疏，椭圆形皱褶。

长期以来，我国学者对甘草属植物的系统分类进行了深入研究。例如，1963 年，李沛琼根据荚果是否膨胀及膨胀的程度、根和根茎是否含甘草糖分为 3 个组：Sect. I Glycyrrhiza，Sect. II Glycyrrhizapsis 和 Sect. III Meristotropis，并确认该属具有 16 种植物。1993 年，新疆石河子大学李学禹先生根据甘草属植物的根、根茎是否有甘草甜素（Glycyrrhizin）、甘草酸（Glycyrrhizic acid）或甘草次酸类（Glycyrrbetinic acid）化合物与子房内胚珠数目和荚果内种子数、荚果长短等将其划分为 2 组，即甘草组 Sect. I Glycyrrhiza 和无甘草次酸组 Sect. II Aglycyrrhizin，其中甘草组分为 3 个系 16 种，无甘草次酸组分为 2 系 2 种，共计 18 种 3 变种。

笔者认为，无论是采取何种标准或依据进行分类，乌拉尔甘草向光果甘草或光果甘草变种的进化趋势不会改变，即果荚的形状有镰刀状弯曲向直立型、果荚上腺毛由密被向无腺毛进化。经过数百万年的演化、变异，生长在新疆塔克拉玛干周边地区的乌拉尔甘草由于长期受到恶劣气候条件的影响有一部分进化为光果甘草或光果甘草变种。我们正在对采集的模式标本进行 DNA 深入分析。

光果甘草与胀果甘草的果荚均为直立型、无腺毛，二者的亲缘关系究竟如何有待进一步研究。

如果该理论成立的话，甘草属植物将进行重新分类。

第三章 乌拉尔甘草野生变家种和高产优质综合配套技术研究

第一节 20世纪90年代以前甘草栽培研究推广概况

一、国内外甘草栽培研究概况

我国从公元1世纪开始应用甘草；欧洲11世纪大量用甘草；英国16世纪初甘草资源枯竭，并人工小面积种植；法国、意大利、西班牙等国家18世纪甘草资源枯竭，19世纪中叶开始人工种植；20世纪50年代后，前苏联、叙利亚、伊朗、阿富汗、伊拉克、希腊、土耳其、印度等国都相继进行甘草种植；日本学者在北海道的火山灰地也进行试种，但未出成果。1971—1974年，苏联、蒙古联合考察队对蒙古人民共和国甘草的分布、生物学特性、蕴藏量、化学成分等进行了调查，并提出了对甘草资源开发利用的建议。

20世纪60年代前，我国专家对甘草资源的研究较少，一方面原因是我国甘草种类多，资源丰富，产区广，气候条件复杂，研究难度大；同时资源充足，质量下降尚未引起重视。另一方面，甘草属微利而常用的大路药材，产值利润较低，激不起投资热情；加之产区技术力量薄弱，缺乏资金，无法开展研究；富裕地区的技术人员又不愿进入经济落后、交通不便的产区长期蹲点研究，致使甘草资源的开发利用长期处于落后状态。

尽管如此，我国一些中草药方面的前辈仍结合产区的资源调查做了一定的研究工作。楼之岑院士20世纪50年代就作过部分甘草主要化学成分含量分析；傅克治、吴瑞华等做过东北地区野生甘草的质量比较研究；张鹏云、刘国钧、李学禹对我国西北所产甘草的生物学特性、生境都有详细的调查研究；李学禹对甘草属的系统分类提出新的见解，并研究了人工种植技术；傅克治对中国栽培甘草的质量也进行了详细研究。这些结果对我国部分地区的甘草资源分布、影响药材质量的因素作了一定的研究，并在一定程度上为合理利用资源、变革生产技术、提高商品质量，创造了必要的前提条件。

进入20世纪60年代，黑龙江省药材公司和省祖国医药研究所开始引种栽培甘草，并对种子处理、速生途径、产量、质量作了初步报道。随后在黑龙江、辽宁、内蒙古、山东乐陵及上海江湾等地作了区域性栽培试验，继而又在内蒙古医药总公司的组织下，在赤峰市敖汉旗商品基地上进行中面积播种试验。1965年内蒙古呼和浩特制药厂与黑龙江省祖国医药研究所合作，对内蒙古不同产区的甘草质量作了调查研究。

60年代末，内蒙古赤峰市首先介绍了甘草栽培的经验，同时作了生态环境、气候、传统生产技术、商品规格及产销状况调查，还采集样品进行鉴定、分析，获得了一些初步成果，但并未推广和大面积种植。与此同时，新疆石河子垦区、阿克苏垦区、喀什垦区、巴楚县，甘肃武威地区民勤县相继兴起资源保护、抚育更新和人工种植甘草的试验。

1972年内蒙古伊克昭盟医药分公司利用国家商业部预购中药材扶持资金在伊金霍洛旗苏泊汗、敏盖、新街3个点一次试种甘草33.3公顷成功。该试验均选择旱地。秋季调查每亩保苗3万株以上。第3年测产亩产鲜甘草达到450千克。但未能连续种植、推广，没有形成生产能力。

1980年以来，黑龙江、内蒙古、陕西、甘肃、宁夏、新疆、山东都开始种植甘草，并进行了一些技术研究，大都形成生产能力，栽培商品草很快应市。其中内蒙古和新疆规模较大，效益甚好。

二、“七五”、“八五”科技攻关项目对甘草资源开发的研究

1986 年内蒙古伊克昭盟医药分公司根据本盟及周边地区甘草的历史、现状和前景，聘请和调入相关技术人员，组成甘草科研攻关组，并从北京、上海、黑龙江、新疆聘请楼之岑、傅克治、李学禹、郑汉臣等专家组成顾问组，与陕西中药研究所科研人员一起承担了“七五”国家重点科学技术项目《甘草人工栽培技术的系统研究》，1991 年又单独承担“八五”国家重点科学技术项目《甘草优质高产栽培技术放大试验》。两项目都按时完成，通过验收鉴定并分别获得国家科技进步三等奖和部级科技进步二等奖。

上述两个专题的研究是国内 20 世纪 90 年代以前甘草资源开发利用和人工栽培技术研究范围最广，深度最大，解决生产中问题最多，效益最好的研究成果。

①通过对内蒙古伊克昭盟野生甘草生物学、生态学的研究，首次将当地及周边地区的甘草划分为沙地草、梁地草、滩地草 3 种生态类型，为开发利用本地区甘草资源提供了科学依据。

②通过对野生甘草定位动态观察研究，建立了一整套甘草资源保护抚育和合理开发切实可行的技术措施。首次提出，在围栏条件下，“封—牧”结合是目前较好的经营管护方式。

③开展了甘草人工栽培技术的研究，找出了适合干旱、半干旱地区大面积种植甘草（包括旱地播种、水地播种、直接播种、育苗平移等）行之有效的技术措施。

④对伊克昭盟不同生境类型、不同商品等级、不同株龄、不同采收期、不同管理措施的甘草进行了有效成分和内在质量的植

物化学分析对比，做为指导生产的科学依据。

⑤陕西中药研究所李小峰、李新成、邓岳宏等经过4年大量的野外调查、室内分类鉴定，首次查清了伊克昭盟甘草主要病虫害的种类，对主要病害甘草锈病、主要虫害甘草胭珠蚧的生物学特性进行了比较系统的研究，提出了防治方法。

⑥对在野生和栽培条件下，甘草根的生长发育形态，做了宏观和微观的规律性实验观察，详细描述了从种子胚根发育，由初生根到次生根的发育过程，以及次生根长成1年龄根的生长过程，确认了各阶段的形态学特征。还进一步比较了不同土壤栽培1年龄根的增长效果，结合环境条件做了规律性探讨，为建立优质、丰产、高效的栽培甘草商品生产基地，提供了有效的理论基础。事实证明，上述两个课题研究成果的推广，不但使甘草产业得到了发展，且对产区治理沙漠、增加植物覆盖度、改善生态环境、促进生产发展、提高农牧民收入，起到了推动作用，取得了显著的经济效益、生态效益和社会效益。

结合甘草的“七五”攻关，在甘草的选种和育种工作上也做了一定工作。陕西中药研究所王党平等对乌拉尔甘草高产优株标准、药用甘草种质资源、乌拉尔甘草优良株系的选育都作了初步研究。依据作物数量遗传理论，经过调查分析，首次对乌拉尔甘草性状作了遗传相关分析，确定了各性状对于甘草产量的相关性依次为：茎叶鲜重（$PX_3=0.4601$）>根粗（$PX_2=0.2472$）>株高（$PX_1=0.1540$）>分枝数（$PX_4=0.0916$）。同时根据选择差的大小与群体方差的平方根—成正比的原理，制定出高产优株性状指标为：茎叶鲜重115.97千克，根粗2.25厘米，株高66.32厘米。在种质资源研究中，对西北5省（自治区）20个产地、4个不同类型的甘草经过在伊克昭盟几年的观察试验，以经济性状及甘草酸含量作对比，提出了不同产区甘草的开发应用价值。在大量的原始材料中，仍以经济性状和甘草酸含量为标准，初选出8个株系，并将通过复选、品比等程序将这项工作继续下去。

在组织培养和快速繁殖上，陕西中药研究所苟克俭和任茜等以乌拉尔甘草、光果甘草、胀果甘草、黄甘草、粗毛甘草、云南甘草为材料用幼苗带腋芽茎段离体培养的方法，为甘草优株的快速繁殖提供了新的途径。6种甘草带腋芽茎段离体培养，在MS+NAA_1+BAA0.2培养基上能诱导形成丛生苗。一个腋芽在第1个月形成36个芽，在第3个月可形成216个苗根齐全的试管苗。他们研究的甘草花药培养，获得花粉愈伤组织和芽；甘草幼嫩花丝愈伤组织诱导、甘草根的愈伤组织诱导及器官分化，以及任茜等同志探讨的甘草大孢子的发生与雌配子体的发育，甘草孢粉的发育解剖学探讨都有所突破。

陕西中药研究所在“七五”国家科技攻关课题研究中，从育种入手，用^{60}Co辐射源辐照，在辐射剂量分别为γ射线1、2、3、4、5、6万伦时，考察不同辐射剂量对草种子发芽的影响。从6万伦处理中选出的优株1号，不仅具有体形通直、质密沉实、粉性大、甜味纯厚、皮色棕红、皮层较厚等优良的药材性状，而且还具有干重比例大、甘草酸含量较高的特性。相关方面还在做进一步的研究。

第二节　乌拉尔甘草小面积栽培试验结果

一、甘草种子硬实的处理技术

甘草种子在播种前必须要经过处理，才能提高发芽率，本节对甘草种子处理方法作详细介绍，并作比较。

（一）化学浸泡处理法

用浓硫酸、氢氧化钠、二甲苯、氯仿、乙醚、乙醇、苯、石油醚等化学药剂配置成不同浓度处理液，设置不同的时间，腐蚀局部种皮，达到吸入水分、透入氧气的目的。

在上述化学药剂中，以用浓硫酸处理最为广泛，最为成功。甘肃省中医学院生物教研室甘敏等研究报道，用浓硫酸浸泡处理甘草种子一定时间，能有效地增强甘草种子的透水、透气性，从而破除了种子休眠，促进萌发。以浓硫酸浸泡处理种子 70 分钟效果最佳。新疆刘国钧先生在《新疆甘草》一书中也报道了把种子浸泡在硫酸中，发芽率达到 94%，出苗率为 91%。此处理方法的优点是一次处理量较大，缺点是工人容易烧伤。由于环境温度的变化，处理时间不好掌握，过长易使种子烧伤而失去发芽力，过短则作用不到，效果不佳，没有经过训练的种植户最好不要擅自处理，以免烧伤。

（二）机械破皮处理法

用玻璃砂或细砂研磨擦伤种皮，用解剖刀划破种皮或削除种子部分种皮，针刺发芽孔或种皮，放在瓶内剧烈振荡损伤种皮，以及利用机具摩擦法擦伤种皮，均为机械破皮处理。其中以碾米机处理最为经济有效。碾米机中心有一柱形砂轮，在旋转时能使甘草种子的种皮形成划痕，或在种子窄的一面造成小片种皮剥落，而不会将种子压碎。用这种方法处理大量种子效果较好。试验证明，一般碾 1～2 遍，种皮微破即可，发芽率可达 90%左右。其他处理方法都较费时、费工，行之不易。

使用 7.5 千瓦 330 型碾米机，将 1 000 千克种子连续碾磨二次，第一次 1 小时，第二次 30 分钟。黑龙江中医研究院中药所傅克治研究员用碾米机打一遍，处理量 5.5 千克/分钟，损耗率 4%～5%。按常规测其发芽率（24℃培养箱、培皿滤纸床），发芽率达 90%。但此方法掌握不好，会把种子碾碎。

（三）加热处理法

1. 干热烘焙法　在电热干燥箱内 40～60℃放置 6 小时，或 100～105℃放置 1 小时，即可播种。

2. 沸水浸泡法　用90℃热水浸泡甘草种子15秒，捞出用凉水冲洗，效果很好。刘国钧先生试验表明，甘草种子可以抵御高温水的影响，在沸水中停留最适时间为10秒。如此处理后的发芽率大约可以提高4倍，发芽时间可以提早1～2天。但种子在沸水中浸泡3分钟，发芽率和出苗率相对减少；浸泡5分钟，种子发芽率和出苗率剧烈下降。

3. 增温复浸法　将甘草种子放入60℃温水中，浸泡6～8小时，此时部分种子吸水膨胀漂起，这样反复浸泡几次直至大部种子漂起，漂浮的种子即达到处理目的。

4. 高低温温差刺激法　将甘草种子浸入80℃水中1～2分钟，捞出立即放入凉水中，这样反复2～3次，再放入60℃温水中浸泡2～4小时，晾干播种。

除上述四类方法外，尚有高压法、高频电能法、红外线法、射频法和离子法等。

以上各种处理方法，以机械破皮，用碾米机处理方法简便、省钱、安全、效果较好，发芽率较高。用浓硫酸溶液处理的甘草种子发芽率最高，高于碾米机机械破皮处理的种子，以及加热处理法，同时还可以起到对种子消毒、杀菌和减轻播期鼠、兔对种子的危害。不具备碾米机或种子量较少，可用此法，但要注意操作安全。种子处理是一项专业性很强的工作，种植户不要盲目处理，最好到专业机构采购已处理好的种子。

二、人工种植甘草的选地和整地

甘草适应性广，对栽培环境要求不严格。在年平均温度4～12℃，日照时数2 600小时以上的半干旱和干旱区均可种植，在贫瘠土地上甘草也能良好生长。但甘草为深根性植物，选择土层深厚、疏松、排水良好、地下水位在2米以下灌溉便利的砂质壤土地，可以达到发芽保苗率高、生长速度快、根和根状茎色泽鲜艳、品质好、经济效益高的目的。轻度盐碱地或盐化草甸土也可以种好甘草。甘草种子小，顶土能力弱，幼苗生长缓慢，要求深翻并精细整地，保好底墒，将杂草，尤其是多年生禾草耙出。结合整地要施入一定数量的农家肥料和化学肥料。在这种土地中主根易往下伸长，根条直、粉质多。涝洼地和地下水位高的地区不宜种植甘草。土壤的酸碱度以中性或微碱性为好，在酸性土壤上生长不良。

三、甘草的人工播种技术及保苗技术

甘草主产区大陆性气候特点明显，人工种植甘草常因播种期、播种量、种深度、播种方法不当，遭受风沙、干旱、日灼、霜冻、水涝等自然灾害危害而缺苗减产，甚至绝产。选择最佳播种技术可以达到最好的经济效果。

（一）播种期

在内蒙古中西部、宁夏，甘草适宜播种期是4月上旬至8月上旬，最佳播种期是4月和5月。各地可根据条件具体确定当地的播种时期。甘草最适播种期的确定，除视播种地区气候、土壤和供水状况外，还要根据播种后的物候现象、成苗率、存苗率、返青率、地上生物量、地下生物量、主根长度、主根粗度8项指标综合性状去安排。

1. 不同播种期甘草的物候反应　甘草是多年生植物，根据观察，用种子繁殖的植株，一般4～5年才开花结果。研究适宜播种期主要是研究甘草种子播种当年出现的各种物候现象与主要气候因子的关系。根据栽培甘草当年只能有出苗、第一、第二真叶和第一复叶出现的物候现象，绘制了不同播种期甘草的这4种物候现象的综合物候图谱（图3-1）。

从图谱看出，以6月5日播种的，上述4种物候现象，从出现并延续时间最短，而提前和推后播种期都出现相应的变化：间隔期短，延续时间短；间隔期长，延续时间长。如 4 月 5 日播种，播种至第一复叶盛期为 80 天；而 5 月 5 日和 6 月 5 日播种，分别是 58 天和 42 天；5 月 5 日播种，播种至出苗盛期为 14 天；而 6 月 5 日和 7 月 5 日播种的仅为 13 天和 8 天。又如 7 月 5 日播种，播期至第一复叶盛期 51 天；而 8 月 5 日播种，幼苗未进入第一复叶盛期；9 月 5 日播种幼苗未结束第二真叶期；10 月 5 日播种未出苗。

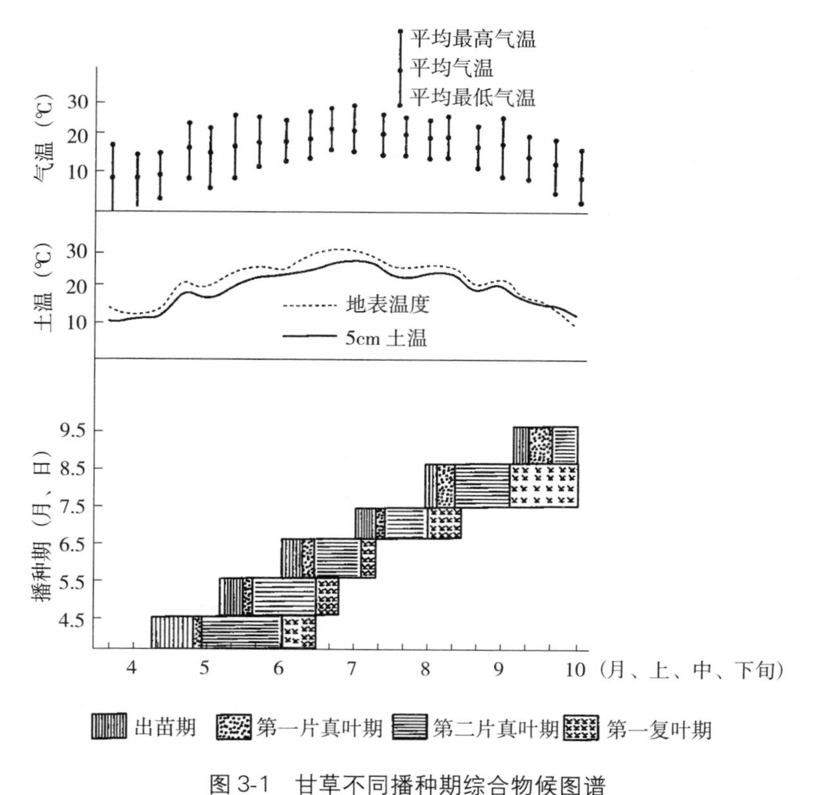

图 3-1　甘草不同播种期综合物候图谱

Fig. 3-1　General printing of *Glycyrrhiza* speices in different planting season

和上述情况一样，各物候期当年从始期到盛期的延续期仍以6月5日播种期为佳，提前和推后播种期，各物候期从始期到盛期的延续期也在增加。如6月5日播种的，第一复叶期始期到盛期延续期为5天，而5月5日和7月5日播种延续期增加到7天和15天。

根据观察，影响甘草物候现象的主要因素是温度，而≥5℃的积温数，又是能否完成某一物候期的决定指标。观察和分析结果表明，在甘草幼苗发育阶段完成出苗期、第一真叶期、第二真叶期、第一复叶期，所要求≥5℃的积温分别是220℃、130℃、110℃和640℃。结果见表3-1。

表3-1 人工种植甘草各物候期积温值（≥5℃）

Table 3-1 Temperature of planting *Glycyrrhiza* species in different growth seasons

播种至出苗			播种至第一片真叶		播种至第二片真叶		播种至第一复叶	
播种期（月/日）	出苗期（月/日）	积温（℃）	第一片真叶期（月/日）	积温（℃）	第二片真叶期（月/日）	积温（℃）	第一复叶期（月/日）	积温（℃）
4/5	4/23	171.5	5/7	366.6	5/16	486.4	6/25	1 139.1
5/5	5/19	237.2	5/27	368.1	6/2	490.0	7/3	1 127.3
6/5	6/18	268.8	6/21	323.6	6/25	408.6	7/17	905.9
7/5	7/13	200.1	7/21	390.6	7/26	502.7	8/26	1 116.4
8/5	8/14	212.9	8/19	303.8	8/24	395.0	×××	
9/5	9/15	204.7	9/25	342.0	10/7	489.2	—	

注：表中积温系≥5℃的积温；各物候期均指盛期；“×××”表示进入始期未到盛期；“—”表示未出现该现象。

2. 播种期与甘草成苗率、存苗率和返青率的关系 甘草播种后的出苗率、秋季存苗率和翌年返青率是人工种植甘草成败的三项重要技术指标。试验结果表明，4月5日至9月5日播种，甘草种子均能正常发芽出苗，但不同的播种期出苗率有一定差异。4 月 5 日播种，大气和土壤温度不稳定，风沙伤苗，鼠、兔、昆虫咬食幼苗以及各种损伤等原因，保苗密度仅为 59.3 株/米^2，其他播期保苗密度除 10 月 5 日为 0 外，基本达到预定指标 70～90 株/米^2，平均达到 82.5 株/米^2；其中 5 月 5 日、9 月 5 日超过平均数。4 月 5 日播种，秋季存苗率最低，仅有 26.3%，密度为 14 株/米^2；其他播期随播种时间推迟，存苗数逐渐增加，9 月 5 日播期存苗率达到 88.5%，密度为 83.5 株/米^2。究其原因除环境因素外，主要是播种期推迟，生长期短，相应地减少了日灼、干旱、病虫等对幼苗的侵袭时间。

对于返青率，试验结果表明，与秋季存苗率相反，越冬后返青率随播种期推迟，返青率逐渐下降，由 4 月 5 日的 92.2%下降到 8 月 5 日的 73.9%，而 9 月 5 日的返青率为 0。返青以后的幼苗密度，因前秋存苗基数差别大，仍与播期顺序一致，呈增长趋势。4 月 5 日密度明显不足外，其他几期都在预定指标以上，8 月 5 日和 5 月 5 日播种的每平方米分别达到 45.2 株和 47.7 株，结果见表 3-2。

表 3-2 不同播种期甘草存苗和越冬返青率

Table 3-2 Ratio of seedling and living after winter in different planting season

播种日期（月/日）	幼苗密度（株/米^2）	秋季存苗密度		第二年返青后密度	
		密度（株/米^2）	秋季存苗率（%）	密度（株/米^2）	越冬返青率（%）
4/5	59.3	14	23.6	13.0	92.2
5/5	87.0	49.9	57.3	44.7	98.7
6/5	79.2	46.2	58.3	40.7	88.1
7/5	69.2	43.3	62.6	36.8	85.0
8/5	82.2	61.2	74.5	45.2	73.9
9/5	94.3	83.5	88.5	0	0
10/5	0	—	—	—	—

3. 播种期与甘草生长量的关系　于播种后第二年10月15日设样方（1米^2）进行地上地下生物量、主根长度、主根粗度以及地下生物量折干率测定。样品在烤箱内烘干。测试证明，人工种植甘草苗期地下生物量的折干率随播种期推迟而略有下降，在50.6%～52.1%之间，变动幅度不大。

地上生物量与地下生物量各播种期之间差异较大，见表3-3、表3-4。其中4月5日播种差异最大，以后随播种期顺延，差异逐渐缩小。经方差分析和F检验，地下与地上生物量各播期均达到极显著性差异（$P<0.01$），比值为4.19 ± 0.32。

表3-3　不同播种期对甘草地上生物量的影响

Table 3-3　SSR test of overground biomass in different planting date

播种日期（月/日）	地上生物量平均值（克/米^2）	差异显著性	
		5%	1%
4/5	168.3	a	A
5/5	165.0	ab	A
6/5	160.0	ab	A
7/5	111.7	bc	AB
8/5	86.7	c	B

表3-4　不同播种期对甘草地下生物量的影响

Table 3-4　SSR test of underground biomass in different planting date

播种日期（月/日）	地上生物量平均值（克/米^2）	差异显著性	
		5%	1%
4/5	756.7	a	A
5/5	688.3	ab	A
6/5	603.3	ab	AB
7/5	505.0	bc	AB
8/5	346.7	C	B

各播种期地上生物量变化通过新复极差测验，4 月 5 日、5 月 5 日、6 月 5 日 3 个播种期间无显著差异，但都极显著地高于 8 月 5 日播种期；4 月 5 日、5 月 5 日与 7 月 5 日相比，6 月 5 日与 8 月 5 日相比，差异均达到显著（$P<0.05$）水平。

各播期地下生物量变化通过新复极差测验，4 月 5 日、5 月 5 日与 7 月 5 日、8 月 5 日，6 月 5 日与 8 月 5 日之间均达到显著差异水平，其中 4 月 5 日、5 月 5 日与 8 月 5 日之间达到极显著差异水平。

4. 播种期与甘草主根长度和粗度的关系　主根长度和粗度是形成甘草产量的主要因子。从表 3-5、表 3-6 可以看出，主根的长度均随播种期顺延，而且相差幅度大，达到了极显著水平。主根长度，4 月 5 日播种期与其以后的各播种期均达到极显著水平，而其后各播种期间无显著差异。主根粗度，除 6 月 5 日播种期和 7 月 5 日播种期之间无显著差异外，其他各播种期间均有显著差异，其中，4 月 5 日播种期和 5 月 5 日播种期与其后的 3 个播种期间有极显著差异。

表 3-5　不同播种期对甘草主根长度的影响

Table 3-5　SSR test of taproot length in different planting date

播种日期（月/日）	地上生物量平均值（克/米^2）	差异显著性	
		5%	1%
4/5	87.3	a	A
5/5	66.2	b	B
6/5	60.5	b	B
7/5	57.4	b	B
8/5	52.0	b	B

5. 人工种植甘草最适播种期的选择　甘草是喜温植物，其生长发育受温度影响很大。幼苗期生长的最低温度是 5～8℃，这时生长缓慢，长势弱；随温度升高，幼苗生长速度加快，长势

加强。根据观察，当温度升高到20～22℃，甘草生长迅速，根、茎、叶增长量都较大。

表 3-6　不同播种期对甘草主根粗度的影响

Table 3-6　SSR test of taproot thickness in different planting date

播种日期（月/日）	地上生物量平均值（克/米^2）	差异显著性	
		5%	1%
4/5	13.0	a	A
5/5	10.4	b	B
6/5	8.2	c	C
7/5	8.1	c	C
8/5	6.7	d	C

幼苗能忍耐零下1～3℃短时间低温，温度降到－5℃以下，地上茎叶遭受冻害而枯死。人工种植的甘草幼苗，较相同生育期的野生甘草耐寒，而苗期又较开花期耐寒。

上述试验表明，10月播种不能出苗，9月播种幼苗不能安全越冬，4～8月为适宜播种时间。8、7、6月3个播种期甘草的三率（成苗率、存苗率、返青率）虽然达到预定指标，但生物量，尤其是地下生物量，分别显著和极显著地低于5月、4月播种期的甘草，主根长度极显著地低于4月播种期的，主根粗度又极显著地低于5月、4月播种期的。从综合性状分析，4月和5月间为内蒙古及类似气候土壤地区最佳播种时间。

（二）播种密度

合理的密度是栽培甘草获得高产的基础。近年来不少学者对甘草留苗密度作了一些研究，但不同地区其研究结果差异较大，播种规格也不一样。东北地区的学者认为，栽培甘草应通过密植（>45株/米^2，行距10～15厘米）来提高单位面积产量，实现速生高产，以获取较高的经济效益；西北地区的学者提出，甘草的留苗密度应<15 株/米^2，行距 50～60 厘米，穴距 10～15 厘米，认为西北地域广阔，土地资源丰富，应在荒地、弃耕地上种植甘草，以压缩投资，提高效益，避免与农作物争地。可见留苗密度受地区影响很大。

目前，许多地区栽培甘草产量不高的原因之一是密度不合理，因而寻找适合本地区最佳留苗密度是生产上急需解决的问题之一。笔者通过调查和试验、示范，找出了当地中等水肥和一般管理条件下的合理种植密度，为科学栽培提供了依据。

该试验于 1987 年 7 月播种，1988 年 5 月定苗，1990 年月 10 月进行各项指标测定。

1. 栽培甘草密度与地下生物量的关系 不同留苗密度的产量方差分析及差异比较结果见表 3-7、表 3-8。试验结果表明，不同留苗密度的甘草地下生物量有极显著差异（P<0.01），产量以 22 222 株/亩（处理 2 和 7）最高，除与 26 666 株/亩（处理 4）差异不显著外，与其他处理的差异均达到极显著水平。较留苗密度最大的 33 333 株/亩（处理 1）提高 318.1%，较留苗密度最小的 11 111 株/亩（处理 9）提高了 93.4%；其次是 26 666株/亩（处理 4）的产量高。与其他处理的差异均达到显著水平可以看出留苗密度过小，产量显著降低，留苗密度过大，产量也并不高。

表 3-7 甘草留苗密度试验方案设计

Table 3-7 Experimentation design of seedling density

密度	处理								
	1	2	3	4	5	6	7	8	9
行距（厘米）	20	20	20	25	25	25	30	30	30
株距（厘米）	10	15	20	10	15	20	10	15	20
密度（株/苗）	33 333	22 222	16 666	26 666	17 777	13 333	22 222	14 814	11 111

表 3-8　不同留苗密度甘草地下生物量的方差分析及比较

Table 3-8　Difference on underground biomass between different seedling density

处理	播种规格（厘米×厘米）	生物量（克/米^2）					差异显著性		折亩产（千克）
		1	2	3	总和	平均	5%	1%	
2	20×15	1 645	1 728	1 727	5 100	1 700	a	A	1 133.3
7	30×10	1 702	1 614	1 712	5 028	1 676	ab	A	1 117.3
4	25×10	1 498	1 604	1 626	4 728	1 576	b	AB	1 050.7
1	20×10	1 510	1 390	1 420	4 320	1 440	c	BC	960.0
5	25×15	1 312	1 367	1 398	4 077	1 359	c	CD	906.0
3	20×20	1 275	1 145	1 235	3 657	1 219	d	D	812.7
8	30×15	980	1 120	1 080	3 180	1 060	e	E	706.7
6	25×20	901	1 065	971	2 937	979	ef	EF	652.7
9	30×20	801	912	915	2 637	879	f	F	586.0

2. 不同留苗密度对甘草主要经济性状的影响　留苗密度不同，栽培甘草的主要经济性状也不一，见表 3-9。

表 3-9　不同留苗密度的甘草主要性状比较

Table 3-9　Comparation on main characters of *G. uralensis* in different density

项　目	处　理									差异显著性
	1	2	3	4	5	6	7	8	9	
地上生物量（克/米^2）	804	840	656	760	670	608	816	590	592	**
主根长（毫米）	97	96	108	102	104	110	112	116	109	
主根粗（毫米）	11.2	13.8	14.1	13.0	14.8	15.8	14.0	15.2	16.8	**
株高（厘米）	48	45	52	50	49	49	51	51	48	

注：“**”表示 99%可靠性保证，差异显著。

对上述试验结果经方差分析和新复极差测验可看出：

①地上生物量以 22 222 株/亩（处理 2 和 7）为最高，除与

33 333 株/亩（处理 1）差异不显著外，与其他各处理均有显著差异，基本排序为 2＞7＞1＞4＞5＞3＞6＞9＞8。

②不同处理之间主根粗度有极显著差异，随着留苗密度增加，主根粗度有下降趋势。

③主根长度和株高受密度影响较小，各处理之间无显著差异。

上述情况表明，在内蒙古地区，在中等肥力的基本农田，一般管理水平下，以每亩留苗 20 000～25 000 株最适宜，播种规格以 30 厘米×10 厘米为最好，20 厘米×15 厘米也可推行。

（三）播种深度

甘草的播种深度、土壤质地、墒情与出苗、壮苗有密切关系。播种过浅，常因风吹、干旱或烈日炎烤影响发芽出苗，或虽然种子萌发，胚根来不及扎进土壤就早期死亡；播种过深，会因种子顶不出土而大幅度降低出苗率或出苗瘦弱，而且生育期推迟。各地可根据当地的土壤质地和墒情确定适宜的播种深度。

在松沙土、中壤土和轻黏土 3 种质地的土壤上，分别设置播种深度为 1、2、3、4、5 厘米 5 个水平，在大田和室内对甘草播种深度及土壤质地与出苗的关系进行了 3 年的试验和调查，结果见表 3-10、表 3-11。

表 3-10　不同质地土壤的物理特性

Table 3-10　Physical characters of different soil types

土壤质地	吸湿水	各级颗粒含量百分数（%）						
		1～0.25毫米	0.25～0.05毫米	0.05～0.01毫米	0.01～0.005毫米	0.005～0.001毫米	<0.001毫米	物理性黏性总和
松沙土	0.10	22.24	66.76	7.0	1.40	1.0	1.6	4.00
中壤土	0.85	1.17	18.89	44.66	20.16	7.46	7.66	35.28
轻黏土	1.45	1.32	18.22	19.30	5.92	23.33	21.91	61.16

表 3-11　不同质地土壤的基本农化性质

Table 3-11　Basic chemical characters of different soil types

土壤质地	有机质（%）	pH	全 N（%）	速效氮（毫克/千克）	有效磷（毫克/千克）	速效钾（毫克/千克）
松沙土	0.281 8	9.18	0.005 8	4.9	9.4	129.8
中壤土	1.105 9	8.97	0.038 5	16.4	16.4	487.4
轻黏土	1.167 4	8.11	0.033 1	87.8	15.1	280.1

表 3-12　内蒙古不同质地土壤和播种深度的甘草出苗率（%）

Table 3-12　Ratio of seedling in different soil and seeding depth in Inner Mongolia

土壤基质（B）		播种深度（A）				
		1 厘米（A_1）	2 厘米（A_2）	3 厘米（A_3）	4 厘米（A_4）	5 厘米（A_5）
松沙土（B_1）	1	75	68	54	38	19
	2	79	65	61	44	30
	3	71	59	60	39	36
	X	75.0	64	58.3	40.3	28.3
中壤土（B_2）	1	66	62	43	21	8
	2	59	59	51	33	17
	3	63	50	57	37	16
	X	67.2	57	50.3	30.3	13.7
轻黏土（B_3）	1	52	44	18	6	6
	2	42	40	39	15	2
	3	60	34	26	34	5
	X	51.3	39.3	27.7	18.3	4.3

1. 不同质地土壤和播种覆土深度对甘草出苗率的影响　内蒙古不同质地土壤不同播种深度的甘草出苗率见表 3-12。从中可看出，3 种不同质地类型的土壤中，甘草出苗率不同，松沙土高于中壤土，中壤土高于轻黏土；随着播种深度的增加，3 种质地土壤的出苗率不同程度的降低。

甘肃省治沙研究所刘殿芳在质地为沙壤土的基质上（棕黄土）覆盖不同厚度（0.5 厘米、1.0 厘米、1.5 厘米、2.0 厘米、2.5 厘米、3.0 厘米）的基质（粗沙、细沙、砂壤土、壤土），进行互为水平的两个因素田间试验，提供了当地甘草播种深度可行的科学依据，见表 3-13。

表 3-13　甘肃治沙研究所覆土不同厚度和不同基质的甘草出苗率（%）

Table 3-13　Ratio of seedling in different soil thickness and types

土壤基质（B）	覆土厚度（A）					
	0.5 厘米（A_1）	1.0 厘米（A_2）	1.5 厘米（A_3）	2.0 厘米（A_4）	2.5 厘米（A_5）	3.0 厘米（A_6）
	37	46	33	29	26	12
粗沙（B_1）	37	42	41	39	35	10
	46	36	35	28	26	15
	30	42	37	29	24	6
细沙（B_2）	33	37	32	30	20	11
	30	35	31	39	14	12
	42	28	22	19	21	8
砂壤土（B_3）	46	40	34	28	2	1
	43	33	22	24	9	8
	30	20	7	22	8	2
壤土（B_4）	32	0	20	8	7	3
	37	28	12	11	11	10

甘肃省治沙研究所的试验结果，与内蒙古的试验结果基本相同。测试结果表明：

①人工种植甘草的覆土厚度和覆盖物基质对甘草出苗率有显著性影响，而覆土厚度和基质间的交互作用对出苗率也有显著性影响。

②甘草播种后覆土 0.5～1 厘米能获得最好的出苗，随着覆土加厚出苗率也相应降低，而覆土在 2.5 厘米以上出苗率极差。

③种植甘草覆盖粗沙最有利于出苗，其次是细沙，再次为沙壤土，覆盖壤土效果极差。

④在干旱地区种植甘草，覆土在 0.5～2.0 厘米范围。土壤机械组成越细，覆土应越薄；反之，机械组成越粗，覆土可相应加厚。

北京时珍中草技术有限公司周成明博士等在前人研究的基础上在北京市大兴区薄沙土地上试种和推广甘草栽培技术，试验不同播种深度 0.5 厘米、1 厘米、1.5 厘米、2 厘米、2.5 厘米、3 厘米、3.5 厘米、4 厘米，出苗率分别为 7.2%、45.7%、73.6%、80.2%、69.4%、50.8%、10.2%、5.0%。甘草幼芽茎伸长一般为 2～3 厘米，宜浅播。最佳播深为 2 厘米。不宜播种深，否则幼芽顶土困难，即使有极少数幼苗出土，叶片也发黄、生长势弱，容易染病死亡。

2. 不同质地土壤和播种深度对甘草出苗速度的影响　起始出苗日数和出苗总日数是重要的出苗速度指标，是考察甘草播种质量的重要因素之一，见表 3-14。

表 3-14　不同土壤质地和播种深度与甘草出苗速度的关系

Table 3-14　Relation between seedling speed and different soil types and seeding thickness

土壤质地（B）	出苗速度（天）	播种深度（A）				
		1 厘米	2 厘米	3 厘米	4 厘米	5 厘米
松沙土（B_1）	起始出苗日数	4	5	5	6	6
	出苗总日数	9	10	11	11	11
中壤土（B_2）	起始出苗日数	4	5	5	6	6
	出苗总日数	9	10	11	11	11
轻黏土（B_3）	起始出苗日数	5	6	7	7	8
	出苗总日数	13	14	16	17	18

试验结果表明，随着土壤黏重程度的增加，相同播种深度甘草的出苗速度减缓，起始出苗日数推迟 2～4 天，出苗总日数延

长 4～7 天；随着播种深度的增加，甘草的出苗速度也不同程度减缓，起始出苗日数推迟 2～3 天，出苗总日数推迟 2～5 天。

上述调查和试验结果表明，甘草的播种深度以不超过 3 厘米为宜。如水源充足，土壤黏重、墒情好，搞育苗宜浅播，这样出苗率高，起始出苗日早，出苗迅速整齐，总日程短；如土壤质地较粗或旱地播种，应适当深播，防止种子吸水膨胀或刚出苗后因缺水而死亡。

（四）旱作区人工种植甘草的耕作方式和播种方法

在旱作区，合理的耕作方式和播种方法，是甘草人工种植成败的两个关键环节。

1. 耕作方式　内蒙古的旱作甘草一般种植在退化草地和废弃耕地上。这种土地肥力低，风害大，不易捉全苗，耕作粗放，采挖周期为 4～6 年。耕作方式有免耕播种和耕翻播种两种方式。根据调查和对比试验，免耕地种植出苗密度小，仅为 44.9 株/米^2；而耕翻后用耧播种出苗较好，为 79.2 株/米^2。主要原因是免耕地杂草较多，土壤坚实度不均匀，下种深浅不一致，出苗率低。耕翻使土壤疏松，保墒情况好，播种深度一致，利于甘草出苗。

2. 播种方法　旱作区甘草播种有 4 种方法：将土地耕翻耙耱平后用耧播种；先撒播种子然后耕翻；撒播后耙耱；先耕翻土地，然后撒播种子，最后耙耱。

根据调查试验，不同播种方法对成苗密度有明显的影响，耕耙后耧播的成苗密度最大，达到 45 株/米^2，比撒播后耙耱的 6.9 株/米^{2}高 560.9％；比撒播后耕翻的 5.8 株/米^{2}高 686.2％。其主要原因是后两种方法，不宜控制播种深度，过深甘草种子顶土弱，难以出苗，过浅土壤水分不足，种子不萌发或闪苗而死。

3. 北京市大兴区甘草播种方式的效果比较　为适应大面积种植，提高工作效率，保证播种质量，北京时珍中草药技术有限公司在大兴区永定河冲积沙滩薄沙地上分别进行了人工播种、机械播种和人力半机械播种的比较，处理方法及结果如下。

（1）人工播种　用平耙将地整平、耙细，不能有土块，然后用开沟器开沟。每次可开沟 4 行，4 个齿的尺寸为：齿长 6 厘米，齿宽 6 厘米，齿距 30 厘米。可开播种沟宽 5 厘米，每亩用种 1.5 千克（发芽率 85%以上）。春播时间 4 月 5～25 日，盖土厚度约为 3 厘米。为了使种子与土壤充分接触，防止因春天风多、风大、干旱被风吹干覆土或吹走种子，必须用脚踩实，则实际播深 2 厘米。这在多风干旱的沙土地上尤为重要。播后 15 天左右出苗。

（2）机械播种　55 型拖拉机或小四轮后挂 1.2 米宽 5 行精量播种机，调节精量播种机的排种器和播深到符合农艺要求。用 24 行播种机，需堵住 12 个排种孔，留 12 个排种孔。将开沟轮弹簧卸下，以开沟轮自重开出的沟可够 3 厘米深，后带镇压器，然此法用种量大，比人工播费种 1～1.5 千克/亩，种子播深也不能保证一致，难以保证出苗匀、苗齐。优点在于工效高，日播面积可达 150 亩。适于农场式大面积种植。

（3）半机械精量播种　由大兴区农机研究所改制的手推式播种机。播前调整开沟器升降螺丝，确定播深，调整排种孔轮的孔深确定播量，保证播深一致、下种均匀，在重力和移动速度的作用下，甘草种子合理分布在5厘米宽的播种沟内，具体结果见表3-15。

表 3-15　播种情况比较

Table 3-15　Comparation of different seedling mode

播种方式	播种数量（日）	用种量（千克/亩）	播种深度（厘米）	出苗综合评价
人工	0.8～1.0 亩/人	1.4～1.7	1.5～3.0	较好
机械	100～150 亩/台	2.5～3.0	1～4	一般
半机械	4～5 亩/人	1.4～1.5	1.8～2.2	较好

比较结果认为，半机械化播种效果最好，可以达到播深一致、出苗整齐，出齐苗较人工播种提早 1～2 天；并用种量误差范围在 100 克/亩以内，用种量少，比人工播种功效提高 3～4 倍。在 5 个人作业条件下，一天可种 30 亩。甘草种子在播种沟内均匀分布，基本达到精播标准。

四、甘草的育苗移栽技术

（一）甘草的育苗和苗期管理

甘草的育苗移栽技术是近年试验成功并应用的甘草人工种植方法，即先在苗圃地育苗一年，于当年秋季或翌年早春，将甘草苗挖出到大田定植。一般育 1 亩地的苗可移栽 4～5 亩大田。育苗移栽比大田直接播种具有种植周期短、成品草中高等级草比例大、收获用工少、且少伤根的优点，是一种高产、优质、高效的栽培技术，比较适合小面积各家各户栽培。

1. 选地和施肥　育苗甘草根深、株茂，生长周期短。要育成优质苗，必须选择茬口适宜、土壤肥沃、质地疏松、保水保肥、排水良好的土地种植。播种前深翻 25～35 厘米，结合耕翻每亩施入优质农家肥料 4 米^{3}以上，同时施用 20 千克磷酸二铵、10 千克钾宝和必需的土壤肥料消毒剂，然后耙耱整畦（一般畦面积为 0.1～0.5 亩），灌水待播。

2. 精细播种　甘草育苗的播种时间，春、夏、秋均可，但以 4～5 月下种最好，条件允许也可在大地封冻前进行春苗冬播（即寄子播种），这样可以保证秋末和翌年春按时出圃，还可提高种子发芽率。目前在机械宽幅育苗配套技术尚未成熟之前，采用人工大铲开沟，保持幅宽 20 厘米，幅距 5～8 厘米，手撒种子 6～8 千克/亩，覆土 2 厘米左右，随即灌水，10～15 天可出全苗。

为防止草害，播种前可在畦面喷施 48%氟乐灵 100 毫升，并与表层5～8厘米土壤充分搅拌后，7～10天后即可播种。

3. 苗田管理　播种后的苗田除当日灌水外，还要视土壤质地和气候情况灌水1～2次，使土壤含水量保持在7.5%～15%之间，以保证正常出苗。幼苗出土后，要经常察看有无缺苗和死苗现象，抓紧补苗。发现猝倒、枯萎、根腐、白粉病，及时喷撒和灌注甲基托布津，拔除锈病病株，扼制传播；对地下害虫和甘草胭蚧用辛硫磷和10%克蚧灵防治，田间害虫叶甲、叶蝉、盲蝽、蚜虫、草象都要及时防治，保证甘草幼苗正常生长。

对苗田还要按时灌水、追肥，注意拔草和化学除草及必要的中耕松土。在当年土地封冻前或翌年土地解冻后，即可出圃1年龄苗。如需大苗，可继续管理1年，为2年龄苗。

移栽苗的标准：一年龄苗主根长要求达到40厘米以上，根头直径（指根颈下1～2厘米处）＞0.8厘米，单株鲜重＞19克；2年龄苗要求长度40～60厘米，根头直径＞1厘米，单株鲜重＞22克。秋末挖出的苗子，经选择成捆后，选择背风向阳、温度和湿度适宜的地方进行假植；春季挖出的苗子可以边选边栽。粗度和长度不足的幼苗，可另选地块栽种，单独管理。

（二）甘草移栽定植技术

甘草的移苗定植技术指标主要包括移栽苗龄、移苗时期、定植密度、定植深度。“七五”、“八五”实施甘草攻关项目期间，在我国“梁外草”的典型产地内蒙古杭锦旗基本农田上连续几年进行试验，取得了合理的定植技术指标数据，建立了人工种植甘草的生产规程。

1. 甘草移栽苗的苗龄要求

（1）不同苗龄甘草移栽苗定植后地下生物量比较　根据1993、1994年两年移苗定植试验结果，不同苗龄甘草移栽苗定植一年后，以2年苗龄地下部分生物量大。1994年2年苗龄仍高于1年苗龄的生物量。

（2）不同苗龄甘草移栽苗定植1年后各商品等级草产量比较　不同苗龄甘草移栽苗定植一年后测产，取100株测定其各等级草产量，其产量有所差异，见图3-2。从图中看出，1993年不同的苗龄甘草移栽苗植一年后，2年苗龄所产的特、甲、乙等级草产量较高；1994年试验，二者差异不大；1995年虽产量低于1993年，但特、甲、乙等草仍高于一年龄苗定植一年后的产量。

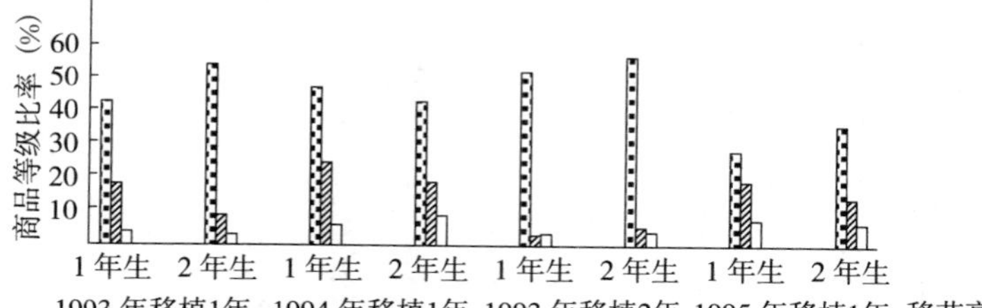

图3-2　1993—1995年不同年龄甘草苗移栽苗定植1年后等级商品草产量比较

Fig. 3-2　Yield comparation of different transplanting seedling of *G. uralensis* in 1993—1995

2. 甘草定植的适宜时期

（1）不同时期定植甘草的地下生物量比较　1993、1994年两年，用2年苗龄甘草移栽苗分别在同年的4、5、6、7、8月定植，一年后测定地下生物量（以1米^{2}样方测试，测3个样方平均值）。结果表明不同定植时期的甘草地下生物量存在显著差异。随着定植时间的逐月推后，地下部分生物量积累呈下降趋势，其中4、5月定植与6、7月定植有显著的差异，地下生物量以前两月定植的为高，后两月定植的较低。

（2）不同时期甘草定植一年后商品登记草产量比较　1993、1994年两年，用2年苗龄甘草移栽苗分别在同年4、5、6、7、8月定植，一年后测产（以3米^{2}样方测定平均值），登记草产量情况见图3-3。从图中看出，随着移苗时期逐月推后，特、甲、乙等级草的产量逐渐下降，甚至缺少，而相应地其他等级草的比重增大。

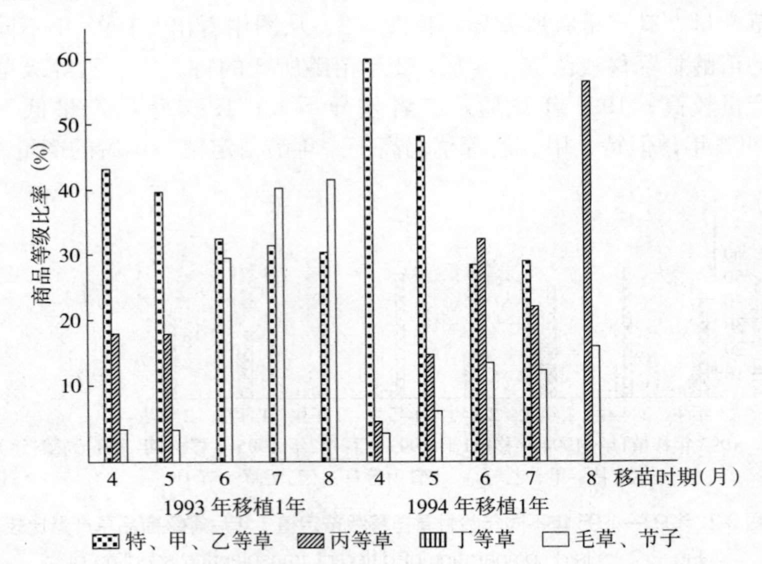

图 3-3　1993、1994 年不同时期甘草定植 1 年后各商品等级产量比较

Fig. 3-3　Yield comparation of different grade of *G. uralensis* in 1993 and 1994

3. 甘草定植的适宜密度

（1）不同定植密度的甘草地下生物量增长情况比较　1993、1994 年两年，用 2 年苗龄甘草移栽苗分别以不同密度定植，1 年后测定地下生物量（以 3 米^{2}样方测定平均值）。结果表明，不同定植密度的甘草，其地下生物量存在着显著差异，随着定植密度的加大而递增，以每亩 18 000 株的产量最高，每亩 6 000 株的产量最低。

（2）不同定植密度的甘草单株根鲜重比较　1993、1994 年两年，用 2 年苗龄甘草移栽苗分别以不同密度定植，1 年后测定地下生物量（取 100 株测定其鲜重平均值），结果见图 3-4。从图中可以看出，单株甘草根的鲜重，随着密度的加大呈下降趋势，以密度最小者，单株根鲜重最大；密度最大者，单株根鲜重最小。

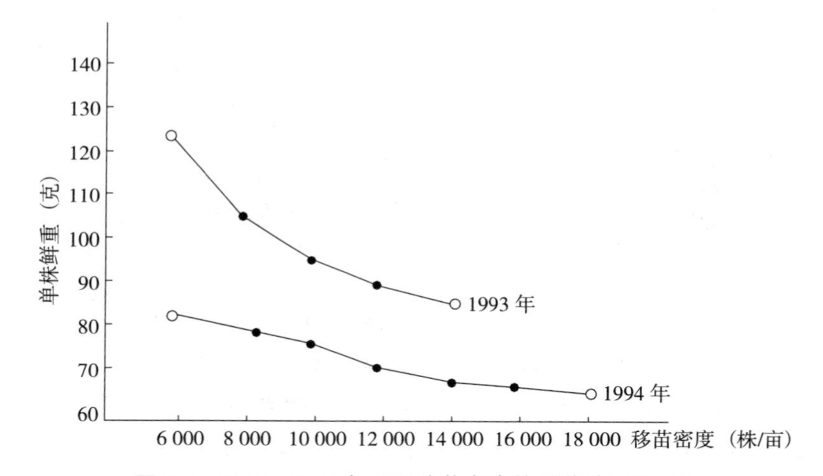

图 3-4　1993、1994 年不同移苗密度的甘草地下生物量

Fig. 3-4　Underground biomass of *G. uralensis* in different transplanting density in 1993 and 1994

（3）不同定植密度甘草各商品等级草的产量比较　1993、1994 年两年，用 2 年苗龄甘草移栽苗分别以不同密度定植，一年后取 100 株测定其各等级草产量，结果见图 3-5。图示结果表明，不同定植密度甘草各商品等级草的产量有明显差异，两年中以每亩定植 12 000 株，所产出的特、甲、乙等级草产量最高。

4. 甘草的适宜定植深度

（1）不同定植深度甘草的地下生物量增长比较　1993、1994 年两年，用 2 年苗龄甘草苗，移栽苗分别以不同深度定植，1 年后测定出其地下生物量（以 3 米^{2}样方测定平均值）。结果表明，不同定植深度甘草生长 1 年后，以 5 厘米埋深的产量最高，10 厘米次之，3 厘米再次之，15 厘米最低。

（2）不同定植深度甘草各商品等级草产量比较　用 2 年苗龄甘草移栽苗，以不同深度移定植，1 年后测定其各等级商品草产

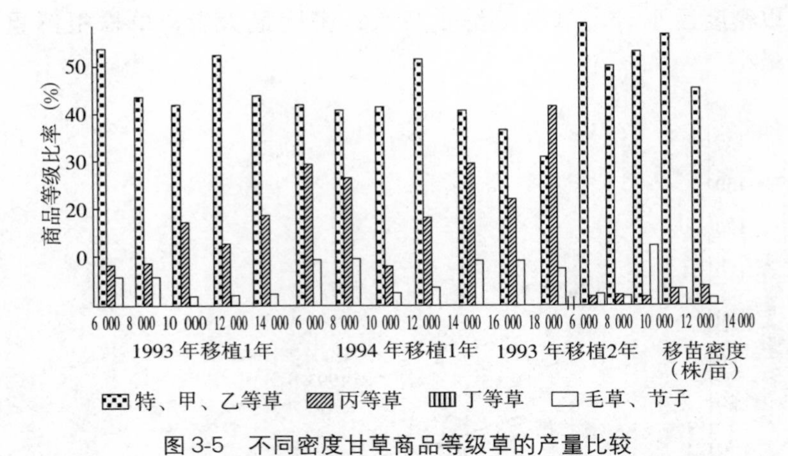

图 3-5　不同密度甘草商品等级草的产量比较

Fig. 3-5　Yield comparation of *G. uralensis* in different planting density

量（3 米^{2}样方测定其平均值）结果见图 3-6。从图中可以看出，凡 5 厘米埋深的，不仅亩产量一直最高，而且特、甲、乙草的产量也最高。

通过上述 4 个内容的研究，甘草的移苗定植技术可以总结出以下田间操作规程：

①使用 1、2 年苗龄的甘草移栽苗，2 年苗龄的生物量大，根茎也粗，每亩产量达到 684.3 千克，较 1 年龄苗提高 25.5%，特、甲、乙等级草产量也高。

②在可移植季节里移苗，移苗早，产量高，根也粗壮，以 4 月份最好，5、6、7、8 月呈逐渐下降趋势；移苗晚，甘草产量低，根也细，特、甲、乙草产量也低。

③定植密度大，其产量高，但单株鲜重降低，特、甲、乙高等级草比例降低，从经济效益考虑，生产种植以每亩12 000 株最好。

④移苗过深或浅都会影响甘草产量，以埋深 5 厘米的产量最高，根径也大，所产出的特、甲、乙等级草产量也最高。

具体实施：选择土壤肥沃可灌溉的土地，施入足够的农家肥

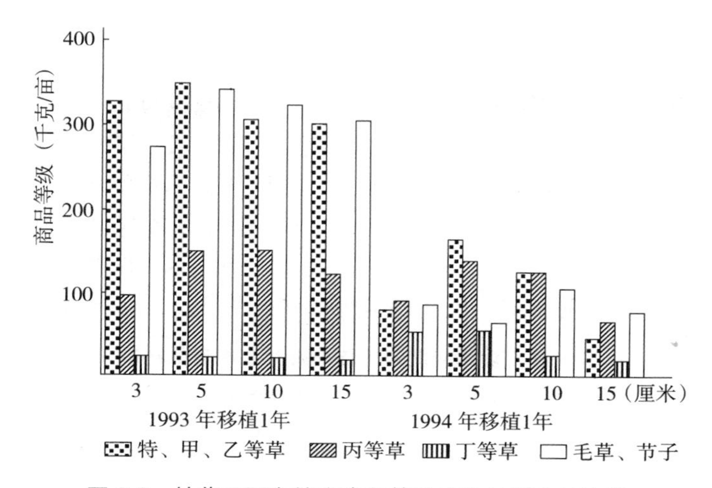

图 3-6 甘草不同定植深度各等级商品甘草产量比较

Fig. 3-6 Yield comparation of *G. uralensis* in different planting thickness

料和化学肥料，于 4 月上旬定植，按照沟间距 15～18 厘米，先用人力或机械开宽 30～40 厘米，深 5～8 厘米的移植沟，将准备好的甘草苗条最好是 2 年苗龄，按株距 6～8 厘米横排放沟内，然后覆土、灌水，每亩移植 12 000 株，可以收到较好的效益。

五、田间管理对人工种植甘草产量和质量的影响

栽培甘草的田间管理依照耕作方式不同分为下列 3 种情况，一是种子直接播种田的管理；二是育苗地的管理；三是移植平栽田的管理。而管理措施的重点是中耕、灌水和追肥。本节主要叙述移植平栽田的灌水和施肥管理。中耕除草按常规方法操作，直接播种的地块可视各地情况因地进行管理。

灌水和施肥不但影响甘草根和根茎的总产量，且与其商品等级和出成率（即鲜重与干重的比率）有直接关系。

1. 不同灌水量和施肥量对甘草根和根茎产量的影响 分别

设灌水（A）和施肥（B）的3个等级处理。即灌水少量A1(1次/年)、中量A2（2次/年)、多量A3（4次/年)；施肥高量B1（磷酸二铵50千克、尿素30千克/亩)、中量B2（磷酸二铵30千克、尿素20千克/亩)、低量B3（磷酸二铵10千克/亩、尿素10千克/亩)，将1年和2年2种苗龄的甘草移栽1年后测定地下生物量（3米^{2}平均值)，用两向表对1年株龄、2年株龄甘草的裂区试验区组进行产量分析。结果表明，不同灌水、施肥量对甘草根和根茎产量的影响均已达到显著水平，见表3-16、表3-17。

表3-16　灌水施肥对1年株龄甘草根量的影响

Table 3-16　Yield analysis between treatments of irrigating and fertilization of annual *G. uralensis*

处理方式	根量（千克）			
	B1	B2	B3	B4
A1	2.665	2.325	2.26	7.25
A2	3.1	2.705	2.29	8.095
A3	2.54	1.935	1.52	5.995
TB	8.305	6.965	6.07	21.34

表3-17　灌水施肥对2年株龄甘草根量的影响

Table 3-17　Yield analysis between treatments of irrigating and fertilization of biennial *G. uralensis*

处理方式	根量			
	B1	B2	B3	B4
A1	5.7	4.5	5.25	15.45
A2	6.105	5.475	5.1	16.58
A3	4.65	4.2	3.3	12.15
TB	16.455	14.175	13.65	44.28

2. 不同灌水、施肥量对甘草各商品等级草产量（鲜重）的影响　见图3-7、图3-8、图3-9、图3-10。将1年和2年龄甘草苗分别移入试验地，于第二年10月取100株测定其各等级草产量。

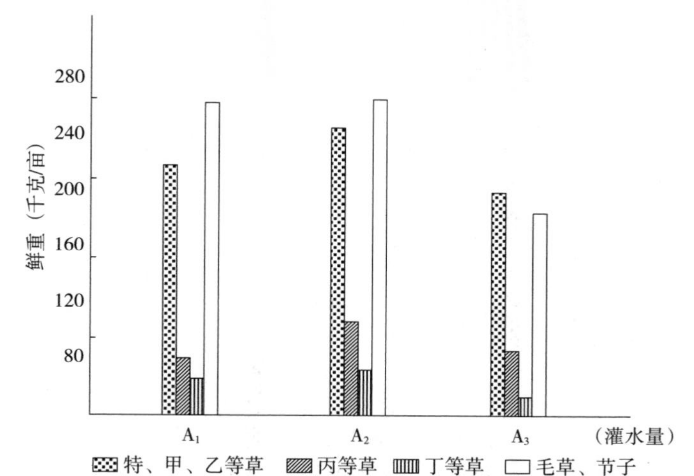

图 3-7　1 年株龄甘草不同灌水量的各商品等级草产量比较

Fig. 3-7　Yield comparation of annual *G*. *uralensis* in different irrigation quantity

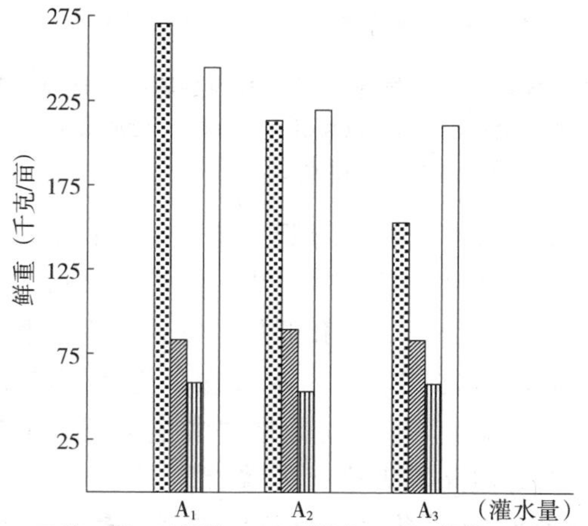

图 3-8　2 年株龄甘草不同灌水量的各商品等级草产量比较

Fig. 3-8　Yield comparation of biennial *G*. *uralensis* in different irrigation quantity

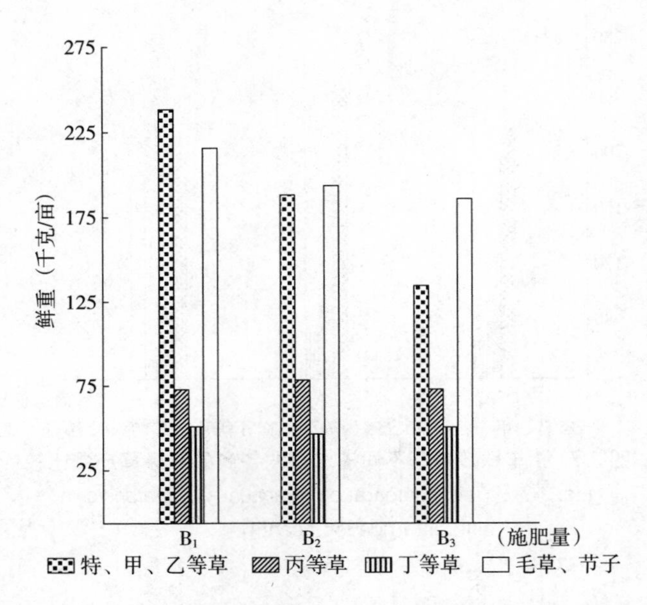

图 3-9　1 年株龄甘草不同施肥量的各商品等级草产量比较
Fig. 3-9　Yield comparation of annual *G. uralensis* in different fertilization quantity

试验和调查结果表明：在中等肥力条件下，甘草亩产量及各等级草产量与灌水、施肥的反应效果为：①灌水 2 次的优于 1 次和 4 次；②施肥多量的优于中量和低量；③由于灌水和施肥交互作用不存在，因此应取加式，即灌水 2 次，施底肥磷酸二铵 50 千克/亩，追尿素 30 千克/亩。也就是“多量施肥、中量灌水”，即可获得高产，同时使高等级草产量增加。

3. 不同灌水量和施肥量对甘草总出成率的影响　处理两向表及显著性检验说明，1 年苗龄和 2 年苗龄甘草定植一年后在不同灌水量间总出成率达到 a=0.05 显著水平，而不同施肥量间的总出成率差异性却不显著。

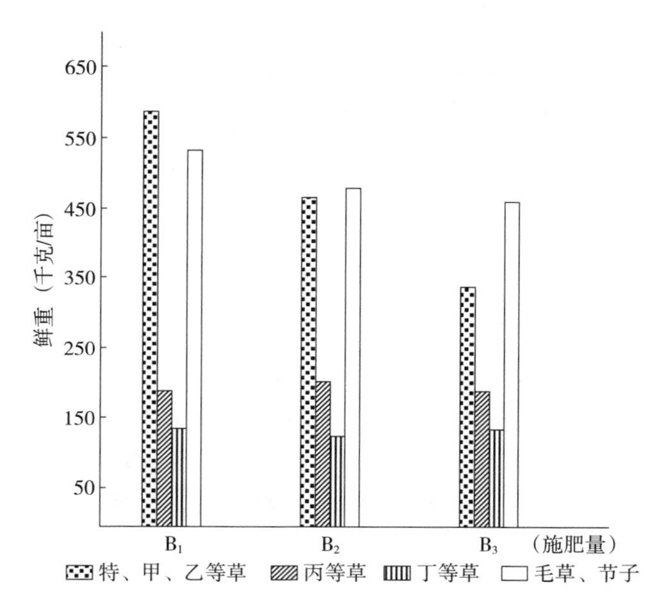

图 3-10 2 年株龄甘草不同施肥量的各商品等级草产量比较

Fig. 3-10 Yield comparation ofbiennial *G. uralensis* in different fertilization quantity

表 3-18 1 年株龄甘草灌水量与施肥量处理后总出成率处理两向表

Table 3-18 Total benefits analysis between treatments of irrigating and fertilization of annual *G. uralensis*

A	B			TA
	B1	B2	B3	
A1	115.69	122.35	120.66	358.7
A2	112.86	107.92	111.09	331.87
A3	108.46	112.01	111.18	331.73
TB	337.01	342.36	342.93	10 022.3

甘草不同灌水后的总出成（总出成＝不同灌水的亩产量×不同灌水的平均出成率）见图 3-11、图 3-12。

表 3-19　2 年株龄甘草灌水量与施肥量处理后总出成率处理两向表

Table 3-19　Total benefits analysis between treatments of irrigating and fertilization of biennial *G. uralensis*

A	B			TA
	B1	B2	B3	
A1	151.54	161.59	159.33	4 728.46
A2	151.65	150.18	159.05	460.88
A3	143.82	141.45	140.73	426.00
TB	447.01	453.22	459.11	

研究和测试表明，不同灌水与甘草出成率的关系是：灌水 1 次高于 2 次，以灌水 4 次为最低，也就是灌水次数越多，甘草本身含水量加大，其总出成率就降低。对不同灌水的总出成进行分析，其结果与产量一致，即中灌水高于少灌水，多灌水的为最低。这就是浇中灌水既可获得高产，又能提高总出成。

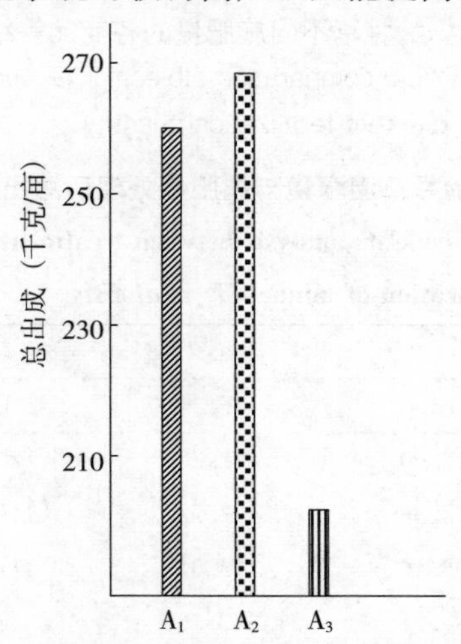

图 3-11　1 年龄甘草不同灌水量处理后的总出成

Fig. 3-11　Total benefits comparation of annual *G. uralensis* in different irrigating quantity

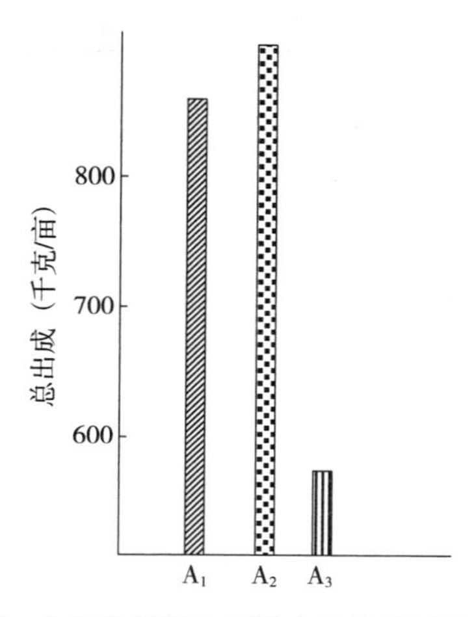

图 3-12　2 年龄甘草不同灌水量处理后的总出成

Fig. 3-12　Total benefits comparation of biennial *G. uralensis* in different irrigating quantity

4. 不同灌水量与施肥量对甘草主要化学成分的影响　以多、中、少 3 个级别对栽培甘草进行灌水和施肥，1 年和 2 年后取样化验分析甘草（根、根茎）主要成分，结果见表 3-20。

表 3-20　不同灌水与施肥条件下甘草的主要化学成分含量（%，重量法）

Table 3-20　Content of main chemical component of *G. uralensis* in different irrigating and fertilization treatments

处理	年限	淀粉及胶质	甘草酸	总灰分	酸不溶灰分	水溶性浸出物	水分
高 1	1	6.92	5.42	3.2	0.31	37.2	4.75
	2	6.02	6.45	3.54	0.54	39.42	5.49
高 2	1	6.03	4.41	2.82	0.25	45.04	4.26
	2	4.42	3.77	3.17	0.43	38.13	4.82
高 3	1	6.63	5.97	3.11	0.35	44.33	4.93
	2	5.66	6.28	3.65	0.57	40.09	5.18

（续）

处理	年限	淀粉及胶质	甘草酸	总灰分	酸不溶灰分	水溶性浸出物	水分
中 1	1	5.69	4.10	2.98	0.26	40.3	4.07
	2	4.13	3.86	3.02	0.39	40.28	4.9
中 2	1	6.03	3.89	2.09	0.33	42.75	5.3
	2	6.22	4.79	3.11	0.32	40.62	4.63
中 3	1	5.75	4.07	2.95	0.33	36.2	4.68
	2	5.78	5.64	3.3	0.5	35.3	4.94
低 1	1	5.61	5.05	2.93	0.3	41.96	5.23
	2	5.66	6.3	3.2	0.32	36.58	4.63
低 2	1	6.09	4.61	2.88	0.18	40.00	4.55
	2	4.09	4.38	3.37	0.37	44.24	4.78
低 3	1	6.57	5.33	2.75	0.2	41.03	4.41
	2	6.52	5.58	3.42	0.5	38.65	5.29

注：表内数据为测定 3 次的平均值。

从表 3-20 得知，总灰分、酸不溶灰分、水溶性浸出物及水分含量，在不同处理间均符合国家药典及栽培甘草质量标准。而甘草酸的含量，变幅在 3.77～6.45 之间，可以看出，随着甘草株龄的增加，其含量呈规律性增加，2 年龄较 1 年龄的成分含量高，种植 2 年较种植 1 年含量高。

5. 综合性状分析　移苗平栽的商品甘草，主根呈圆柱形，两端粗细相近，长 20～50 厘米，直径 0.7～3.0 厘米。外皮较野生甘草光滑、坚实、细腻，红棕至灰棕色，具明显突出的横生环纹皮孔，纵皱纹较野生甘草少而浅，并具稀疏的细根痕，两端切面平齐，切面中央凹陷，质坚硬，似柳木重；断面纤维性大，粉性足、黄白色，皮部与木部界线明显，皮部黄白色，木部类白色，形成层部位黄棕色，有明显的圆形环，且断面具菊花心，常形成细小的裂隙；具特异的香味，味甜而独特。总之，移苗平栽甘草商品性状与野生甘草相比无大的差异。

以上论述可以看出，移苗平栽甘草在选好土地、施足肥料、精耕细作的基础上，不论是1年苗龄和2年苗龄移苗平栽，以“多量施肥、中量灌水”，不但可以获得高额产量和高等级商品草，且出成率和所产出的商品甘草性状与野生甘草相近。

六、人工种植甘草田的杂草防除

（一）栽培甘草田的杂草种类

据调查，东北、华北、西北地区栽培甘草田共有杂草26科，74种，其中对甘草能形成草荒的杂草主要有节节草、扁蓄、水蓼、盐爪爪、碱蓬、马齿苋、田旋花、蒲公英、大子蒿、蒺藜、苦豆子、白草、冰草等20余种。

栽培甘草田的主要杂草有：

一、木贼科　Equlsetaceae

1. 节节草　*Equisetum pratense*

二、蓼科 Polygonaceae

2. 扁蓄　*Polygonum aviculare* L.

3. 水红花　*P. oricntalc* L.

4. 水蓼　*P. hydropiper* L.

5. 西伯利亚蓼　*P. sibiricum*

三、藜科 Chenopodiaceae

6. 盐角草　*Salicornia curopaca* L.

7. 细枝盐爪爪　*Kalidium gracile* Fenzl

8. 盐爪爪　*K. foliatum*（Pall.）Moq

9. 尖叶盐爪爪　*K. cuspidatum*

10. 西伯利亚滨藜　*Atriplex sibirica* L.

11. 灰绿藜　*Chenopodium glaucnm* L.

12. 尖头叶藜 *Ch*. *acuminatum* Wild.

13. 藜 *Ch*. *album* L.

14. 碱地肤 *Kochia sieveosiana*

15. 雾冰藜 *Bassia dasyphylla*（Fisch. et. Mey.）O. Kuntze.

16. 碱蓬 *Suaeda glauca*（Bge.）

17. 盐地碱蓬 *S*. *salsa*（L.）Pall.

18. 蛛丝蓬 *Micropeplis arachnoidea*（Moq.）Bunge.

四、苋科 Amaranthaceae

19. 反枝苋 *Amaranthus retroflexus* L.

五、马齿苋科 Portulacaceae

20. 马齿苋 *Portulaca oleracea* L.

六、石竹科 Caryophyllaceae

21. 王不留行 *Vaccaria segcfalis*（Neck.）Garcke.

七、毛茛科 Ranunculaceae

22. 黄花铁线莲 *Clematis intricate* Bge.

23. 黄戴戴 *Halerpestes ruthenica*（Jacq.）Ovcz.

24. 回回蒜 *Ranunculus chinensis* Bge.

八、十字花科 Cruciferae

25. 风花菜 *Raorippa rlustris*（Leyss）Bess

26. 宽叶独行菜 *Lcpidium latifolium* L.

九、蔷薇科 Rosaceae

27. 鹅绒委陵菜 *Potentilla anserina* L.

十、豆科 Leguminoeae

28. 苦豆子 *Sophora alopecuroides* L.

29. 披针叶黄华 *Thermopsis lanceolata* R. Br

30. 紫花苜蓿 *Mcdicago sativa* L.

31. 草木樨 *Melilotus suaveolens* Ledeb.

32. 细齿草木樨 *M*. *dentatus*（Waldxet kit）Pers.

33. 苦马豆　*Swainsona salsula*（Pall.）Taubert.
34. 小花棘豆　*Oxytropis glabra*（Lam.）DC.
35. 长萼鸡眼草　*Kummerowia stipulacca*（Maxim.）Makino
十一、蒺藜科　Zygophyllaceae
36. 白刺　*Nitraria sibirica* Ball
37. 骆驼蒿　*Peganum nigellastrum* Bunge
38. 蒺藜　*Tribulus terrestris* L.
十二、大戟科　Euphorbiaceae
39. 地锦　*Euphorbia humifusa* Willd.
十三、柽柳科　Tamaricaceae
40. 红柳　*Tamarix ramosissima* Ledcb.
十四、报春花科　Primulaceae
41. 海乳草　*Glaux maritima* L.
十五、白花丹科　Plumbaginaceae
42. 黄色补血草　*Limonium aurcum*（L.）Hill.
43. 二色补血草　*L. bicolor*（Bungc）O.
十六、萝科　Asclcpiadaceae
44. 地梢瓜　*Cynanchum thesioidcs*（Frcyn.）K. Schum.
十七、旋花科　Convolvulaceae
45. 田旋花　*Convolvulus arvensis* L.
46. 菟丝子　*Cuscuta chinensis* Lam.
十八、紫草科　Boraginaceae
47. 砂引草　*Mcsserschmidia sibirica* L.
十九、唇形科　Labiatae
48. 脓疮草　*Panzeria alashanica* Kupr.
二十、玄参科　Scrophulariaceae
49. 野胡麻　*Dodartia orientalis* L.
二十一、车前科　Plantaginaceae
50. 平车前　*Plantago depressa* Willd.

二十二、菊科　Compositae

51. 欧亚旋覆花　*Inula britanica* L.

52. 蓼子朴　*Inula salsoloides*（Turcz）Ostenf.

53. 苍耳　*Xanthium sibiricum* Patrin.

54. 艾蒿　*Artemisia arogyi* Levl. et Vant.

55. 砂蓝刺头　*Echinops gmelini* Turcz.

56. 小蓟　*Cirsium segetum* Bungeinmen.

57. 大蓟　*Cirsium cetosum*（Willd.）MB.

58. 草地风毛病　*Saussurea amara*（L.）DC.

59. 蒲公英　*Taraxacum mongolicum* Hand-Mazz.

60. 碱蒲公英　*T. sinicum* Kitag.

61. 荬苣菜　*Sonchus oleraccus* DC.

二十三、水麦冬科　Juncaginaceae

62. 水麦冬　*Triglochin palustrc* L.

二十四、禾本科　Gramineae

63. 芦苇　*Phragmites australis*（Cav）.

64. 披碱草　*Elymus dahuricus* Turcz.

65. 芨芨草　*Achnatherum splendens*（Trin.）Nevski.

66. 小画眉草　*Eragrostis poaeoides* Beauv.

67. 虎尾草　*Chloris virgata* Swartz. Fl.

68. 稗　*Echinochloa crusgalli*（L.）Beauv.

69. 狗尾草　*Setaria viridis*（L.）Beauv.

70. 赖草　*Aneuroepidium dasystachgs*（Irin.）.

71. 拂子茅　*Calamagrostis epigejos*（L.）Roth.

二十五、莎草科　Cyperaceae

72. 寸草苔　*Carex duriuscula* C. A. Mey.

二十六、鸢尾科　Iridaceae

73. 马蔺　*Iris lactea pall*. Var. *chinensis*.（Fisch.）Koidz.

（二）杂草对甘草田的危害

杂草具有多实性（一般禾本科杂草 1 万～10 万粒/株），种子寿命长（如马齿苋寿命可达 40 年），繁殖方式多样（种子繁殖、根茎繁殖、根繁殖），适应能力强（耐干旱、低温、盐碱和贫瘠的土壤）和传播途径广等特点，使甘草田每年都有种类繁多、数量不少的杂草生长，致使大片甘草严重减产、质量下降。

杂草对甘草的危害主要表现在：一是争水、争肥、降低甘草产量。据报道，每亩有 13.3 万株杂草，能消耗相当于硫酸铵 45 千克，过磷酸钙 12 千克，硫酸钾 18 千克。调查表明伊克昭盟甘草田的杂草密度平均为 200 株/米^2 左右，接近每亩 13.3 万株，东北、华北地区的熟地杂草更加密，每平米达 300～500 株。这样本来贫瘠的土地就更加贫瘠。加之大多杂草的蒸腾强度都大于甘草，消耗水分远远高于甘草，本来缺水的荒漠土地成倍地增加灌水次数和灌水量，增加了管理成本，而降低了甘草产量。二是杂草争光，影响甘草充分的光合作用，降低了甘草有效成分的含量。三是增加了甘草田间管理的难度，提高了生产成本。

（三）杂草的防除

1. 土地选择　减少多年生蓄根杂草如白草、冰草、田旋花等杂草的危害，主要是在选地时加以注意，以免在对甘草栽培管理中出现以宿根性为主的杂草群落。

2. 肥料腐熟　甘草田里藜科、苋科、马齿苋科的杂草主要来源于羊、牛粪中，所以施用肥料一定要腐熟，杀死杂草种子。

掌握上述群落和消长规律，可为人工防治和化学防治甘草田间杂草提供依据。

（四）化学除草技术

人工锄草是最繁重的田间管理工作，一般一年要进行 4～5

次。而关于甘草化学除草配套技术仅见北京大兴时珍中草药技术有限公司于1992—1995年进行了甘草田间杂草化学防治试验报道，下一节将详细论述。

七、甘草机械化播种采收技术

新疆生产建设兵团农一师三团，将气吸式播种机的播种备用盘按照甘草种子直径大小进行钻孔，根据留苗密度调整转速，改装后播种甘草效果较好，每亩播种量可以控制在100～200克之间，深度也可以调整到3厘米左右。在目前用作甘草播种的专用工具尚未问世时，该机可作为大面积播种甘草的替代机械。北京时珍中草药技术有限公司研制的第三代1.2米宽五行精量播种机每年为甘草种植户播种上万亩，大大提高了功效，节约了劳动成本。

对于甘草的中耕，一年龄甘草苗可用一般的中耕机中耕，二三年龄甘草，可在土壤化冻后用耙耙地一遍，不用进行中耕，也可促进地下根茎萌蘖。

内蒙古赤峰市农机研究所研制成功的GQ-100型甘草起苗机，已通过了技术、生产两项鉴定，并投入了批量生产。该机配套动力为东方红807/75拖拉机，作业效率为5亩/小时，是人工作业效率的数倍以上，亩作业成本为人工的2%。该机设计新颖、简单、安全系数高，总体配置合理，一次可完成松土（深60厘米）、断根、起苗作业，切根齐、不撕皮、不伤根茎、商品率高。省工、省时、成本低。

北京时珍中草药技术有限公司研制的第五代甘草采收专用犁，可采收50厘米宽、50厘米深的甘草地，丢失率可控制在10%以内、损伤率在10%以内，已大量供给种植户，每台3 500元，每天可采挖30～50亩。

甘草的移栽可以使用山东兖州矿山设备厂研制出的用于马铃

薯、大葱、林木等深根茎作物种植开沟机，其效率比人工提高40倍，而费用只有人工的1/15。但连续性较差，对苗子质量要求较高。

用小四轮拖拉机开沟，人工摆苗盖土是较好的大田操作办法。

第三节　乌拉尔甘草大面积栽培技术规程

笔者1991年开始对华北、东北、西北野生甘草资源进行考察后，决定研究乌拉尔甘草野生变家种技术，得到原国家医药管理局及中国医药研究开发中心领导的支持和拨款资助，1993年在北京昌平、大兴大面积成功种植300亩，研究了一套乌拉尔甘草的高产优质综合配套栽培技术并在华北、东北、西北推广。从1993年到2008年15年间，每年投资种植300～1 000亩，作为一项成熟的栽培技术向全国适宜及道地产区推广种植，每年约推广5 000～30 000亩，给社会创造3 000万～1亿元人民币的产值。目前，该技术已推广到11个省、自治区，建立了500多个连锁乌拉尔甘草种植基地，累积推广达20万亩，带动了我国家种乌拉尔甘草事业的蓬勃发展，家种甘草产品畅销国内外。

一、乌拉尔甘草大面积种植基地选择评估

在乌拉尔甘草下种之前，我们要对甘草种植基地进行25项的严格评估，详见表3-21。

表3-21是北京时珍中草药技术有限公司十多年来根据各连锁基地的种植经验总结的25项评测项目。在药材种子下种之前，我公司要派专业技术人员对种植户的各项指标进行面对面评估，看天看地看人，三者缺一不可。经我们严格评估，达到75分以上的种植户种植成功率达80%以上，非常科学可行。望100亩

以上大型甘草种植基地投资者与我们联系，参照执行。

表 3-21　连锁乌拉尔甘草种植基地下种前评估表

Table 3-21　Evaluation on chain planting base of *G. uralensis* before planting

咨询电话：（010）61259631　13501072627

种植户：　　　　　　种植地点：　　　　　　　种植时间：

三要素	编号	评估项目	1分（极差）	2分（差）	3分（及格）	4分（良）	5分（优）	综合评定
人	1	投资人资金状况						
	2	投资人农业素质						
	3	投资人心态						
	4	投资人身体状况						
	5	投资人能否亲临现场						
	6	委托管理人员素质						
	7	田间操作工人素质						
	8	基地水电机械设备，农资状况						
地	9	土地的地理位置，面积						
	10	土地在当地的等级						
	11	土地的土质状况						
	12	前茬种植何作物						
	13	土壤是否有农残						
	14	地下水位的高度						
	15	地下水是否有盐碱等						
	16	是否有浇水条件						
	17	是否有排水条件						
	18	当地有无种药材的历史						
	19	前茬是否使用除草剂						

（续）

三要素	编号	评估项目	1分（极差）	2分（差）	3分（及格）	4分（良）	5分（优）	综合评定
天	20	当地光照情况						
	21	当地积温，倒春寒次数时间						
	22	年平均降雨量						
	23	年降雨时间，次数						
	24	当地无霜期天数						
	25	当地风力，风向，沙尘暴次数						

备注：①此表是本公司经过15年的研究成果而制成。一定要做到天时地利人和才能下种。

②经评估达到75分以上的基地，可以按计划种植，调整不利项目。

③经评估达不到75分的基地，减少种植面积，调整不利项目，或终止种植项目。

二、乌拉尔甘草大面积栽培技术规程

（一）甘草种子处理技术及种子质量标准

甘草野生性极强，自然野生状态下，甘草要第三年才有少量能开花结子，并且结下的种子硬实率达95%。种子自然状态下播种，要在土里3～5年才能出芽。因此，想要发展甘草栽培，研究甘草种子技术是第一大难关。

我们利用最新生物技术对其种子进行研究，解决种子硬实率，提高种子发芽率和生长速度。为了提高甘草种子的发芽率及生长速度，我们采用4种方法进行试验，结果如表3-22。

从表3-22的结果可以看出，在大面积种植甘草处理种子时，宜采用化学药剂方法H来进行，如结合其他先进的生物技术拌种包衣，效果将更好，目前，北京时珍中草药技术有限公司研制成功包衣甘草种子，发芽率80%以上，净度90%以上，3片真叶成苗率达15%以上，已大量上市，受到广大种植户的好评。主产区的大部分种植户都使用这种高科技的包衣乌拉尔甘草种子。

表3-22　甘草种子化学方法和物理方法处理结果（1991—1994）

Table 3-22　Resluts of different physical and chemical treatments on seed of *G. uralensis*

处理方法	效果	发芽率（%）	损失率（%）	三片叶成苗率（%）	备注
化学方法G	无	0	0	0	
化学方法H	好	80	5	15	大面积生产采用此法
物理方法A	一般	75	10	10	
物理方法B	一般				

（二）甘草田间管理技术

甘草由野生变家种，要模拟野生甘草生长环境，适应其生长发育。我们在选择和布置试验基地时，基本安排在黄河流域及以北地区，河南省及以北地区，河南省以南地区考虑到其气候土壤不适宜其生长，而没有设点，但也不排除个别地区引种栽培的可能性。根据这些地区的土壤、气候及耕作灌溉方式等，甘草田间管理技术主要包括以下几方面。

1. 种子以及土壤处理技术　选地前应该进行前茬作物病虫害以及农药和除草剂使用情况调查，并进行土壤重金属、农残分析，病虫害多和重金属、农药、除草剂残留高的土壤不适宜种植。

土壤是植物生长的不可缺少的因子，目前用各种农田栽培甘草，受土壤中病害、虫害、微生物的影响，其中破坏最严重的是土壤中存在的虫害，严重影响甘草的出苗率，如土壤中的地下害虫有地蛆，金针虫、地老虎、蝼蛄等。在大面积种植推广中，发现种子的成苗率极低，80%的种子发芽率，每亩地直播2.5千克种子，每千克种子约 8.5 万粒，每亩播入约 20 万粒种子，到 6 片真叶查苗时，每亩存苗为 2.5 万～3 万株，100 粒种子约 10 粒左右能成苗，如果播种技术不到位，或天灾人祸，还保不了 2.5 万株/亩的基本苗。为此，我们研究种子拌种剂及包衣技术。经多年试验，用农药、生长剂拌种的效果较好，有效地解决了地下害虫吃掉甘草幼芽幼苗。其结果如下：

表 3-23　各种农药拌种对甘草幼苗出土率的影响

Table 3-23　Effects of different pesticides on young seedling of *G. uralensis*

农药	甘草种子发芽率（%）	对地蛆效果	对金针虫效果	对地老虎效果	对蝼蛄效果	甘草幼苗出土率（%）
敌敌畏	90	一般	一般	一般	一般	70
辛硫磷	90	好	好	好	好	80
敌杀死	90	一般	一般	一般	一般	75

从表 3-23 的结果看，用辛硫磷拌种，可有效地杀死地下害虫，防止其伤害甘草幼苗，拿到 80%的幼苗出土率。在大面积生产上我们连续 3 年采用此方法，取得了较满意的大田效果。个别地块，地下有害病菌较多，也可用甲基托布津粉剂拌种，可有效杀死有害病菌，防止甘草幼苗的根腐病。我们正在研制推广甘草土壤处理剂，即可达到防虫防病的目的，又可加速其幼芽幼根生长，已完成田间试验工作正大面积推广。

另一种办法是采用毒土的办法杀死地下害虫。即可用农药拌上砂土，每亩用 2～3 两农药拌上 50～100 千克砂子，均匀撒于田间，然后翻地，将毒土翻到地下，使其挥发药性，杀死害虫。1994 年我们曾在北京顺义基地试验，由于金针虫十分厉害，甘草幼芽几乎在没有出土前就被其吃掉，损失惨重，用辛硫磷 200 克/亩拌毒土撒于田间也可解决问题。

2. 提高成苗率的综合配套技术

（1）土地选择和整地　甘草适应性广，对栽培要求环境要求不严格。在年平均温度 4～12℃，日照时数 2 600 小时以上的半干旱和干旱区均可种植，但甘草为深根性植物，选择有浇水条件且土地肥沃的土地最佳。在大面积推广实践中，最难的一件事情是甘草种植基地的选择，要综合考虑多种因素才能决定哪一块地种甘草。

表 3-24　北京市大兴区细沙土、水浇地甘草出苗情况

Table 3-24　Seedling of *G. uralensis* in different soil types in Daxing District of Beijing

地点	面积（米^2）	浇水方法	种子发芽率（%）	出苗率（%）
定福庄	6 770	喷后播	85	30
	6 770	喷后播再喷	85	40
北藏村	133 400	渠灌	85	75
魏善庄	133 400	渠灌	85	76
	133 400	喷后播	85	75

注：土壤均为细沙土，播量为 1.5 千克/亩。

（2）播种时间　甘草春、夏、秋均可播种，但经试验在 4～7 月播种出苗最好。各地可根据当地的气候、土壤等具体条件确定当地的播种时期。

表 3-25　不同播种时间对甘草苗情影响

Table 3-25　Effects of planting time on seedling of *G. uralensis*

基地	北京	山西寿阳	内蒙古海拉尔	河北冀县	河南南阳
3～5 月	好	一般	一般	好	好
5～7 月	好	好	好	好	好
8～10 月	好	好	一般	好	好
11 月到翌年 3 月	一般	一般	一般	一般	好

（3）播种技术　播种技术是种植成功的关键。我们试验了人工播种技术和机械播种技术，各有利弊，现分叙如下。

①人工播种技术。首先用平耙将土地整平；地块要细碎，不能有大块，然后用开沟器开沟，开沟器用角铁焊成。

开沟器每次可开四行，4 个齿的尺寸为：齿长 6 厘米，齿宽 3 厘米，这个尺寸在田间形成的沟深度约 2 厘米，行距 25 厘米，也可设计成 30 厘米行距，行距宽 5～10 厘米，有利于苗成后除草。用人工将种子均匀撒于沟内，每亩播种量约 1.5 千克（发芽率在 80%以上），如发芽率在 70%以上可播 2 千克。播完后，用脚跟将松土盖住种子，松土厚度约 4 厘米深，用脚踩实后，种子离土面的深度约 2 厘米深。为了保证种子与土壤充分接触，种子充分吸水发芽，必须用脚踩实播种行，否则将保不住全苗，被风干或风吹走种子。这是很关键的一个田间技术措施。播完后，当气温在 15℃左右时，甘草幼苗约 15 天左右出土，此时，应除草、打药、施肥等。

②机械化播种技术。用 55 型铁牛拖拉机或 802 型拖拉机后面挂一个 1.2 米宽 5 行精量播种机，调节精量播种机的种孔和播深到最佳位置，将开沟轮弹簧卸下，以开沟轮自重开沟可够 3 厘米深，后带镇压器。

机械化播种的优点是工效高，每天可播 100 亩以上，大面积生产可用此法。但其缺点是用种量大，每亩比人工播要多出 0.25～0.5 千克种子，个别行出苗不齐，不均匀，个别地块如整地不平整，可出现断垄现象。因此，应根据不同的地区采用不同的播种方式。

播种的深度是影响出苗率很重要的因素。我们的试验结果表明，甘草的播种深度适宜 2 厘米深，不宜超过 2 厘米，超过 2 厘米深，幼苗出土率明显降低，试验结果如表 3-26。

因此，甘草宜浅播，最佳深度为 2 厘米深，不宜深播，甘草幼芽茎伸长 2～3 厘米为宜，播深了，甘草幼芽顶不出土幼芽烂于地里，即使有极少数出了土，叶片也发黄，抵抗力差，也容易染病害死亡。

表 3-26　播种深度对甘草幼苗出土率的影响

Table 3-26　Effects of planting depth on young plant of *G. uralensis*

播种深度（厘米）	0	0.5	1.5	2.0	2.5	3.0	3.5	4.0
幼苗出土率（%）	0	40	75	80	60	30	10	5

（4）水浇地甘草保苗技术　甘草播种后一定要保证种子在湿土层中，这样种子才能发芽出土，如在干土层中，必须浇水。北方地区有少部分地有灌溉条件。通过我们在北京、河北、河南有水浇地的地区建立的甘草基地的试验，结果表明保苗成功率达70%以上。甘草种子经处理后，也可造成大面积损失和缺苗。有喷灌设施的土地，以先播种后喷水为好；用渠灌的地方可先浇水，等土地水分适宜，人进地里土不粘鞋为宜，即可开沟播种，如果先播种，后用渠灌水，就可能造成大水冲淤种子，埋得过深，种芽出不了土，或将种子冲走。不同地区浇水的方式均影响甘草的出苗率。

表 3-27　水浇地甘草基地出苗情况

Table 3-27　Young plant of *G. uralensis* in different irrigable land

基地	北京大兴	北京通县	北京平谷	北京顺义	河北冀县	河南西峡
土壤性质	砂壤土	壤土	壤土	壤土	粘壤	红壤土
浇水方式	渠灌	渠灌	喷灌	喷灌	渠灌	渠灌
播种时间	春季	春季	春季	春季	春季	春季
播种量(千克/亩)	1.75	1.75	1.75	1.75	1.75	1.75
种子发芽率（%）	85	85	85	85	85	85
幼苗出土率（%）	80	70	80	80	70	70
幼苗生长势	—	—	—	—	—	—

从表 3-27 结果看，水浇地甘草幼苗出土率均在 70%以上，北方地区春季干旱少雨，土壤水分严重不足，水浇地种植甘草可解决此难题，对甘草中后期的生长提高产量特别有利。

（5）旱地栽培甘草保苗技术 北方地区大部分土地都浇不上水，这些地区都划为旱地，约占土地面积的 80%。由于旱地面积大，在北方地区旱地耕作方式和技术的研究显得尤为重要。因此，研究旱地甘草栽培技术是很重要的一步。为此，我们与中国农业科学院合作，在山西寿阳旱地农业开发区进行甘草栽培试验。另外，内蒙古海拉尔呼伦贝盟草原、北京昌平、大兴也设立了旱地甘草试验区，均取得了成功。

旱地栽培甘草，最关键的是选择适宜的播种时间，最好是下雨的前后播种为宜，如果土壤墒情不好，即使播下种子，也出不了苗。在山西寿阳旱区试验基地，获得的结果如表 3-28。

表 3-28　旱地甘草播种时间与出苗率的关系

Table 3-28　Relationship between planting time and young plant growth in dry land

月份	3	4	5	6	7	8	9	10	11
出苗率（%）	0	0	70	75	75	80	80	0	0

山西寿阳是较典型的旱地农业区，表 3-28 的结果大致可以看出，在该地区，甘草宜夏播和秋播，以秋播出亩率、保苗率最高。在北京地区和河北地区，4 月中下旬，就有小雨，最佳播种时间可选在 4 月底 5 月初。内蒙古海拉尔呼伦贝尔盟草原最佳的播种时间可选在 5 月中下旬或 6 月初。根据我们初步的试验结果，发现海拉尔呼伦贝尔盟草原具备种植甘草的天然条件，在该地区可提倡大力发展种植甘草。

（6）地膜覆盖技术　北方地区早春沙土保墒、保温性差，并伴有多次沙尘暴和早春寒流侵袭，常使甘草栽培的出苗率及成苗率很低，影响产量及质量。为了提高乌拉尔甘草直播成苗率，笔者在北京市房山区窦店镇进行了地膜覆盖技术对甘草的成苗率影响的研究。

采用内蒙古采集的野生的乌拉尔甘草种子，经化学处理并包衣。播种采用条播，先将地耙平、耙细，用开沟器开沟，每小区

8 行，将种子按照 90 克/小区，均匀撒在沟内、覆土、踏实，然后将出来区覆膜。结果表明，盖膜区地下 5 厘米处与裸播区地下 5 厘米的温度明显比不盖膜的温度高一些，并稳定一些，特别是早春寒流和沙尘暴侵袭的时候可有效的提高地温，保护甘草幼苗的正常生长，并且膜内表挂满了水珠，水珠又滴回到土壤中，说明覆膜保墒的效果相当好（表 3-29）。

表 3-29　盖膜区与裸播区温度变化情况表

Table 3-29　Change of tempreture in velum and exposed areas

测温时间	早 8：00			午 12：00			晚 22：00		
日期	覆膜区膜内表面温度（℃）	覆膜区地下 5 厘米温度（℃）	裸播区地下 5 厘米温度（℃）	覆膜区膜内表面温度（℃）	覆膜区地下 5 厘米温度（℃）	裸播区地下 5 厘米温度（℃）	覆膜区膜内表面温度（℃）	覆膜区地下 5 厘米温度（℃）	裸播区地下 5 厘米温度（℃）
3.19	11	7	7	37	10	14	7	11	9
3.22	7	7.5	6.5	36	16	15	9	10	7
3.25	8	6	2	34	15	13	9	10	6
3.28	11	8	2	45	17	11	11	15	4
3.31	12	10	9	45	20	14	11.4	19	13
4.03	18	17	14	27	23	21	17	20	18
4.06	15	13	11	26	17	15	12	15	11
4.09	15	15	10	33	15	11	4	18	12
4.12	17	13	11	48	29	23	12	20	16
4.15	22	16	14	30	23	21	12	18	15
4.18	25	15	12	58	22	25	18	22	19
4.21	17	24	15	27	19	21	17	17	16
4.24	22	12	9	40	20	23	15	18	13

分期播种的甘草，无论那一个时期播种的甘草种子，盖膜的比裸播区的发芽早 10 天左右，并且出苗整齐一致，裸播区出苗

率低，且由于干旱和倒春寒导致种子大部分死亡（表 3-30）。当覆膜区的幼苗长到三片真叶时，叶面油亮墨绿，而裸播区只有 1～2 片真叶，且覆膜区的幼根长达 15 厘米，裸播区的幼根长只有 9 厘米左右。

表 3-30 不同播期盖膜区与裸播区 2 片子叶出苗率观察结果

Table3-30 Cotyledon ratio of different planting time in velum and exposed areas

播种期	盖膜测定日期	盖膜区的平均出苗率（%）	裸播区的测定日期	裸播区的平均出苗率（%）
3 月 30 日	4 月 13 日	27.45	4 月 13 日	13.78
4 月 5 日	4 月 18 日	33.09	4 月 18 日	1
4 月 11 日	4 月 20 日	21.82	4 月 26 日	10.92
4 月 17 日	4 月 26 日	21.49	5 月 5 日	18.3

注：所有裸播区的甘草幼苗均比盖膜区出苗晚 10 天左右，4 月 5 日裸播区的种子因干旱大部分死亡。

表 3-31 不同播期地膜覆盖甘草 3 片真叶期与同期裸播区 2 片真叶期成苗率及平均幼根长比较

Table 3-31 Seedling ratio and radicle length for three-leafs in velum and two-leafs in exposed areas at the same time

播种期	各项指标测定日期	盖膜区 3 片真叶成苗率（%）	盖膜区平均幼根长（厘米）	裸播区 2 片真叶成苗率（%）	裸播区的平均幼根长（厘米）
3 月 30 日	5 月 3 日	25.16	15.13	12.85	9.1
4 月 5 日	5 月 8 日	28.41	14.8	0.92	10.03
4 月 11 日	5 月 13 日	18.97	12.86	1.54	7.45
4 月 17 日	5 月 16 日	20.49	14.53	10.54	9.55

（7）除草技术　春季甘草幼苗期生长缓慢，10～15 天才出 2 片子叶，以后 7～10 天才长出一片真叶，5～7 天长出第二片真叶，3～5 天长出第三片真叶，以后每 3～5 天长出一片真叶，死苗的过程大多数在 3 片真叶以前，约占死苗数的 90%以上，3～

6片叶期死苗的数量就很少了，到6片真叶以后，就不死苗了，随着气温升高，甘草的生长速度加快。

在1～6片叶期以前，杂草的生长比甘草生长快。在大面积田间栽培时，如不考虑及时防治杂草的危害，甘草幼苗让杂草全部覆盖而死亡，将会造成巨大的损失，因此，在大面积生产实践中，甘草田间除草是一个难题。人工除草是最繁重的田间管理工作，一般要进行4～5次。

从1996年开始，我们研究甘草苗期除草的技术，筛选国内外可以用于甘草田的除草剂，试验结果见表3-32。

表3-32　除草剂对甘草的影响及除草效果

Table 3-32　Effect of herbicides on growth of *G. uralensis*

除草剂	处理时间	剂量（毫升/亩）	甘草幼芽苗症状	除草效果
氟乐灵	播前5～7天	48%的氟乐灵 80～110	芽、苗正常	禾本科杂草和小粒种子的蓼、马齿苋均抑制出土
草甘膦	出苗前3天	10% 水剂 100～150	芽死、苗死	出土杂草均死
百草枯	出苗前3天	20% 水剂 100～150	已出土苗死，没有出土芽活	对所有出土杂草有杀死作用
盖草能	幼苗出土后—封垄前后	21.5% 乳油 40～80	芽苗正常	一年生禾本科杂草死
拿捕净	幼苗出土后—封垄	20% 乳油 70～130	芽苗正常	一年生禾本科杂草死
拉索	播后苗前	43% 乳油 260～300	芽死	多数一年生禾本科杂草和某些双子叶杂草死

试验结果表明，以上6种除草剂中拉索、草甘膦不能使用。百草枯由于接触土壤即失效，对尚未出土的甘草幼芽没有影响，在甘草幼芽出土前可施用百草枯杀死已出土的任何杂草，对早春

杂草拉拉秧有效。盖草能、拿捕净、氟乐灵对甘草完全可以使用。但我们选择的除草剂只能防除部分杂草，为了做到灭除田间全部杂草，最佳的方案是化学除草和人工除草相结合，具体做法：播前5～7天用48%氟乐灵乳油80～110毫升/亩封闭，播后幼苗出土前根据草情在苗前3天用百草枯100～150毫升/亩喷雾1次，杀死早春杂草，但必须在幼芽出土前使用。幼苗出土后至封垄前根据杂草情况用盖草能100～150毫升/亩喷雾2～3次。一般做到化学除草3次，人工除草2～3次即可除净甘草田中杂草。第二年春甘草苗返青早、生长快，6月15日前后人工除草1次，化学除草1次即可封垄。

还有资料报道，在甘草出苗前20天左右可使用封闭式除草剂乙草铵进行地面喷雾，把杂草闷死在地里，如喷施得当，可保持地内50天无杂草。生长阶段田内仍有杂草，可选用盖草能、盖草灵、功克等，使用方法一定按药物使用说明操作。

(8) 病虫害防治技术 甘草幼苗出土前，由于地下害虫的破坏，可能导致出苗率很低，这在前章已有论述。甘草细苗出土后（4月份）到秋季茎叶枯萎（10月份），有几种常见的病虫害应值得注意。甘草2片子叶打开后，此时正值地温回升期，在土里冬眠一年的害虫陆续从地里爬出，危害甘草幼苗的害虫主要有金针虫、地老虎、蝼蛄、地蛆，可用90%敌百虫100克/亩加5～8千克鲜饵，用水拌匀后于清晨或傍晚撒于地面诱杀，也可用25%澳氢菊酯10～20毫升/亩，兑水25千克喷雾1～2次。如发现甘草幼苗生长异常，幼根变褐色，应田间喷雾甲基托布津50%的湿性粉剂500倍液，防治根腐病，增强甘草的抵抗力。此外，灰地象虫出土后见青就吃，危害颇大，应及时用敌杀死田间喷雾1～2次，杀死地象虫。锈病、白粉病可用15%的粉锈宁800～1 000倍液喷雾。褐斑病可用7.5%的甲基托布津1 500倍液喷雾。叶蝉可用2.5%的溴氰菊酯1 000倍液喷雾。5～6月份是青菜虫和蚜虫活动时期，一旦发现要尽快喷施敌杀死和氧化乐果液，一般要连续喷 3～5 次才能彻底杀死。这两种虫害对甘草地上茎叶危害极大，应及时打药不能有误。

甘草病虫害防治技术要点：

①种子用辛硫磷拌种，以在甘草发芽期、苗期防治地下害虫。

②1～6 叶期，防治早春地上害虫。如灰象用敌杀死防治。

③封垄后，茎叶旺盛生长期，5～6 月，有蚜虫，用氧化乐果每 2 000 倍液防治 1～3 次。

④6～7 月，甘草地有青虫发生，用溴氢菊酯 1 500 倍液喷雾 1～3 次防治。

⑤西北宁夏地区严重的虫害有胭蚧和跳甲，较难防治，可药剂灌根。

（9）施肥管理技术　施肥技术是影响甘草产量很重要的因素。甘草的栽培种植中，底肥以农家肥 1 000～2 000 千克或磷酸二铵 15～50 千克/亩最佳，深耕 40 厘米以上。甘草出苗后，1～6 片真叶期结合锄草，追施 7.5～10 千克/亩尿素，此时薄沙土地正值干旱季节，应及时浇水，促苗早发。6 叶期直播地及时间苗定苗。15 片真叶后到茎叶封垄前追施尿素和磷酸二铵各7.5～10 千克，保证甘草苗迅速生长封垄。第二年追施磷酸二铵 15 千克、尿素 7.5 千克并浇水。

在北京大兴区马村，笔者进行了连续 2 年的施肥试验，选用的肥料有磷酸二铵、尿素、硫铵、碳酸氢铵和农家肥。大兴马村大田有机质含量约 0.75%，土壤含砂量约 70%，属砂性壤土。用每亩有机肥 2 米^3，尿素 10 千克作底肥。在间苗补苗后封垄前（约 5 月底、6 月底）浇水时试验小区分别追施以上 4 种化肥，每亩用量 15 千克，第一年取小区部分根称重，第二年春季，当甘草苗出齐时，又浇水追施以上 4 种化肥，每亩用量 15 千克封垄以后，不再施肥，第二年秋季收获所有小区的甘草，产量结果如表 3-33 所示。

表 3-33 栽培 2 年甘草施肥与产量的关系（千克/亩）

（北京大兴马村）

Table 3-33 Relation between yield and fertilization of biennial planting *G. uralensis*

不同肥种	磷酸二铵	尿素	硫酸铵	碳酸氢铵
一年生	250	250	220	200
二年生	380	380	320	300

从栽培 2 年的试验结果看，以磷酸二铵和尿素的效果为好，尿素比磷酸二铵价格便宜一些，大面积生产可采用尿素追肥。由于大兴马村属砂壤土，有机质含量偏低，因此，试验结果产量并不算高，而我们在昌平沙河的试验基地测产的结果表明，二年生大面积平均产量达干根 450 千克/亩。因此，在种植甘草选择地块时应选择上层深厚，砂质壤土，有机质含量高的地块来种植，可获较高的产量和较高的经济效益。

（三）机械化采收技术

甘草属深根性药材，主根长达 1.0～1.5 米，直播 2～3 年生的甘草长约 50～150 厘米长，头直径约 1.5～2.5 厘米，单株约重 20～500 克。每亩测产，每亩鲜根重约 1 000～1 500 千克，主根重约 700～1 200 千克，横茎 500～700 千克。此外，横茎在地下 5 厘米处匍匐生长，纵横交错，因而大面积采收必须用机械收获，且机械收获效率高，主根和横走茎损伤少。

机械收获办法是，用一台 55 型拖拉机，后面挂一个犁，每次只翻一犁土和甘草，人工用四齿耙将甘草根捞出、捡尽，等捡干净后再犁第二犁，如此循环。一台拖拉机配备 10 个人工一天约可收获 10 亩地。而 10 个人工用锹挖一天最多可收获 1 亩地，是人工收获的 10 倍。犁的深度约 45 厘米，45 厘米以下的须根收不到也损失不大。

从1994年北京时珍中草药技术有限公司开始研究甘草采收专用犁，经过十多年的不断改进，根据不同的土质、不同的动力组合，研制了多种“甘草专用犁”及采收技术（见第六章彩图）。

第四节　乌拉尔甘草规范化栽培技术要点

北京时珍中草药技术有限公司经十多年的研究，总结了一套乌拉尔甘草综合配套栽培技术，其核心内容是：选地技术、种子处理技术、保苗技术、化学除草技术、机械化采收技术。这五项技术成龙配套，是甘草大面积栽培成功的关键。现分述如下：

一、选地整地

1. 选地　选择土地肥沃、宿根性杂草少、有排灌条件的黑油砂土地或砂壤地种植甘草。前茬最好是玉米、小麦、瓜菜类熟地，不能选择杂草多的荒地、干旱地、涝洼地、重盐碱地种植甘草，即使种也长不好。种植甘草选地技术是关键，选好一块地等于成功了一半。

2. 施底肥、整地　选好地后，每亩撒肥15千克磷酸二铵作为基肥，也可施农家肥。然后深翻土地、东北地区可起垄，垄距60厘米左右，起垄要直，成龟背形；华北、西北、新疆的砂壤土可以采用平播技术，行距15～25厘米，机器、人工均可播种。

二、播种技术

1. 播种前的准备　播种前一天，将甘草种子100千克拌0.25千克辛硫磷乳液，目的是防止地下害虫吃掉甘草种子和甘草幼芽，拌好药后，用塑料布盖好种子，待播种。

2. 播种量　直播地每亩地3～5千克，育苗地每亩播种量5～10千克。种子经化学药剂处理包衣，种植户请认准北京时珍中草药公司“乌拉尔”种子商标。种子质量标准：发芽率60%～80%，纯净率90%～95%，发芽势＋＋＋，每千克种子10万粒左右，每千克种子价格为70～90元。

3. 播种方法　播种方法分为机械播种、人工播种两种方法。

机械播种：将拌好辛硫磷的甘草种子装入播种机种箱内，播种机一定要选用北京时珍中草药技术有限公司研制的宽幅1.2米、5行小型精量播种机（每台2 200元）。播种深度一定要严格控制在2.0～2.5厘米。约10天左右甘草幼芽陆续出土。

人工播种：东北地区在垄上开10厘米宽幅的小沟，沟深2～3厘米，用点葫芦或手将种子播在10厘米宽幅的沟内，人工覆土，覆土深度为2厘米，不允许超过3厘米。人工用脚踩实或磙子压实，10天左右甘草幼芽陆续出土。华北、西北地区平播时用人工开沟1～2厘米深，行距15～25厘米，人工将甘草种子撒入沟内，盖土1～3厘米深，踩实即可。

为了保证甘草出全苗，在干旱的年份，必须先在垄上灌水，然后再播种。如果有喷灌条件的，可播后喷水保墒。如没有浇水条件的旱地，可在雨后趁墒播种也能抓住全苗。

三、田间管理程序

①播种后第二天立即地面喷雾“甘草专用除草剂1号”和杀虫剂一次，两种药剂可一并喷施。

人工喷雾器或机械喷雾均可。配药的方法：每亩地“专用除草剂1号”200毫升＋杀虫剂100克＋30千克水混匀，地面全封闭喷雾。目的是封闭田间的种子杂草和杀死地上害虫。如果地上春季害虫很厉害，再喷一次杀虫剂。一般30天左右不进入田间。但农业技术人员必须每天例行检查甘草幼苗的生长情况并作文字记录。如果甘草幼苗已出土，不能喷“甘草专用除草剂 1 号”。

②15 天左右，甘草幼苗出土，打开 2 个子叶，第一片真叶陆续出来，此时，到田间观察甘草幼苗有少量死苗现象。在甘草幼苗长出 2 片真叶时，应打保苗剂，配方如下：

保苗剂每亩 100 克加水 30 千克喷在甘草小苗叶子上。将甘草幼苗迅速催起来并阻止甘草幼苗的死亡。如出现断垄现象，应及时组织人工补种断垄的部分，保证田间出全苗。补种是保证全苗的重要田间措施。

③当甘草幼苗出 3 片真叶时，开始要组织人工拔掉甘草田间的早春大杂草，不要用锄铲草，以免破坏专用除草剂的效果。

④当甘草长出 4～6 片真叶时，用人工顺垄开沟追施一次尿素，每亩地 5～15 千克左右。雨前雨后追施均可，也可结合人工除草将尿素埋入土里。

⑤甘草长出 6 片真叶时，直播地需要间苗，每亩地保苗 2.5 万～3.5 万株即可；育苗地一般不间苗，留苗 8～10 万株即可。此时，甘草幼苗的根长有 15 厘米左右，株高有 10 厘米左右，一般不会发生死苗现象。此时，田间保苗、除草算是成功。

⑥甘草长出 6～10 片真叶时，气温升高，田间杂草开始旺长，此时田间机械铲草或人工铲草 1～2 次，或打甘草专用除草剂 2 号、3 号 100～150 毫升/亩，结合除草再追施 5～10 千克尿素，使甘草幼苗迅速长起来，尽早封垄。

⑦甘草长出 6～15 片真叶时，此时可能发生蚜虫和青虫，一旦发生，应马上打药剂，刻不容缓，青虫用溴氢菊酯 100～150 克/亩叶面喷雾 1～3 次可解决；蚜虫可用氧化乐果 100 克/亩，1～3 次；两种虫子同时发生可将两种药剂一起混打。

⑧6～15 片真叶期，此时甘草生长旺盛即将封垄，应加紧追施一次尿素，每亩地 5～10 千克，并用人工或机械铲一次草。此时，即将进入雨季。铲草追肥后，在田间垄沟中再次喷施“专用除草剂 2 号或 3 号”100～150 毫升/亩，可抑制或杀死夏季单子

叶杂草和双子叶杂草的生长，此时的甘草根长应在 30 厘米以上，地上叶子生长旺盛，甘草封垄。

⑨甘草长出 15～20 片真叶期，甘草苗高达 30～40 厘米，甘草封垄。田间管理工作基本结束，派人看护即可。但还要密切注意杂草的长势，如果杂草多，还要人工拔除，雨季要及时排水，不能浸泡甘草根，否则会导致烂根。

⑩茎叶枯萎期。直播地到秋季，当地上茎叶干枯时可将其烧掉或割掉，有条件的地块可浇一次冻水。

⑪育苗地当年秋季可挖出甘草根，进行移栽，挖出的根芦头以上要留 5 厘米的茬和横走茎，甘草苗栽子在移栽前必须用“甘草专用壮根剂”浸沾 30 秒，防止烂根，促进根系生长。边挖边栽，最好不要假植，不允许将根苗芦头的越冬芽和须根剪掉。1 亩地甘草苗可栽 4 亩地大田左右。移栽方法如下：开 20 厘米深的沟，沟距 40 厘米，将甘草根斜摆在沟内，株距 7～10 厘米左右，然后再盖上，芦头在土下 2 厘米处，用脚踩实，压实即可。每亩可栽 1.8 万～2.2 万株左右，上冻前浇一次定根水即可。秋栽方法比春栽要产量高一些。东北地区移栽时一定要防冻、防烂根。

⑫第二年田间管理。

A. 开春后，直播地甘草开始返青，苗高 5 厘米高时，可一次性追肥 10～15 千克磷酸二铵或尿素 10～20 千克，并浇水一次。

秋季移栽的甘草苗，第二年春返青也早，田间管理施肥浇水与直播方法相同，但第二年春季挖苗移栽的返青要晚 20 天左右，产量也低一些，田间管理方法要向后推迟 15～30 天。

B. 等甘草出苗高 10 厘米以上时，机械或人工除草 1～2 次。

C. 当甘草苗 30 厘米高时，甘草封垄。

D. 有蚜虫和青虫发生时，用氧化乐果防治。

E. 第二年的甘草一般不要浇水，十分干旱的年份可浇 1～2 次水。

⑬收获。甘草一般 2～3 年收获作成品，如因土地、田间管理方面的原因没有长成成品，可以再长一年收获。一般测产，每平方米挖出 1.5 千克鲜根，每亩出产 1 000 千克以上鲜根时，可收获作成品，达不到此产量可再长一年。

直播地一般根深在 50 厘米左右，用“甘草专用犁”可起收 40 厘米左右的产品，40 厘米以下的毛根放弃，丢失率 10%左右，损伤率 15%左右，用“甘草专用犁”起收基本达到农艺要求。2～3 年直播或移栽鲜根产量在 1 000～2 500 千克左右，折干货混等条甘草 300～700 千克左右，毛甘草 200～500 千克左右，条甘草 10 元/千克，毛甘草 4 元/千克，合计产值 3 800～8 000元/亩左右。育苗移栽的产品质量与直播相比，区别不大，小面积种植可采用育苗移栽方法，大面积采用直播方式，因地因人而异。

⑭加工、销售环节。甘草根起出土以后，千万不能发霉、不能受冻，以免变质腐烂。边晾晒，边加工，挑成两个等级规格，即混等条甘草和和毛甘草，也可以按甲乙丙丁等级甘草分开。如不销售原草再进一步加工、切片、提炼，可另设加工厂加工，加工后的利润可增 10%～30%。种植甘草成败在于选地、除草，效益如何全靠田间管理和精细收获，望各种植户从播种到封垄，苦战 90 天，一定能取得成功（表 3-34、表 3-35）。

表 3-34　北方地区直播乌拉尔甘草田间管理工作挂图

（种植户必须贴在墙上参看）

Table 3-34　Field management on direct seedling of *G. uralensis* in North District

日期	生育期	田间工作	农用物资准备
第一年			
4.5-5.10		选地、翻地、整地，施足底肥	种子、农机具，磷酸二铵 15 千克/亩

（续）

日期	生育期	田间工作	农用物资准备
4.20-4.30	种子 2.0～2.5 千克/市亩	播种、打专用除草剂+杀虫剂封地	开沟器、大碗、喷雾器、专用除草剂、杀虫剂
5.10-5.30	出苗 1～3 片叶	打地上害虫，拔掉早春杂草	喷雾器、农药、除草用工具
6.1-6.15	3～6 片叶	人工除草、追肥、间苗	除草用工具、尿素 15 千克/亩
6.15-7.15	6～15 片叶，封垄	人工除草、机械除草、打蚜虫	喷雾器、氧化乐果、除草工具
7.15-7.30	15～30 片叶，封垄	打青虫、除草	喷雾器、溴氢菊酯、排水
7.30-8.15	茎叶生长旺盛期	排水、除草（大草）	工具、雨季排水
8.15-9.15	茎叶生长旺盛期	除大草	
9.15-11.10	茎叶枯萎期		注意防火
第二年			
4.20-5.1	发芽期	追肥 50 千克磷酸二铵，中耕，浇水一次 25 千克尿素	喷灌设备、化肥、中耕机具
5.1-5.15	返青期	打牙虫、除草	氧化乐果、喷雾器
5.15-7.15	茎叶生长旺盛期，封垄	打青虫、除草	溴氢菊酯、喷雾器
7.15-9.15		排水、除草	
9.15-11.10	根茎生长旺盛期	收获，如果测产没有达到 750 千克	机器、人工、四齿镐、运输、场地
11.10 至冬季	茎叶枯萎期，收获期	鲜货/亩必须再长一年	专用犁
		加工条草，毛草分等级晒干，打捆待销售	菜刀、砧板、批子、铁丝打捆、烘干房

表 3-35　北方地区育苗移栽乌拉尔甘草田间管理工作挂图

（种植户必须贴在墙上参看）

Table 3-35　Field management on transplanting seedling of *G. uralensis* in North District

日期	生育期	田间工作	农用物资准备
第一年			
4.20-30		选地、翻地、整地，施足底肥	种子、农机具；磷酸二铵15千克/亩
4.5-5.10	种子5～6千克/亩，育苗	播种、打专用除草剂+杀虫剂封地	开沟器、大碗、喷雾器、专用除草剂、杀虫剂
5.10-5.30	出苗1～3片叶	打地上害虫，拔掉早春杂草	喷雾器、农药、除草用工具
6.1-6.15	3～6片叶	人工除草、追肥	除草用工具、尿素15千克/亩
6.15-7.15	6～15片叶	人工除草、机械除草、打蚜虫	喷雾器、氧化乐果、除草工具
7.15-7.30	15～30片叶，封垄	打青虫、除草	喷雾器、溴氢菊酯排水用
7.30-8.15	茎叶生长旺盛期	排水、除草（大草）	工具，雨季排水
8.15-9.15	茎叶生长旺盛期	除大草	
9.15-11.10	茎叶枯萎期	起苗移栽、1.8万～2万株/亩	55马力拖拉机、专用犁、移栽地准备
第二年			
4.20-5.1	发芽期	追肥50千克磷酸二铵，中耕，浇水一次25千克尿素	喷灌设备、化肥、中耕机具
5.1-5.15	返青期	打牙虫、除草	氧化乐果、喷雾器
5.15-7.15	茎叶生长旺盛期，封垄	打青虫、除草	溴氢菊酯、喷雾器
7.15-9.15	根茎生长旺盛期	排水、除草	

（续）

日期	生育期	田间工作	农用物资准备
9.15-11.10	茎叶枯萎期，收获期	测产达750千克鲜货/市亩的收获，如果达不到的再生长一年。	机器、人工、四齿镐、运输、场地、专用犁
11.10至冬季		加工条草，毛草分等级晒干，打捆待销售	菜刀、砧板、批子、铁丝打捆、烘干房

第五节 中药材乌拉尔甘草栽培技术质量标准

周成明 任跃英

1. 范围

1.1 本标准规定了甘草的产地环境、种子、种苗、选地整地、播种、移栽、田间管理、病虫鼠害防治、采收、加工、包装运输、贮藏等内容。

1.2 本标准适用于东北、西北、华北乌拉尔甘草主产区。

2. 引用国家标准文件

2.1 《中华人民共和国药典》（一部）2015版，国家药典编委会

2.2 GB3095 大气环境质量标准

2.3 GB5084 农田灌溉水质量标准

2.4 GB5749 生活用水标准

2.5 GB15618 土壤环境质量标准

2.6 GB4285 农药安全使用标准

2.7 NY/T394 绿色食品肥料使用标准

2.8 NY/T393 绿色食品农药使用标准

3. 栽培种

甘草　为豆科甘草属植物甘草 *Glycyrrhiza uralensis* Fisch. 的干燥根和根茎。

4. 产地环境

4.1　空气质量

符合 GB3095 中的二级标准。

4.2　用水质量

农田灌溉用水符合 GB5084 中的二级标准，初加工用水符合 GB5749 标准。

4.3　土壤环境质量

甘草为多年生宿根性旱生植物，宜选土层深厚、排水良好的砂质壤土栽植。半干燥的沙丘或草甸、土壤为棕钙土、灰色草甸土和灰棕漠土、草甸盐土也可。土壤的酸碱度以中性或微碱性为好，pH7.2～8.5，涝洼地、重盐碱地不宜种甘草。

4.4　气候

甘草喜日照长、降水量适宜、阳光充足、凉爽干燥的气候。年平均温度为 4～8℃；极端低温达－43℃，≥10℃积温 2 500℃以上，以 3 000～3 800℃为最适宜。无霜期 110～220 天左右；年降水量 400～800mm，最佳为 300～500mm。

5. 种子、种苗

5.1　生产用种子和种苗

选育适宜当地环境的豆科植物甘草属植物甘草 *Glycyrrhiza uralensis* Fisch. 的种子和种苗。

5.2　种子和种苗质量

5.2.1　种子

5.2.1.1　种子来源：野生采集或栽培留种

5.2.1.2　质量标准：千粒重为 11.1～13.3g，净度为 95%以上，发芽率为 80%以上，水分 14%以下，外观饱满，草绿色，无虫蛀病粒、碎粒。

5.2.1.3 种子分级

种子分级见表 3-36。

表 3-36 甘草种子分级标准

Table 3-36 Seed grade standard of *G. uralensis*

等级	千粒重（克）	净度（%）	发芽率（%）	质量要求
1 级	≥15	≥95	≥80	无虫蛀无碎粒
2 级	≥12.5	≥95	≥80	无虫蛀无碎粒
3 级	≥10	≥95	≥80	无虫蛀无碎粒
混等级	10～15	≥95	≥80	无虫蛀无碎粒

5.2.2 种苗（等级、规格）

5.2.2.1 规格：长 20～30 厘米，直径 0.3～0.7 厘米，外观：条直，无须、无叉、无破损、无烂根、无病害、芽孢完整。

5.2.2.2 外观质量：条直、无破损、无烂根、五病害、越冬芽完整。

5.2.2.3 种苗分级见表 3-37。

表 3-37 甘草种苗分级标准

Table 3-37 Young plant grade standard of *G. uralensis*

等级	根苗长度（厘米）	根苗头直径（厘米）	越冬芽（个）	质量要求
1 级	25～30	0.9～0.7	2	无创伤无病斑
2 级	20～25	0.7～0.5	2	无创伤无病斑
3 级	20～25	0.5～0.3	2	无创伤无病斑
混等级	20～30	0.9～0.3	2	无创伤无病斑

5.3 良种选育

5.3.1 留种：留取 4 年生的甘草种株作种栽。

5.3.2 种子采收

直播甘草第四年开花结实，根茎与分株繁殖可提前开花结实。6～7月间开花结果，9月荚果成熟，选择生长势强、种特征明显的健壮植株采种，人工用刀割下，晾干、碾压脱粒，用风选法或水浸法除去虫蛀粒、瘪粒和残粒，过筛、分选，入库。

5.3.3 种子贮藏

待贮藏的种子其水分应在14%以下，贮存在干燥、通风、避光仓库中备用。

5.3.4 种子运输

必须通过植物检疫，保证车辆清洁，不得有任何污染，备有防雨设施。

5.4 种子处理

甘草种子种皮坚硬，不透水，不透气，硬实率高，不易发芽，应通过破皮处理提高种子发芽率。

6. 选地整地

6.1 选地

要符合4.1～4.3的要求。同时选择大气、水质、土壤无污染的地区。选择有利于实行生产的机械化、集约化和规范化管理的水电充足的地块。大气环境质量标准执行国家相关的二级标准；土壤环境质量执行国家相关标准二级标准；灌溉水执行国家农田灌溉水标准。

6.2 整地

整地最好是秋翻，春翻必须保墒，否则影响出苗、保苗。秋季深翻土地30～50厘米左右，施入厩肥或堆肥，每亩施腐熟厩肥2 500千克，作成1m宽的高畦，整平耙细，若在降水量较多的平原地区，应起垄或作成台田，畦宽1m，高20厘米，挖好排水沟备用。

7. 播种

7.1 直播

7.1.1 播种时间

种子繁殖可在春、夏、秋播种。上冻前或清明至谷雨前后播种。在春季墒情好的地方，多采用春播，若春季干旱，应当实行夏播。每年4～8月均可播种，无水浇条件的地区最好在雨季7～8月播种。

7.1.2　播种量

直播每亩约需种子3～4.5千克，有水浇条件的土地亩播种量2.5～3千克，育苗地每亩播8～10千克，旱地或墒情较差的地块可适当增加播量。

7.1.3　播种方式

播种多采取条播，按行距25～40厘米划浅沟，沟深3～5厘米，播种后覆土1～3厘米，将种子均匀播入沟内，覆土浇水。保持土壤湿度，约5～10天出苗。

7.2　育苗移栽

育苗移栽时先在苗圃中育苗1年，当年秋或翌年将苗移入大田种植。

7.2.1　播种方法

育苗移栽的播种方法和直播一样。

7.2.2　移栽

7.2.2.1　移栽时间

一般于秋末春初进行。

7.2.2.2　移栽方法

将挖出的种根头朝上平摆或斜摆在沟内，每亩15 000～22 000株，行距40～50厘米，挖25～30厘米深的沟，摆好苗后覆土2～5厘米，压实即可。7～15天出苗，成活率可达到95%以上。

7.2.3　根茎繁殖

在春秋季挖出地下根状茎，多选用直径1厘米左右的2年生根茎，切成5～10厘米的小段，每段至少要有1～2个腋芽，随挖随栽。具体做法同7.2.2.2。

8. 田间管理

8.1　间苗定苗

直播地出苗后要视苗情进行间苗，一般间苗1次，当苗4～

6 片真叶时即苗高 3～5 厘米时，按株距 7～10 厘米间苗，拔除弱苗、病苗、留取壮苗、大苗，每亩留苗 25 000 株左右。育苗地一般不间苗，每亩留苗 10 万～15 万株。

8.2　中耕除草

8.2.1　人工或机械除草

甘草苗期生长慢，杂草对其影响较大，苗出齐后应及时中耕除草，作到田间无杂草，垄种的可以进行三铲三趟，畦种的应拔除畦面杂草。植株长大以后，杂草变少，用人工拔除大草。

8.2.2　除草剂使用

田间可使用除草剂，但使用除草剂前应向当地农业部门咨询。

8.3　灌溉及排涝

甘草虽为旱生植物，但苗期仍需要一定量的水分，应保持土壤湿润。如出苗前后久旱不雨要及时灌水，以避免使刚刚出土的幼苗旱死。

栽培甘草进入 7～8 月份雨季要注意田间排水，减少土壤水分，降低地下水位，挖排水沟排水，做到田间无积水，防止烂根。

8.4　施肥

8.4.1　原则

以有机肥为主，化肥为辅，保持或增加土壤肥力及土壤微生物活性。所施用的肥料不应对甘草种植区域环境和甘草药材品质产生不良影响。

8.4.2　允许使用的肥料种类

8.4.2.1　农家肥料

按 NY/T394—2000 中 3.4 所述的农家肥料执行。包括堆肥、沤肥、厩肥、沼气肥、绿肥、作物秸秆、泥肥、饼肥等。

8.4.2.2　商品肥料

按 NY/T394—2000 中 3.4 所述的各种肥料执行。包括商品有机肥、腐植酸类肥、微生物肥、有机复合肥、无机（矿质）肥、叶面肥等。

8.4.3　禁止使用的肥料

禁止使用未经农业部门登记的肥料和有毒的食品、鱼渣、牛羊毛废料、骨粉、氨基酸残渣、骨胶废渣、家禽家畜加工废料、糖厂废料，未经无害化处理的城市垃圾或含有金属、橡胶等有害物质的垃圾，硝态氮肥及未腐熟的人粪尿。

8.4.4　底肥

翻地时，每亩底肥施用磷二铵15～30千克。

8.4.5　追肥

使用适宜的肥料，通过合理施肥可使甘草产量提高。秋末甘草地上部分枯萎后，可每亩施2 000千克腐熟的农家肥覆盖地面，以增加地温和土壤肥力，也可每亩施15～30千克尿素。

结合中耕除草每亩施厩肥2 000千克，配25～50千克过磷酸钙混合施入。

8.4.6　叶面施肥

在甘草生长期中视需要可叶面喷施0.4%的尿素水能够促进甘草生长，增产增收。

8.5　摘蕾

3～4年生甘草开花时。不作种子田的地块应在花蕾期及时摘蕾，防止养分的消耗，增加根系的产量，提高质量。留种田可在开花结果时，摘除靠近分枝梢部花或果，可以获得大而饱满的种子。

9. 病虫鼠害防治

9.1　病害

选择高效低残的适宜农药，有效控制病虫害，使农残不超过规定的指标。

9.1.1　白粉病

多雨季节易发生白粉病，白粉病被侵害叶片正反两面产生白粉，可用1∶1∶150的波尔多液喷洒；也可用1 000倍液的50%或70%的甲基托布津喷洒，还可用15%粉锈宁800～1 000倍液喷雾防治。

9.1.2　褐斑病

褐斑病叶片上病斑圆形或不规则形，直径1～2毫米，中心部位黑褐色，边缘褐色，两面均有灰黑色霉状物的病原菌子实体，多发生在7～8月份。

防治方法：喷无毒高脂膜200倍液保护，发病期喷施65%代森锌100倍液1～2次，秋季清园，集中处理病株残体。

9.1.3　锈病

锈病染病的叶背面产生黄褐色疱状病斑，表皮破裂后散出褐色粉末，这是病原菌的夏孢子堆，8～9月形成黑褐色冬孢子堆，从而导致叶片枯黄脱落。

防治方法：清除病残株，集中销毁。发病初期用15%的粉锈宁1 000倍液或97%的敌锈钠400倍液喷雾防治。

9.1.4　根腐病

用“菌灵”可湿性粉剂喷洒或灌根。

9.2　虫害

9.2.1　为害茎叶的虫害

9.2.1.1　跗粗角萤叶甲

该虫危害十分严重，在整个生长季节都可发生，取食量大，严重的地块甘草的叶全被吃光，只剩下茎秆和叶脉。防治方法：用敌敌畏和敌百虫1 000倍液的混合液或敌敌畏乳剂1 000倍液喷雾防治，视虫情可喷数次。

9.2.1.2　红蜘蛛

目前甘草生产中红蜘蛛的危害较严重，特别是在干旱炎热的时候，常使甘草叶片脱落，影响正常生长和发育，发生红蜘蛛时，可用40%氧化乐果乳油1 000～1 500倍液喷治，10～15天喷1次，连续2～3次。

9. 2. 1. 3　叶蝉

吸食甘草的叶、幼芽、幼枝，先出现银白色斑块，随后叶片失绿呈淡黄色，最后脱落。整个生育期都可危害，6～8 月为害最重。

防治方法：甘草园周围应远离榆树及其他叶蝉类越冬寄主。为害高峰期用 2.5%的溴氰菊酯 1 000～1 500 倍液喷雾防治，用草蛉、瓢虫等天敌进行生物防治。

9. 2. 2　为害种子的害虫

主要为小蜂，可于青果期用 40%乐果 1 000 倍液喷雾防治，可喷数次。

9. 2. 3　地下虫害地老虎、金针虫、地蛆等

咬食根茎，可用 90%敌百虫原药 0.5 千克或辛硫磷加饵料 50 千克拌成毒饵诱杀。

9. 3　鼠害防治

用“绿亨鼠克”高效灭鼠剂消灭鼠害。

10. 采收加工

10. 1　采种

四年生甘草开花结实，根茎及分株繁殖者当年开花结实。采种应在荚果内种子由青变褐时最好，出苗率高。采种不可过早，否则发芽率低，幼苗长势弱。

采收方法：割下、晒干、脱粒即可。

10. 2　采收

10. 2. 1　采收时间

直播用种子繁殖的 2～3 年刨收；育苗移栽田 1～2 年收挖。每年采收以秋季茎叶枯萎后为最好，此时收获的甘草根质坚体重，粉性大，甜味浓。也可在春季发芽之前、解冻之后采挖。

10. 2. 2　采收方法

人工采挖时，应顺着根系生长的方向深挖，尽量不刨断，不伤根皮，简便的方法是先刨出 25 厘米，然后用力拔出，挖出后

抖净泥土即可。

大面积种植可用甘草专用犁起收。

一般 3 年生家种甘草亩产干货可达 300～600 千克，若水肥充足，2 年生甘草亩产干货也可达 250～500 千克。

10.3　加工

10.3.1　加工方法

商品甘草的加工方法为：将挖取的甘草根去掉泥土，然后用铡刀把甘草根的根头铡下（去掉芦头），按主根、侧根、枝杈分别剪下晾晒，半干时再按不同等级捆成小捆，晒至全干，即成甘草成品。折干率为 2.5∶1 左右。将切下的甘草下脚料进行加工，熬成甘草膏。

11. 质量标准

11.1　药材商品质量标准

栽培乌拉尔甘草的规格等级质量标准见表 3-38。

表 3-38　栽培乌拉尔甘草产品的规格等级质量标准

Table 3-38　Product quality standard of planting *G. uralensis*

等级	根长（厘米）	根头直径（厘米）	根尾直径（厘米）	含水量（%）
甲级条甘草	20 厘米以上	≥1.5	≥1.3	14
乙级条甘草	20 厘米以上	≥1.3	≥1.1	14
丙级条甘草	20 厘米以上	≥1.1	≥0.9	14
丁级条甘草	20 厘米以上	≥0.9	≥0.7	14
横走茎	芦头及横走茎			14
毛甘草	0.7 以下须根和侧根			14
混等条甘草	20 厘米以上	甲乙级占 30% 丙丁级占 70%		14
去头不去尾混等条甘草	长 20 厘米以上，根头直径 0.7 厘米以上			14

乌拉尔甘草表面红棕色，断面黄白色，圆柱形，顶端直径达到0.7厘米以上，单枝直条长20厘米以上，产品无土、无杂质、无霉变、无冻伤，含水量不得过12%，总灰分不得过7%，酸不溶性灰分不得过2%，甘草酸含量不得小于2.0%，甘草甙不得小于0.5%。

11.2　重金属及农药残留限量指标

铅（Pb）[DW] ≤5.0毫克/千克；镉（Cb）[DW] ≤0.3毫克/千克；汞（Hg）[DW] ≤0.2毫克/千克；铜（Cu）[DW] ≤20.0毫克/千克；砷（As）[DW] ≤2.0毫克/千克；总滴滴涕（DDT）[DW] ≤0.2毫克/千克；总六六六（BHC）[DW] ≤0.2毫克/千克；五氯硝基苯（PC—NB）[DW] ≤0.1毫克/千克。

11.3　检验方法

11.3.1　总六六六、总DDT、五氯硝基苯按《中国药典》2015版一部，照农药残留量测定法（通则2341有机氯类农药残留量测定一第一）测定。

11.3.2　重金属及有害元素按《中国药典》2015版一部，照铅、镉、砷、汞、铜测定法（通则2321原子吸收分光光度法或电感耦合等离子体质谱法）测定。

12. 包装运输与储藏

12.1　包装

采用无毒的包装材料制成的包装物。按照客户要求采用不同的规格包装。

12.1.1　包装方法

箱装、袋装等

12.1.2　包装记录

出厂日期及保质期、生产厂家、加工的产品名称、等级、批号、规格、重量、质检员等。

12.1.3　贴标

注册商标、防潮防雨、防伪标记。

12.2　运输

运输工具采用不能造成甘草产品污染的清洁和通风良好的汽车、火车等交通运输工具运输。

12.3　储藏　将甘草存放在阴凉干燥的库房里。

第六节　家种及野生乌拉尔甘草的甘草酸含量比较

乌拉尔甘草 *Glycyrrhiza uralensis* Fisch. 为多年生草本，以根和根茎入药，有和中缓急、润肺、解毒、调和诸药之功效，属于常用的中药赛之一。随着甘草的用量越来越大，野生资源面临枯竭。经过我国科研人员近 50 年的努力，甘草在西北、东北、华北等地已成规模化种植。以前甘草的采用年限多为 3～5 年，近几年来，随着栽培技术的不断提高，采收年限多为 2～3 年。有些人对 2 年生家种甘草的质量产生怀疑。为此，笔者特从北京时珍中草药技术有限公司收购的大批量不同产地的 2 年生家种甘草随机抽样检测甘草酸的含量，并与野生甘草比较。

供试样品：2 年生家种甘草从收购的大批量不同产地的甘草中随机抽样，野生甘草来自山西、内蒙古、宁夏和新疆。经鉴定，家种甘草为 2 年生，野生甘草为多年生。

甘草酸的测定用美国 Waters 公司高效液相色谱仪，色谱柱 Kromasil C18，流动相甲醇－0.2 摩尔/分钟，柱温为室温。标准曲线及回收率试验由中国医学科学院药用植物所分析室陈建民教授和中国医药研究开发中心徐文豪教授制定并检测。

检测结果：北京和内蒙古两地的 2 年生家种甘草的甘草酸含量分别为 2.04%和 2.78%，均大于国家药典规定的 2.0%；而野生多年生甘草的甘草酸含量明显高于二年生家种甘草（表 3-39）。

尽管野生甘草优于家种甘草，但国家已经严禁滥挖野生甘草。本测定结果表明，家种甘草可以代替野生甘草入药。

表 3-39 不同产地家种和野生乌拉尔甘草根中甘草酸含量

Table 3-39 Content of glycyrrhizic acid in the root of planting and wild *G. uralensis*

样品	产地	生长年限	甘草酸含量（%）
家种甘草条	北京	2年生	2.04
家种甘草条	内蒙古	2年生	2.78
野生甘草条	山西	多年生	5.72
野生甘草条	内蒙古	多年生	7.28
野生甘草条	宁夏	多年生	4.63
野生甘草条	新疆	多年生	4.03

另外，苑可武、周成明等扩大了研究范围，不仅对北京、内蒙古，而且对山西、河北、黑龙江、吉林等地的家种甘草的甘草酸含量进行了研究（表3-40），结果表明，2年生的家种甘草北京、内蒙古、山西产的达到药典含量要求，河北、吉林、黑龙江产的接近药典要求，3年生的甘草根中甘草酸的含量均超过了药典要求，因此生长2年以上的家种甘草均符合药典要求，完全可以替代野生甘草入药。

表 3-40 2～3年生家种甘草根甘草酸含量

Table 3-40 Content of glycyrrhizic acid in the root of *G. uralensis* about 2～3years

样品	生长年限	产地	甘草酸含量（%）
家种甘草条	2年生	北京大兴	2.035
		内蒙古包头	2.112
		山西侯马	2.189
		河北承德	1.973
		黑龙江宾县	1.852
		吉林农安	1.878

（续）

样品	生长年限	产地	甘草酸含量（%）
家种甘草条	3年生	北京大兴	2.683
		内蒙古包头	3.819
		山西侯马	4.312
		河北承德	2.988
		黑龙江宾县	2.246
		吉林农安	2.940
野生甘草	多年生	内蒙古赤峰	6.149
		山西原平	6.149
		宁夏盐池	4.325
		新疆库尔勒	3.948

第七节　家种乌拉尔甘草投入产出效益分析

一、内蒙古杭锦旗15 000亩推广项目

内蒙古伊克昭盟杭锦旗吉尔格朗图乡20世纪90年代中期以来，充分利用自己优越的自然环境，积极推广家种甘草，1995年全乡人工种植甘草面积突破10 000亩，成为全盟滩地人工种植甘草面积最大的乡；进入21世纪，在已形成甘草人工种植规模的基础上，不断拓宽市场，提高种植技术水平，每年育苗5 000亩，大田种植保存面积稳定在10 000亩以上，到2003年平均每亩年效益超过1 000元，仅甘草一项为全乡增加纯收入1 500万元，平均每个农业人口增收1 500元，成为全盟、全自治区乃至全国人工种植甘草规模和效益第一乡。

二、内蒙古伊克昭盟沿黄河 24 000 亩推广项目

在内蒙古黄河沿岸，杭锦旗、达拉特旗的 16 个乡采用育苗移栽技术种植甘草 24 000 万亩。经旗、乡有关部门统计、实地测产结果表明，平栽 2 年甘草（鲜草）平均亩产量达到 1 400 千克，折干重量为 644 千克，其中出口条草占到 60%（甲、乙等草占出口条草的 65%，丙等草占 20%，丁等草占 15%），内销丁等草占 10%，毛草节子占 30%。每亩收入 2 520 元，投资 448 元，投入与产出比为 1∶5.6，其效益分析如下。

（一）亩产量的测定

亩产量测定的准确与否，极大程度地影响着经济效益的核算。为了准确测算，每个乡选择长势中等的 20 个点进行实地测产，其测产面积最小为 1 亩，最大为 10 亩，最后进行加权平均计算推广的平栽 2 年甘草（鲜草）的亩产量为 1 400 千克。

（二）投资概算

①育苗投资（以 1 亩计算）。甘草育苗的投资（不包括土地费用），主要包括种子、灌溉、肥料、农药及管理劳务费用等，详见表 3-41。

表 3-41　甘草育苗投资明细

Table 3-41　List of breeding investment

项目	核算	金额（元/亩）	备注
种子费	3 千克×150 元	450	
水费		50	
化肥	磷酸二铵肥 5 千克（10 元）＋尿素肥 10 千克（12 元）	22.00	

（续）

项目	核算	金额（元/亩）	备注
农药		5.00	
劳务费	10 天×70 元	700	包括播种及田间管理
起苗费	机械采收	200	
合计		1 427 元	

注：以 2016 年市场价格估算。

②移栽投资（以 1 亩计算）。甘草苗移栽生产的投资（不包括土地费用），主要包括苗条、灌溉、肥料、农药及管理劳务费用，见表 3-42。

表 3-42　甘草移栽投资明细

Table 3-42　List of transplant investment

项目	核算	金额（元/亩）	备注
苗条费	255 元	225	1 亩育苗田苗子够平移 4 亩移栽田用
耕作费		50	
移苗用工费	3 天×13 元	100	
化肥	磷肥（50 千克）100 元+氮肥（40 千克）48 元	150	
农药		5	
水费		20	
田间管理	9 天×13 元	117	
采挖费		100	
合计		767	

注：以 2016 年市场价格估算。

（三）亩收入的核算

1. 自行加工分等核算。以平均亩产鲜草 1 400 千克计算，若自行加工后销售，收入如下：

以略低于正常水平，自然风干率为40%计算，折干后的重量为644千克。其中：出口条草占60%，计386千克；甲、乙等草占出口条草的65%，计251千克，以每千克销售价10元计算，合款2 510元；丙等草占20%，计77千克，以每千克8元计算，合款616元；丁等草占15%，计58千克，以每千克4元计算，合款232元。内销草占总重的10%，计64千克，以每千克销售价2.50元计算，合款160元。毛条、节子、毛草占总重的30%，计193千克，均按每千克1.5元计算，合款290元。上述几项销售收入共计3 808元，减掉自行加工工资252元（每千克鲜条草的加工费为0.3元），1亩地所产1 400千克鲜草共计收入3 556元（按1995年价格估算）。

2. 直接销售核算　近年来，随着国际市场甘草需求量的增加和国内市场资源的急剧减少，甘草的销售价格一直保持稳中有升的势头，因而收购价格也在同步上涨。近期医药部门在推广区，鲜平移甘草的收购价格一直保持在1.8～2.2元千克以上。我们按每千克1.8元计算，采挖1 400千克鲜草的销售收入为2 520元。

（四）每亩地年纯收入的核算

移栽1亩甘草生长2年，加育苗地0.25亩，一年共用地2.25亩。以每亩2年直接销售收入2 520元计算，减掉投资444元，纯收入为2 076元，平均每亩地的年收入为923元，是当地种植小麦纯收入（200元）的4.6倍，玉米纯收入（350元）的2.64倍（按1995年价格估算）。

（五）投入产出比

从前面的计算得知，平栽甘草每亩地的收入为2 520元，投资为444元，由此计算出投入产出比为1∶5.7。

（六）推广移栽甘草总效益的核算

几年来共推广人工种植甘草 32 000 亩，每亩收入 2 520 元，总产值达 8 064 万元。

在农牧区种植甘草，除主产品甘草药材之外，还可将地上枝叶充作家畜饲料。如此大面积甘草的枝叶收获量是相当可观的，如果充分利用这部分饲料资源，无疑可以大大促进农牧区养殖业的发展，增加农民的经济收入。为了方便起见，在核算中，暂不把这项收益计算在内。

三、宁夏地区人工种植甘草经济效益分析

宁夏地区家种甘草主要在盐池、红寺堡、吴忠一带，种植面积在 5 万亩以上，主要在风沙土、灌瘀土上栽培。栽培地一定要有浇水条件，才能长出甘草，没有浇水条件的土地长不好甘草。宁夏地区种植甘草效益情况如表 3-43 所示。

表 3-43　宁夏地区人工种植甘草经济效益

Table 3-43　Economical benefits of planting *G. uralensis* in Ningxia

土壤类型	根龄	生物产量（千克/亩）		鲜干比	其中商品根占（%）	每亩总产值(元)	每亩年产值(元)
		鲜根重	风干重				
灌淤土	3 年	781.9+217.2	306.6+110.3	2.55	68.5	1 785.85	592.28
	4 年	1 126.2+307.5	446.9+122.1	2.52	77.2	2 932.5	733.13
风沙土	3 年	612.8+173.2	247.1+103.8	2.48	70.4	1 478.15	492.72
	4 年	807.2+228.1	333.5+94.2	2.42	80.1	2 270.35	567.58

注：以 1990 年价格估算。

从表 3-43 可以看出，种植在有灌溉条件的灌淤土上，生物产量分别比风沙土上高 27.59%，39.52%。提供商品根总产值，灌淤土 3 年生 1 785.85 元，每亩年均产值 595.28 元，4 年生

2 932.5元，每亩年平均产值 733.13 元；多种植生长 1 年，每亩可增加年产值 137.85 元。

在风沙土种植 3 年总产值 1 478.15 元，每亩年均产值 492.72 元；4 年生 2 270.35 元，每亩年产值为 567.58 元。多种植生长 1 年，每亩可增加年产值 74.86 元。4 年采挖不论从亩产量、甘草等级上都有较大幅度的提高，因此，4 年采挖经济效益显著高于 3 年采挖。

四、大型家种乌拉尔甘草基地情况简介

一些大的企业集团（公司）和地方政府，根据自身优势，投资于甘草资源保护和人工种植、高科技系列产品的开发，有的已收到显著效果。

（一）新疆阿克苏地区

新疆阿克苏地区政府计划在塔里木河流域种植 100 万亩的乌拉尔甘草，建立人工甘草种植区，保护有限的野生甘草，做到可持续发展。

2001 年在温宿县等地试种的上万亩甘草生长状况良好，部分已采挖利用，每亩甘草种植成本为 600 元，亩产可达 1 000 千克。

2007—2008 年新疆农一师阿拉尔新农甘草产业有限公司、阿克苏金泽乌拉尔甘草公司、沙雅县富沃药业有限公司在塔里木河北岸种植乌拉尔甘草 2 万多亩，长势良好。这个地区土质为细面沙土，水利资源十分丰富，盐碱不是很重，大水洗 2 次盐碱即可播种。和田河、叶尔羌河、阿克苏河、塔里木河北岸，塔克拉玛干大沙漠边缘有水的土地将成为家种乌拉尔甘草的主产区。

新疆喀什地区农三师 2004 年开始与北京时珍中草药技术公司合作，在 48 团、51 团、52 团开展大面积乌拉尔甘草种植，到

2008 年乌拉尔甘草地存面积达 1 万亩。

（二）甘肃省武威地区

从 2001 年开始，在甘肃省武威地区民勤、金昌等石羊河流域的种植户与北京时珍中草药技术有限公司合作，由北京时珍中草药技术有限公司提供技术和优质乌拉尔甘草种子及专用除草剂，充分利用其地处巴丹吉林沙漠和腾格里沙漠南沿日照时间长、温度高，特别适合乌拉尔甘草生长的自然条件。采用直播 3 年收的技术，每年下种面积 1 万～3 万亩，亩产鲜甘草根达 2 000～2 500 千克，到 2008 年乌拉尔甘草的地存面积达 5 万亩，成为我国家种乌拉尔甘草主产区之一。

（三）甘肃张掖、民乐、酒泉、瓜州地区

当地政府紧紧抓住西部开发保护生态环境的机遇，提高农牧民的收入，调整产业结构，从 2003 年开始与北京时珍中草药技术有限公司合作，在张掖的许三湾、民乐锦世生态园、酒泉、瓜州每年下种乌拉尔甘草面积达 3 万～5 万亩，到 2008 年该地区的地存乌拉尔甘草面积的 8 万亩。由于该地区光热、浇水条件好，3 年亩产鲜甘草根达 2 000～3 000 千克，甘草根条直、皮红，是加工出口甘草斜片的好原料。每千克卖价 3～4.5 元，亩产值达 6 000～12 000 元，成为我国甘草产量和品质双佳的主产区之一。

（四）内蒙古伊煤实业集团有限公司

内蒙古伊煤实业集团有限公司抓住甘草产品在国内外市场走俏的有利时机，于 1997 年成立神农甘草公司，投资 4 000 万元在伊克昭盟杭锦旗梁外地区围栏、上电、打井、运用喷灌技术人工种植甘草，建成人工保护、种植甘草基地 4 万亩。目前储量已达到 2 000 吨，每年可稳定采挖甘草 400 吨。在此基础上，投资

1.2亿元，筹建年加工甘草5 000吨生产线，年生产异甘草素200千克，甘草酮20吨，甘草可乐主剂1 000吨，甘草色素200吨，甘草甜素200吨。伊煤集团是最早在国内投资野生甘草抚育和发展家种甘草的企业。

（五）内蒙古亿利科技实业股份公司

内蒙古亿利科技实业股份公司在黄河南岸与库布其沙漠北缘的窄长地带，发展家种甘草和野生甘草抚育基地，形成了一条长数十千米、宽3～5千米的甘草带，效益可观。百万亩甘草每年收入数百万元，并形成了中药材科技开发、种植、收购、加工、销售等科贸工农一条龙的企业集团。

五、北京时珍中草药技术有限公司20万亩连锁乌拉尔甘草基地效益情况汇总

1995年以来，北京时珍中草药技术有限公司在东北、西北、华北地区发展乌拉尔甘草种植基地，在国家工商局注册了“乌拉尔”商标，以建立连锁乌拉尔甘草基地为目标，发展家种甘草产业。20多年来，在东北、华北、西北建立连锁乌拉尔甘草基地500余个，累积种植总面积达20万亩，主要以个体药农和公司为主，个别地方政府组织种植户种植甘草。这种以著名品牌为链条发展药材生产的方式是一种非常成功的方式，值得推广。现将各地区的投入产出作简要介绍。

（一）东北、华北地区

1995—2016年间，时珍公司主要以东北、华北为主要发展区域，先后在黑龙江、吉林、辽宁、河北、山西、内蒙古发展了约10万亩的连锁乌拉尔甘草基地，主要以小面积个体种植户为主，也有县、乡政府组织的，如黑龙江省宾县财政局为了调整产

业结构，财政局出资，发展了约 5 000 亩家种甘草；吉林省有关部门在榆树、通榆、白城投资数百万元种植了 3 000 多亩。5 年间我们在这些地区发展了约 5 万亩家种甘草。

2000 年以前，东北、华北地区的土地资源较便宜，每亩地租金约 100～150 元，劳动力每天约 15～20 元，加上种子、化肥投入，每亩投入成本约 700 元，种植 2～3 年，亩产鲜甘草根 1 000～1 500 千克，每千克鲜根卖价 1.5～2.0 元，亩产值 2 000～3 000 元，扣除成本 700 元，每亩纯利润可达 1 400～2 300元。当时东北地区的玉米亩利润约 200 元左右，而种植甘草的收入可达 1 000 元以上，使种植面积在该地区迅速扩大。2000 年以后，各种农业物资开始涨价，国家鼓励种粮并给种植户种粮补助，东北、华北地区的药材及甘草种植面积连年下降，到 2008 年，东北地区黑龙江嫩江约种植 1 万亩，2016 年黑龙江齐齐哈尔约种植 1 万亩。

（二）西北地区

2000 年以后，由于国家鼓励种粮，适合在东北、华北地区种植的药材如甘草、黄芪、板蓝根、柴胡等向西北地区转移。内蒙古的乌兰布和沙漠、库布其沙漠周边地区；内蒙古、宁夏、陕北的毛乌素沙漠周边地区；甘肃的腾格里沙漠、巴丹吉林沙漠周边地区；新疆的南疆和北疆，成了家种甘草的新的发展区域。这些地区土地沙化，有浇水条件，种粮食产量偏低，劳动力、土地价格相对便宜，这些地区成为家种甘草的主产区，前景广阔。

2000—2008 年，北京时珍中草药技术有限公司先后在这些地区发展了 10 多万亩家种乌拉尔甘草，在甘肃的河西走廊，以武威民勤为中心，发展农户种植乌拉尔甘草约 7 万亩；以张掖民乐、许三湾为中心，发展农户种植约 5 万亩；以酒泉、瓜州为中心，发展农户种植约 3 万亩；以新疆南疆阿克苏、喀什为中心，发展约 1 万亩；以北疆石河子一线，西到特克斯、乌苏，东到奎屯、阜康、奇台，发展约 2 万亩。我们为种植户提供全套综合配套栽培技术，还提供种植户甘草专用除草剂 1 号、2 号、3 号，1.2 米宽 5 行精量甘草专用播种机，甘草专用采收犁，在这些地区真正实现了大面积规范化栽培乌拉尔甘草。

由于上述地区光照长、积温高、砂质土壤又适合甘草生长，土地只要能浇水，这些地区种植甘草的效益远高于东北、华北地区。以民勤、许三湾、瓜州为例，种植 3 年甘草，土地、人工、化肥、种子每亩合计要投入 1 500 元左右，3 年生家种甘草可产甘草鲜根 2 000～2 500 千克，每千克卖价 3 元，亩产值 6 000～7 500元，扣除 1 500 元成本，亩纯利润达 4 500～6 000 元。甘肃河西走廊、新疆南北疆、宁夏毛乌素沙漠地区、内蒙古黄河河套地区有浇水条件的土地将是未来家种甘草的主产区。

第八节　主产区乌拉尔甘草栽培模式注意事项

一、东北地区栽培模式注意事项

经过多年推广，我们发现东北地区种植户忽视以下几个问题：

1. 选地不妥当　东北地区有许多草原地以及低洼盐碱的低产田，许多种植户为了降低土地成本，多选择这种土地种植甘草，导致甘草产量偏低。甘草种植应选择肥沃的黑油沙土质的熟地，可获得较高的经济效益。

2. 忽视杂草的防治　越是肥沃的土地杂草生长的越是旺盛，种植户在大面积种植时为了降低投入，都忽视化学除草和机械除草。没有制定除草预案，认为有草找人拔除即可，但实际情况是东北地区的禾本科杂草和灰菜、苋菜生长得极快极旺，甘草种子刚发芽出土，杂草就一片绿，这是种植甘草最可怕的事情。种植户看到杂草出来后才匆忙找人买药打药，而此时买药打药的时间已延误3～5天，杂草把甘草苗盖住了，田间情况非常糟糕。东北连锁基地损失最大的就是因为杂草防除不及时，一般杂草的侵害使甘草效益损失达30%以上。因此，在播种前必须制定严格的防除杂草的预案，播种前采购专用除草剂1号、2号、3号，确保苗期田间无杂草。

3. 忽视早春和晚秋的冻害　在东北地区种植甘草宜晚播早收。春季播种时由于有倒春寒和沙尘暴，一定要等到5月中下旬倒春寒和沙尘暴过了以后，气温达8℃以上时才能播种，否则就有冻害和沙埋的危险。晚秋采挖甘草苗或者采挖甘草成品时，一定要在气温0℃以上采挖，这样挖出的甘草不会受冻害和风干的危害。

以上3点特别重要，望东北地区的种植户谨记。

二、华北地区栽培模式注意事项

1. 要选择排水、灌水良好的熟地种植甘草　华北地区每年7、8月都有几场大雨，同时气温在30℃以上的天气有40～50天。7月中下旬由于气温太高，加上雨水过大甘草叶子开始脱落，雨水浸泡的甘草有烂根的危险。从7月初到8月中旬华北地区的甘草几乎不长，进入“夏眠”状况，此时应排水、除草，每亩追施3～5千克尿素。到立秋以后，天气开始凉爽，甘草茎秆上又长出新叶，一直长到11月初上冻。

2. 要防除甘草地下和地上害虫　由于华北地区温差较小，害虫发生尤为严重。早春有地老虎、金针虫等地下害虫吃甘草苗，6、7、8月有蚜虫、青虫吃甘草茎叶，8、9月有叶甲虫。一旦发生叶甲虫为害，3天之内就把叶子吃光。因此，华北地区防治害虫是田间管理非常重要的措施。

3. 加大施肥量　华北地区的土壤多为砂质土壤，年复一年的耕种，土壤中的养分损失殆尽，种植甘草时要多施底肥。每亩底肥量为 20 千克磷酸二铵＋20 千克尿素，可再加一些农家肥，追肥每年每亩至少 15 千克磷酸二铵＋15 千克尿素。华北地区产量普遍低下的原因是施肥量太少，因此在抓到全苗的前提下，施肥量越多产量就越高。

三、坝上地区栽培模式注意事项

坝上地区位于河北省张家口市北部地区、内蒙古中东部地区，是甘草“东草”的原产地，是北京、天津沙尘暴的源头。该地区气候条件独特，以高原草甸土壤为主，土壤沙性肥沃，土地面积辽阔，土地租金也很便宜，每亩地 30～50 元/年。种植甘草时要注意以下几点。

1. 一定要躲避沙尘暴对甘草播种期的危害　每年的 2～5 月，该地区要发生大的沙尘暴 5～9 次，小的沙尘暴几十次。大的沙尘暴一来，三天三夜黄沙飞舞，七、八级风夹杂着沙石滚滚而来，人只能躲在房子里不能出门。笔者 2005 年 4 月 25 日在内蒙古正蓝旗播种 900 亩，5 月 1 日下了一场雨，甘草发芽极好，但 5 月 9 日一场沙尘暴把 900 亩甘草芽、种子，甚至 5 厘米深的土层全部刮走，损失达 40 万元。经过几年的探索，在坝上地区，播种期宜在 6 月初为好。

2. 要防除多年生宿根性杂草　坝上地区都是多年生草原植被，土地休耕一年，多年生杂草就会长满土地，恢复原有植被。因此，种植甘草前要用专用除草剂杀灭所有宿根性杂草，如滨草、艾蒿等，然后再翻地、旋耕、播种。

3. 选择背风、有浇水条件的土地种植甘草　坝上地区关键技术是如何防沙尘暴，选地是关键，一旦遇到沙尘暴也可浇水压沙。

4. 防风干、防冻害　坝上地区早春和晚秋，大大小小的沙尘暴达 20～30 次，除播种期要躲避沙尘暴外，第一年的秋季要防止沙尘暴把甘草根吹出地面而风干。最好的办法是浇水。在上冻前后，浇一次冬水，可有效地防止风干和冻害。第二年春，土地化冻时浇一次化冻水，防止春天的沙尘暴把甘草根吹出来。

5. 提高产量多施肥　坝上地区的生育期约 90～110 天，生育期短，唯一的好办法就是抓到全苗后重施肥。每年每亩追肥可达 30 千克磷酸二铵、30 千克尿素，弥补生育期短的不足。

四、内蒙古中西部、宁夏、甘肃东南部栽培模式注意事项

这些地区包括内蒙古呼和浩特以西的包头、磴口、乌海黄河灌区，宁夏的银川，毛乌素沙漠周边地区，山西、陕西的北部地区，乌兰布和沙漠周边地区，甘肃兰州东南部的陇西、岷县、庆阳、环县。这些地区是我国甘草“西草”的主产区，是乌拉尔甘草资源最丰富、最重要的产区。在这些地区种植甘草要注意以下问题：

1. 一定要躲开春季沙尘暴才能播种　播种期的选择要根据不同地区的气候条件来制定，沙尘暴和浇水条件是最大的制约因子。有浇水条件的土地可在 4、5、6 月份播种，没有浇水条件的土地宜在 7、8 月播种。一定要掌握当地沙尘暴的次数和强度，躲过以后才能播种。沙尘暴已经成为西北地区种植甘草最大的障碍。望种植户高度重视，不能急不能恼，躲过沙尘暴播种成功才算成功。

2. 因地制宜选择种植方案　该地区的土壤、气候条件相当复杂，有直播、育苗移栽、野生抚育等方式；有春播、夏播、秋播等；有水浇地、旱地栽培模式。种植户可因地制宜制定甘草种植方案。

3. 要选择有浇水条件的土地种植 在西部地区水是制约甘草全苗和提高产量的关键因子。许多地区土壤质量特别适合种植甘草，但因缺水，不能种植。

4. 严防地下害虫对甘草的侵害 该地区的害虫种类相当多，后一章有详细论述。在宁夏地区最主要的是防治宁夏胭珠蚧 *Porphyrophora sophorae*。每年 7～8 月宁夏全境、内蒙古西部、甘肃陇西均大面积发生，凡是受到胭珠蚧侵害的甘草植株，芦头上均爬满了红色肉球状的胭珠蚧，大部分甘草植株不生长，根部腐烂死亡，甘草根成为劣质产品。凡是发生该虫害，几乎没有好的防治办法，用剧毒农药一六〇五水液灌地都难以杀死，只有倒茬换地或种植前进行严格的土地消毒。其他害虫的防治方法按当地的方法防治即可。

5. 要合理密植，增加亩株数 该地区的种植户存在一个误区，认为土地面积广，可以广种薄收，其实不然，根据我们多年大面积种植的经验，甘草一定要密植，育苗移栽方式一定要栽植 2 万～2.5 万株，只有栽进去 2 万株，甘草在 6～8 月旺长期才能封垄，才能把杂草压在甘草苗下面。经我们调查，该地区的种植户一般栽 4 000～10 000 株苗根，往往封不了垄，杂草旺长，严重影响甘草产量。直播地每亩一般要播 4～5 千克种子，每亩保苗要达到 4 万～6 万株，到 6 月甘草迅速封垄，把杂草压在甘草苗以下，这是成功种植甘草和提高产量的关键技术。

五、甘肃河西走廊栽培模式注意事项

这些地区包括兰州以西的武威、张掖、酒泉、瓜州河西走廊全境，祁连山东北坡的冲积沙滩。祁连山融化的雪水滋润着这片广袤的土地，是著名的古丝绸之路。该地区的水、土、光、热条件极佳，特别适合种植甘草。早在 1987 年，甘肃省医药局和西部甘草研究所就在酒泉开展乌拉尔甘草栽培实验，由于那个年代甘肃全境野生甘草资源十分丰富，民勤野生乌拉尔甘草连片生长，金塔县黄甘草资源相当丰富，甘草价格也相当低，每千克干甘草1～3元左右，因此推广家种甘草很困难。到2001年，国家严令采挖野生甘草，家种甘草才陆续发展起来，在当地政府的支持下，由农户自发种植乌拉尔甘草。经过几年的发展，在武威石羊河流域、张掖许三湾、酒泉、瓜州每年种植7万亩乌拉尔甘草，形成家种甘草产业带。该地区的种植户应注意以下几点：

1. 一定要选择有浇水条件的土地种植甘草　河西走廊干旱少雨，尽管光热条件好，没有水，家种甘草是无法生长的。第一年家种甘草要浇3～6次水，第二、三年可以浇2～3次水。

2. 多年生杂草多的、盐碱过重的土壤不要种甘草　选地是关键，选好一块地等于成功了一半。民勤县没有杂草有浇水条件的沙漠边沿的地特别适合种植甘草，如大坝乡、义粮滩等，栽培3年亩产高达2 000～2 500千克鲜根。

3. 播种期要避开沙尘暴　整个西北地区在播种期都要躲开沙尘暴，河西走廊更要注意。温家宝总理多次去民勤，并提词“不要让民勤成为第二个罗布泊”。每年的2～5月都有3～5次大沙尘暴。沙尘一来，黄沙滚滚，一片漆黑，不见天日，人类对沙尘暴无能为力，只能躲。因此，家种甘草播种期只能等沙尘暴过后，在5月底到8月初播种为宜。

4. 要抓高产必须多施肥　种植户一定要改变固定思维，认为野生甘草长在干旱贫瘠的沙漠地里，家种甘草就可以用贫瘠的荒地种植，这完全是错误的观点。家种甘草一定要生长在高水高肥的沙土中才能达到高产优质。因此，抓到全苗后，就必须施肥浇水，每年每亩甘草至少要施20千克磷酸二铵、20千克尿素，“叶面肥”、“壮根素”之类的东西不能替代优质化肥和农家肥，请种植户一定谨记！

5. 采收期要防冻害　甘草生长到第三年或第四年，主根已长成成品，测产亩产鲜根达 1 500 千克以上时就可采挖。采挖时间定在 10 月下旬，离上冻时间 1 个月为宜，如果 0℃上下一化一冻采挖甘草根，甘草根极易冻坏。一定要把甘草根存放在屋里，防止冻坏。冻坏的甘草鲜根无法切出好斜片，截面发黑为劣质产品。

六、新疆北疆栽培模式注意事项

这些地区主要是天山北坡以北地区，最西端是伊犁河谷形成的广袤的土地，最北端有阿勒泰、布尔津，中段有乌苏、奎屯、石河子、乌鲁木齐、阜康、奇台、哈密。这些地区在军垦前，甘草资源极其丰富，通过近 50 年的开荒造田，甘草资源损失达 90%，现在已很难见到连片的野生甘草了。

1. 播种期要防冻害、雪害　北疆地区早春气候与东北地区类似，每年都有倒春寒发生，播种期一般要后推，在 5 月下旬为宜，如果早播，要盖地膜，也可膜上打孔点播。

2. 最好选择种棉花的土地种植甘草　石河子等地的棉花地都是很好的砂质壤土，已耕作几十年，特别适合种植甘草。从农八师种植的甘草看，直播种植 3 年的乌拉尔甘草亩产可达 1 500～2 000 千克鲜根。

3. 要防止地下害虫、蚜虫、青虫吃甘草幼芽和茎叶　北疆地区的地下害虫较少，但也要防治。6 月蚜虫发生较重，一旦发生，要马上用氧化乐果喷雾防治。

4. 要防除杂草、多施肥抓高产　熟地种植甘草在早春时灰菜、狗尾草发生较多，往往把甘草苗盖住。因此，一定要有除草预案，要提前备好专用除草剂。除完草后，马上追肥，第一年分两次追肥，6～10 片叶时每亩追施 10～15 千克磷酸二铵和 15 千克尿素，15～20 片叶甘草封垄前每亩再追施 10 千克磷酸二铵和 10 千克尿素。第二年和第三年每亩均要施 20 千克磷酸二铵和 20

千克尿素。要想获高产就必须多施肥。

七、新疆南疆栽培模式注意事项

这些地区主要包括天山南坡、昆仑山东坡、塔克拉玛干大沙漠边缘广大的地区，博斯腾湖周边地区，吐鲁番盆地周边地区。沿昆仑山、天山南坡一线的喀什、麦盖提、巴楚、阿克苏、库车、库尔勒是野生甘草的主产区，其中以胀果甘草、乌拉尔甘草为主，有成片分布，光果甘草较少，但也有成片分布。南疆地区，气候条件极其复杂，甘草种类及变异种类很多，是研究甘草新品种的天然种质资源库。

1. 一定要选择有浇水条件低盐碱的土地种植甘草 南疆能种植甘草的土地大部分在塔里木河流域，水利资源十分丰富，但几乎所有的土地都有盐碱，只是程度轻重不同而已。高坡地砂质土，盐碱轻，大水压碱1～2次就可以种棉花、水稻、瓜果类、甘草；低洼地排水不畅的地块，一定要挖排碱沟，把盐碱排出去，然后浇大水3～4次才能种植甘草。

2. 播种前要躲避沙尘暴并要浇大水压盐碱 南疆的沙尘暴比河西走廊的沙尘暴次数还要多，笔者在南疆发展的连锁基地3、4、5月几乎难以下种，小面积试播均被沙尘暴吹走，等到6、7、8月才可以大面积播种。因此，要抓全苗，播种期宜定在6、7、8月，3、4、5月播种要想办法防沙尘暴。

3. 地下害虫较多，要进行土壤处理 经多块地勘查测定，发现新开出的生荒地地下害虫和地上害虫较多，熟地害虫少一些。因此，下种前要进行土壤处理，用我公司研制的专用土壤处理剂，每亩地使用2千克即可杀死地下害虫。

4. 抓到全苗后，要多施肥保高产 南疆地区均为砂土或砂壤土，有机质含量较低，0.5%左右，有效N、P、K含量也较低。要想获得高产，必须追肥，每年每亩至少要追肥20千克磷酸二铵、20 千克尿素，才能达到预计的产量。

5. 选择直播方式 3 年收，不要搞移栽　由于劳动力成本增加，这几年都采用大面积直播技术，少有育苗移栽方式。尤其是 100 亩以上的大面积甘草种植基地，都选择直播方式。移栽的劳动力成本大，一挖苗一移栽的工钱每亩多支出 500～600 元，而且挖苗时至少损失 15%，损伤 15%，移栽后第二年春缓苗时间长，一般要 20 天才能出苗。采用直播技术一次播种一次采挖，省工省力，甘草条直顺，能切出好的甘草出口斜片。

总结：本节内容是本书的精华部分，是笔者多年来研究乌拉尔甘草栽培技术的经验总结。在设计大面积药材种植基地时，一定要看人、看天、看地，天地人三者缺一不可。设计出来的种植方案要做到以不变应万变，在栽培全过程中，一定要精耕细作，要按农业八字宪法“水、肥、土、种、密、保、管、工”的要求认真操作。任何时髦的“标准”都不能替代这八个字，这是农业栽培的精髓，是我中华民族先民们八千年来农业耕作的经验总结，过去不过时，现在不过时，将来也不过时！望种植户谨记在心，一定会成功！

第九节　甘草初加工技术

一、乌拉尔甘草出口斜片加工技术

从 1994 年开始，北京时珍中草药技术有限公司开始研发甘草斜片加工技术，是国内最早一家加工、出口斜片到马来西亚、韩国的公司。1995 年以后，韩国客商认可家种甘草斜片质量，纷纷来中国采购家种甘草斜片，在河北安国、安徽亳州、内蒙古、甘肃、宁夏建立加工厂，甘草斜片的出口量不断的加大。现在每年向韩国出口甘草斜片达 6 000 吨以上，向马来西亚出口达

1 000 吨以上。其加工技术如下：

从栽培甘草条中挑选皮色红、条直顺、长 20 厘米以上，根尾直径 0.6 厘米以上的半干鲜根，人工去头接尾，人工将根条上的须根剪掉，然后用洗甘草的滚筒机洗净泥土，稍凉干，待甘草不软不硬时，用人工手推刀推出斜片，也可用斜片机切成斜片，随时将切好的湿的斜片凉到干净的水泥场地或草席上，直到晒干、收堆。然后将混合的干斜片人工分检出甲、乙、丙、丁各等级，装箱或装入编织袋中即可。出口马来西亚的斜片要求较高，出口韩国的要求较低一些。

出口甘草斜片加工流程：

鲜甘草条
↓晒干
干甘草条
↓浸润
不软不硬的甘草条
↓切片
七成干甘草混等圆片
↓晒干
全干甘草圆片
↓人工分拣
甘草斜片成品

二、乌拉尔甘草圆片加工技术

鲜甘草从地里挖出来以后，将泥土洗净，晒到 9 成干以上，使根皮和木质纤维合在一起，目的是不裂片。将干甘草根用水浸润一天一夜，至甘草根不软不硬，上圆片机切片，调刀口至 3～5 毫米宽，将甘草条理顺，推进刀口，切出混等甘草圆片，随即晒干或凉干，然后分等过筛。加工甘草圆片的原料主要是加工斜片后剩余的小条或残条，切出来的规格都小，直径都在 0.3～0.7 厘米之间，这些圆片主要销售在国内中药房、制药厂、农村市场，价格也偏低，每千克 7～11 元左右。

甘草圆片加工流程：

鲜甘草条
↓ 晒干
干甘草条
↓ 洗净、浸润
不软不硬的甘草条
↓ 切片
七成干甘草混等圆片
↓ 晒干
全干甘草圆片
↓ 分等
分等过筛
↓
甘草圆片成品

第四章　栽培甘草病虫害种类及防治方法

近20年来，家种甘草产业迅速发展，栽培的区域涉及整个华北、西北、东北地区，甘草病虫害的种类相当复杂，本章重点分类描述。

第一节　甘草病虫害的发生特点

随着甘草种植业的发展，其病虫害防治显得日益重要。对于内蒙古地区的甘草病虫种类及防治措施，陕西中药研究所科技人员做了大量工作。经普查，内蒙古地区的甘草病害至少有13种，已鉴定的害虫128种，分别属2纲，9目，50科。天敌83种，分别属2纲，9目，33科。详见表4-1、表4-2。东北、西北地区也有类似报道，可谓种类繁多。其发生特点：一是虫害多于病害；二是鞘翅目害虫较多，鳞翅目虫害少；三是土栖病害居主导地位；四是危害性最大的病虫都集中在甘草生长的前期。内蒙古地区常见甘草病虫害及危害程度，见表4-1。

表4-1　内蒙古地区甘草害虫普查结果汇总（1987—1990）

Table 4-1　Statistical results on insect pests of *G. uralensis* in Inner Mongolia（1987—1990）

纲名	目名	科数	种数	主要种群
昆虫纲	鞘翅目	16	51	大黑金龟等3种，短毛草象等2种，甘草豆象
	鳞翅目	7	16	
	直翅目	5	11	华北蝼蛄

（续）

纲名	目名	科数	种数	主要种群
昆虫纲	缨翅目	2	2	
	半翅目	6	20	盲蝽类
	膜翅目	2	3	甘草种子小蜂
	同翅目	7	16	甘草胭蚧、小滤液蝉、殃姬叶蝉
	双翅目	4	8	草原花翅实蝇
蛛形纲	蜱螨目	1	1	红叶螨
合计	9	50	128	主要种群约 25 种

表 4-2　内蒙古地区天敌普查结果汇总（1987—1990）

Table 4-2　Statistical results on natural enemies for insect pests of *G. uralensis* in Inner Mongolia（1987—1990）

纲名	目名	科数	种数	主要种群
昆虫纲	鞘翅目	4	12	虎甲、多异瓢虫、红角婪步甲、鞘婪步甲
	革翅目	1	2	华姬猎蝽
	脉翅目	3	9	大草蛉等 4 个种
	缨翅目	1	1	
	睛翅目	1	1	
	半翅目	6	9	灰姬猎蝽、盲蝽
	膜翅目	11	28	姬蜂
	双翅目	5	16	黑带食蚜蝇、大灰食蚜蝇
蛛形纲	蜘蛛目	4	5	三实花蟹蛛
合计	9	36	23	主要种群约 20 种

表 4-3 内蒙古地区常见甘草病虫害及危害程度

Table 4-3 Frequently deseases and insect pests and harm degree in Inner Mongolia

病虫类群	虫（病）态	数量单位	发生量及危害程度			
			滩草地	梁地草	沙地草	栽培沙草地
苗期根病	—	—	—	—	—	++
茎叶病害	—	—	++	+	+	++
锈病	夏孢子期	病株（%）	4.2	7.1	7.0	11.3
			+	+	++	++
地下害虫	成、幼虫	头/米^3	1.2	1.4—4.5	11.2—14.5	11.2—14.5
			+	+	++	+++
甘草胭蚧	珠体	虫株（%）	15.6	47.2	68.7	96.3
			+	++	+++	++++
叶蝉	成、若虫	头/50 网	695.8	300.3	307.5	355.2
			++	+	+	++
叶甲	成虫	头/50 网	50.6	2.0	14.7	20.2
			+++	+	+	++
盲蝽	成、若虫	头/50 网	70.8	12.3	59.7	62.2
			++	+	+	++
象甲	成虫	头/50 网	22.2	29.5	11.2	20.8
			+	++	+	+
蚜虫	成、若虫	—	++	+	+	+
鳞翅目幼虫	幼虫	头/50 网	4.8	1.5	0.8	1.5
其他害虫	成、若（幼）虫		8.8	26.2	26.2	37.2

第二节　主要病害及防治

甘草的病害主要有锈病、白粉病、点斑病、褐斑病及根腐病。

一、甘草锈病

甘草锈病的病原菌属于担子菌亚门、冬孢菌纲、锈菌目、柄锈菌科、单孢菌属。

1. 症状　在甘草返青期，展开的叶尖上出现浅褐色斑点，随着叶片的平展、长大，孢子堆由叶尖沿叶背扩大，最后整个叶片的正背两面都被浅褐色斑点覆盖。此时锈菌反复感染力最强的时期，直至全株各叶片都发病。被锈菌侵染的栽培甘草植株明显矮化，2 年生栽培甘草病株较正常株矮 1～6 厘米；而野生甘草病株则表现为徒长、不分枝或少分枝，比正常植株高 3～10 厘米。每年 7 月甘草锈菌进入冬孢子期。冬孢子堆为暗褐色，孢子堆小连片、稀疏地布于叶背，发病株率和叶率均高，对植株影响不太大。

2. 发生期及危害　栽培甘草锈菌感染发生初期为 5 月上旬，盛期、末期在 5 月中旬，植株死亡初期在 6 月中旬，高峰及后期为 6 月下旬。冬孢子堆发生的初、盛、末期依次在 7 月上、中、下旬。野生甘草夏孢子堆、冬孢子堆发生期及夏孢子感染病株死亡期比栽培甘草晚 5～10 天。冬孢子堆发生后进入休眠期，第二年春通过冬孢子重新感染植株。

夏孢病株率在 7.3%～12.7%之间，凡感染复孢子的植株，不论栽培或野生甘草，死亡株均在 98%以上。野生甘草病株地上茎叶死亡后，根和根茎尚有补偿能力，而栽培甘草地上部分死亡后，根和根茎随之死亡，直接影响产量。冬孢病株发生比较普遍，病株率在 53.3%～96.0%之间，但均不会致死，这与夏孢病株截然不同（表 4-4）。

表 4-4　不同株龄甘草锈病夏、冬孢子病株发生及死亡情况

Table 4-4　*Uromyces glycyrrhizae* in different years of *G. uralensis*

染病及致死（%）	株龄				
	1 年龄	2 年龄	3 年龄	4 年龄	野生甘草
夏孢病株率	0	12.7	8.7	9.3	7.3
夏孢病株致死率	0	100	98.7	98.7	98
冬孢病株率	53.3	54.7	82.7	84.7	96
冬孢病株致死率	0	0	0	0	0

（乔世英等，2004）

3. 防治措施　加强管理培育壮株，增强抗病能力；冬春灌水、秋季适时收割地上部茎叶，及时拔除病株，防止传播，可减轻病害的发生。

冬孢粉锈宁及农抗 120 处理对甘草夏孢期锈病病株的防治效果极显著，相对防效均达 71.2%以上。药剂防治夏孢病株应在早春冬芽萌动期（尚未顶土出苗）。可用 25%粉锈宁乳油，每亩 0.17 千克，或用农抗 120 水剂（抗生素），每亩 0.8 千克，对水稀释开沟灌根，防治效果达 71%以上。叶面喷洒上述农药效果不佳。此外，也可用 97%敌锈钠 400 倍液在病株喷雾，或喷 0.3～0.4 波美度石硫合剂，以控制冬孢子感染形成夏孢子堆，以及夏孢子堆反复感染。

二、甘草白粉病

甘草白粉病及其防治病原是真菌中的一种半知菌，为害叶，染病叶片正反面产生白粉。

防治方法：喷 0.2～0.3 波美度石硫合剂。

三、甘草点斑病

点斑病 *Cecospora eavarae sooc* RD Saec. 是一种广泛传播的甘草半知菌真菌病害，前苏联曾在北高加索、伏尔加河流域、西西伯利亚、中亚地区发现。在塔什干地区甘草播种地内，5 月上旬就出现，可长到寄主营养生长末期。在染病的叶子上形成不规则的、非正常的亮斑，不久在病斑上覆盖点状橄榄色（几乎近于黑色）的由分生孢子梗形成的病斑，在强烈发育时，病斑合并连片，叶组织坏死，叶片卷曲并脱落。

在甘草营养生长阶段，点斑菌的发育是从分生孢子阶段开始的，分生孢子梗为亮橄榄色，直立或上弯，顶端具 1 至若干个斑痕。分生孢子暗橄榄色，形状、大小不相同，有倒棒形、纺锤形、圆锥形等，具 3～8 个横隔，大小（42～194）微米×（4～6）微米。点斑病以变形的菌丝和菌核在寄主叶子上越冬。在潮湿的屋子里，存放越冬叶子时，在病斑上形成大量分生孢子层。分生孢子散布不需要水滴，大气相对湿度超过 70%就可以传播。它们在 2～34℃ 均可萌发，最适温度为 20～26℃。在最适温度下，分生孢子经过 3～4 小时就开始萌发，侵染植物是经过气孔进入叶组织再穿到表面产生分生孢子梗。

由于甘草属不同种遗传性不同，点斑病的发展也不同。粗毛甘草点斑病在整个营养生长期，强烈生长，属易感染种；而光果甘草的感染明显缓和，属中等感染种。另外，点斑病的发生与传播同当年的气候条件和栽培技术特点也有一定的关系，降水量多，播种密度大，灌溉农田、地形不开阔，都是加重该病发生和传播的因素。

为了防止点斑病的发生和蔓延，应该在秋季系统地清除病株残体，在甘草营养期要对种植地施 3 次 15%胶态硫或每亩喷 5～70 升代森锌。

四、甘草褐斑病

甘草褐斑病 *Cercospora astragali* Wornichin 病原是真菌中的一种半知菌，属半知菌亚门、丝孢纲、孢目、尾孢属真菌。为害叶，受害叶片产生圆形或不规则形病斑，病斑中央灰褐色，边缘褐色，在病斑的正反面均有灰黑色霉状物。子实体叶两面生，但主要叶正面生，淡褐色，顶端色淡并较狭，不分枝，具 0～5 个膝状节，顶端近截形，孢痕显著，1～7 个隔膜，大小为（24～71）微米×（4～5.5）微米；分生孢子鞭形至近截形，顶端略钝，3～10 个隔膜，大小为（32～80）微米×（3～4.5）微米。

防治措施：

①喷无毒高脂膜 200 倍液保护。

②发病初期喷 1∶100～160 波尔多液或 70%甲基托布津可湿性粉剂 1 500～2 000 倍液。

③发病期喷施 65%代森锌 500 倍液 1～2 次。

④秋季清园，集中处理病株残体，减少病源。

五、甘草根腐病

甘草根腐病病原国内普遍认为是茄腐镰孢，各地报道还有串珠镰孢、木贼镰孢等。内蒙古分离根腐病菌主要有：立枯丝核菌 *Rhizoctonia solani* Kuhm.、尖镰孢菌 *Fusarium oxysporum* Schleht. 及茄类镰孢，均属半知菌亚门真菌。

1. 症状　染病植株叶片变黄枯萎，茎基和主根全部变为红褐色干腐状，上有纵裂或红色条纹，侧根已腐烂或很少，病株易从土中拔出，主根维管束变为褐色，湿度大时根部长出粉霉。

2. 传播途径和发病条件　镰刀菌是土壤习居菌，在土壤中长期腐生，病菌借水流、耕作传播，通过根部伤口或直接从叉根分枝裂缝及老化幼苗茎基部裂口处侵入。管理粗放、通风不良、湿气滞留地块易发病。

3. 防治方法　应控制土壤温度，防止湿气滞留；用50%多菌灵与利克菌1∶1混配200倍液浸苗5分钟，晾1～2小时后移栽，防效高；发病初期喷淋或浇灌50%甲基硫菌灵或多菌灵可湿性粉剂800～900倍液、50%苯菌灵可湿性粉剂1 500倍液。

第三节　主要虫害与防治

甘草的地上害虫主要包括叶甲类、叶蝉类、蜡蝉、盲蝽类、夜蛾类和蚜虫，而地下害虫者种类繁多，数量巨大。出苗阶段主要有蝼蛄、何氏东方鳖甲、华北大黑金龟子的幼虫（蛴螬）、黄褐丽金龟等，常咬食胚轴、子叶造成缺苗断垄。苗期到成株期主要有宁夏胭珠蚧（2年生后）、华北大黑金龟子的幼虫（蛴螬）、金针虫、拟步甲、黄斑大蚊等。其他还有小黄鳃金龟、黄褐异丽金龟子、华北蝼蛄、赤绒金龟子、黑绒金龟子等。

一、宁夏胭珠蚧

1. 为害情况　宁夏胭珠蚧 *Porphyrophora sophorae* 属同翅目珠蚧科，是一种刺吸式害虫。通过多年在内蒙古、陕西、宁夏、甘肃4省（自治区）相邻5个旗县的甘草产区调查，甘草胭蚧有虫率达39.9%（4.2%～96.3%），野生甘草为22.82%（4.2%～83.5%），栽培甘草为94.92%（91.6%～96.3%）；为害指数36.82，野生甘草为6.3，栽培甘草为63.06。甘草受害多在根头周围，以10～20厘米居多，栽培甘草在表土下5.30厘米，野生甘草在表土下15～30厘米，部分可达50厘米。

2. 形态特征　此虫雌雄异型。雌虫无翅，体长4～8毫米，全身密被淡色细毛，体色胭脂红色；触角 7 节，基部 6 节短而宽逐渐向上变细，第一节色淡，端节大而顶圆呈半球状，长度约为前 3 节之和，端部有 10 根长毛及 17 个左右感觉刺及少数小孔；前足短粗开掘式，胫节与跗节愈合；爪长而弯，其基部宽度约为长度的 1/3；中足、后足很小，爪细长而弯；雄虫有翅 1 对，体暗紫红色，体长 2～3 毫米，触角 8 节，第 3～8 节长形，其中 6 与 7 节略细小，各节密生感觉刺毛；复眼发达，在头后各有 1 突起；腹瘦细膜质，背面 1～4 节各有 1 对三角形骨片，第 7 节有一横列蜡腺，由此分泌出长而直的蜡丝，可长达 5 毫米；前足腿节膨大，密生短毛，胫节短，跗爪长而尖；中、后足腿节亦粗大，胫节细长，跗爪短而尖。前翅透明，翅缘及翅痣红色，有 3 条不明显长脉；后翅红色呈刀形退化，外缘有 1 尖钩。卵为长卵形，胭脂红色，长约 0.5 毫米，宽 0.25 毫米，初产时呈链状，大量产出后为堆形，藏于虫体分泌的白色蜡袋内。

3. 生活习性　野外调查和饲养观察，甘草胭蚧生育周期为 1 年，无隔年羽化，多个虫态有同期的世代重迭现象。雄虫一生经卵—幼虫—蛹—成虫4个发育阶段；雌虫一生经卵—若虫—成虫3个发育阶段。变态类型为从不完全变态到完全变态的过渡型变态。以初龄幼虫在寄主植物根际越冬，越冬时初龄幼虫藏于卵囊内，生活周期中只有成虫阶段短暂活动于地面，其他虫态均生活在土中。

雄成虫趋光性明显，晚间多栖于寄主作物或地表不动。白天以爬行、跳跃，短距离飞行活动为主，也可借助风力滑行，以 10：00～16：00 时最活跃。雄虫对雌虫分泌的性激素非常敏感。羽化后的雌性成虫在珠体壳静止数小时后，离壳钻出地表，分泌性激素，引诱雄虫交尾。一头雌虫可与多头雄虫重复交尾；如爬行一段时间仍未交尾，可以钻入土中，次日又出土觅偶。交尾后的雌虫作短暂爬行后钻入土中 1～5 厘米处，呈静止状态产生蜡粉，产卵于其中，并不断形成蜡絮状的卵囊保护卵和若虫正常越冬。雌虫产完一囊卵后，即干缩死亡。

4. 防治方法　药剂防治此虫有较大难度表现在：①一年中仅在成虫阶段短暂活动暴露于地表，接触农药的机会少。②雌成虫有较厚的蜡质层，抗药性强。③珠体期定居于植物根部后，不再转移；其体表有厚蜡，并黏附厚层泥土，土壤施药难于触及虫体；施用内吸药剂也多不向植株下部传导，颇难奏效。④越冬期间的初孵若虫，处于休眠状态，并垫伏于蜡卵袋内，犹似藏匿于“保险柜”中。但此虫也有其薄弱环节主要表现在：①一年发生一代，发生期比较整齐，如抓住关键时机防治，可以减少防治环节和次数。②雄成虫体小，柔弱，触药易死亡，掌握其盛发期施药，可大量杀死雄虫，并可降低雌虫的产卵量和孵的孵化率，达到控制发生量的目的。③越冬后的初龄若虫，有爬行寻觅寄主的习性，虫体小，指药性差，可抓住这一有利时机土壤施药杀伤。因此，在防治中应重点抓成虫期和越冬后初龄若虫期的防治。

防治措施：

①药剂防治：重点抓好成虫期及越冬后初龄若虫活动期施药。

②成虫期防治：掌握其羽化盛期，施药1～2次，可用4.5%甲敌粉，每亩用2.5～4千克，或喷洒2.5%敌杀死3 000倍液。对雄虫杀伤效果肯定，对雌虫杀伤效果达72%以上，并可减少产卵量和孵化率，有后效作用。于无风的中午前后施药最佳。收割牧草后施药，使药液（粉）均布于土表，并避免农药污染牧草。

③初龄若虫期防治：4月中旬前后，在土中的越冬若虫开始活动，寻觅寄主，可用50%辛硫磷乳油根施，每亩0.5千克，一般可在雨前或雨后开沟、施药、覆土。如土于无雨，根际施药后应浅水灌溉，以发挥药效。用磷化铝熏蒸防治：每平方米打孔投药3～4片（每片重3.3克），施药时间同上，施药后随时用塑料薄膜密闭6～8天。无药害，效果好。

④其他防治方法：根据当年生甘草无该虫为害的特点，建议

适时早播，加强水肥及其他田间管理，促其增加生长景，健壮早发，以增强抵抗病虫为害的能力。对多年生甘草，6月间深耕重耙，机械杀伤珠体，疏松土壤，促进植株生长，增强抗虫能力，在珠体尚未成熟前的6～7月挖甘草，珠体因脱离寄主而全部死亡，可大大减轻翌年的发生量。

注意：据陕西中药研究所的研究，呋喃丹、久效磷、东虫脒、甲基异硫磷等高毒农药根施，对初龄若虫有较好防治效果，并测出甘草的地下根茎农药残留量较小，但为慎重起见，这类高毒农药，目前应按农业部规定，不准在中药材生产中使用。

二、蚜　虫

1. 为害情况　为害甘草的蚜虫主要为乌苏黑蚜、桃蚜等，属同翅目蚜科。分布普遍，繁殖力强，年发生8～12代，以卵在土壤、树木缝隙越冬，亦可在多年生植物根际越冬。据观察，乌苏黑蚜有无翅和有翅两种，有翅成蚜有迁飞的习性。蚜虫对甘草的为害在不同年份、不同生境差异甚大。通常年份为害期短，多在6月下旬至7月上旬为害个别植株，其他时期不易见到。野生沙地甘草有虫率4.5%，百株虫口8头，少雨年份虫口更低。若当4月降水次数多，降雨量大，则越冬卵孵化率高，若虫成活率高，再遇上5～7月降水多时，则蚜虫大发生。鄂托克前旗1989年4月降水是常年的4.67倍，6、7月降水又分别是常年1.2～1.3倍，当年即蚜虫大发生，甘草有虫株率达77.1%。87.3%，严重受害株33.6%～57.6%（顶部8厘米被蚜覆盖），梁地为52.2%和14.1%。严重干旱的1987年4、5、6、7月降水量分别为常年的41.6%、20.8%、121.9%和44.7%，当年蚜虫发生轻，几乎很难见到蚜虫踪迹。不同种质资源或不同产地的同一种甘草，抗蚜能力有明显差别。种间比较以光果甘草抗性最好，胀果甘草次之，乌拉尔甘草较差。不同产地的乌拉尔甘草以新疆塔什抗性较好，甘肃饮马、环县次之，杭锦旗、鄂托克前旗的较差。植株不同生长年限其蚜害亦有差别，株龄越小，抗蚜耐蚜性越差，影响正常生长越大，故1、2年生甘草易受蚜害，3年以后植株受害逐年减轻。

在东北和西北甘草产区发现为害甘草的害虫，以蚜虫最重。1985—1988年结合生产性栽培，在黑龙江省肇州对乌苏黑蚜为害乌拉尔甘草的发生发展规律做了初步研究，结果如下：温、湿度对黑蚜的发生有明显的影响：每年6月上旬，日均气温达17℃时，蚜虫出现；到7月下旬，日均气温达22～24℃时，虫量达最高数，至8月中旬以后，随气温下降，数量随之减少；到8月下旬，日均气温在16％以下时蚜虫匿迹。日均气温22～24℃时，由于气温较高，即使相对湿度达80％，蚜虫仍可迅速繁殖；但相对湿度高达90％，而气温下降至20℃以下时，其数量迅速减少。最适蚜虫大量繁殖的日均气温是22～24℃，相对湿度为60％～70％。

降雨量对黑蚜的发生有一定的影响：在蚜虫大量发生期间，下小雨对其数量增长的抑制作用不明显。例如：1986年7月13日和16日，降雨量分别为6.8毫米和10.9毫米，雨后调查蚜虫的数量，未见明显下降。该年7月21日调查100棵植株，为害率100％，次日降下一场暴雨：雨量43.2毫米，雨后原处调查，为害率降至31％。

不同龄植株受黑蚜为害的程度各异：1987年，在肇州万宝乡的3块分别种植1、2、3年的乌拉尔甘草地块上同时调查，发现1年生幼株受害最严重，2年生次之，3年生最轻。

2. 防治方法　一般年份可利用瓢虫、草蛉、食蚜蝇等食蚜天敌控制为害，无须人工防治。同时注意田边、渠旁杂草，特别是林下杂草的清除。如点片发生，可点片挑治。大发生年份应注意及早防治，注意食蚜天敌制蚜能力的发挥，药剂使用除以短效为主，如敌杀死、乐果、灭扫利等外，要逐步推广生物农药、植物农药，以减少对甘草药材污染。

三、甘草跳甲

甘草跳甲 *Altica glycyrrhizae* Oglobr. 属鞘翅目、叶甲科。我国新疆农垦和前苏联有过报道。

1. 形态和习性　甘草跳甲是专食甘草的单食性昆虫，前苏联报道还食骆驼刺和杨树。甘草跳甲体长 4.5～5.5 毫米，宽 2.3～2.5 毫米，长椭圆形、蓝黑色、善于跳跃，雌虫稍大于雄虫；幼虫体表具光泽，胸节和腹节上各具 2 列突起的黑色毛片，胸足 3 对、无腹足，尾部有吸盘状臀足。

2. 为害情况　成虫和幼虫均为害叶片和嫩枝。成虫取食叶缘，咬成缺刻或从叶片中间咬成不规则孔洞。幼虫多从叶片背面啃食叶肉、留下表皮、成透明状。被害株常达 100%，严重地段叶片、嫩枝全被吃光，致全株枯死。人工栽培田受害更为严重。新疆栗素芬等报道，此虫在新疆垦区一年发生 2～4 代；前苏联在塔什干高洛德草原调查，自然条件下年发生1代，栽培条件下年发生2代。以成虫在甘草枯枝落叶或土缝中越冬。调查中发现纯5 170 蝽、蚜狮、黑食蚜为甘草跳甲天敌，捕食该虫成虫、幼虫、卵和蛹。

3. 防治措施

①注意保护天敌纯兰蝽、蚜狮、黑食蚜等；②每年封冻前一定要进行冬灌，恶化成虫越冬环境；③抓住发生盛期组织群防群治控制迁飞，并交替使用化学农药，防止其抗性影响防治效果。

四、甘草萤叶甲

甘草萤叶甲 *Diorhbda tarsalis* Weise. 俗称甘草叶甲，属鞘翅目叶甲科 Chrysomelidae，萤叶甲亚科 Galervcinae，粗角萤叶甲属。据现有资料主要分布在内蒙古、宁夏、甘肃、新疆以及俄罗斯西伯利亚等地。

1. 形态和习性　该虫成虫呈长卵圆形，体长5～7毫米，宽2.5～3.0毫米，雄虫小于雌虫，呈黄褐色至黑褐色；雌虫多次产卵，卵块堆积成不规则球形；幼虫3龄体长6～8毫米，呈黄色到黄褐色；蛹近圆形，直径7毫米，黄色。

甘草萤叶甲1年发生3代，以成虫在土缝中越冬，翌年4月末到5月初开始活动。末龄幼虫在甘草叶片、新枝芽和甘草根部表土作蛹，成虫有群聚、短距离迁飞、受惊后落地假死、白天活动、交尾后雄虫数Et后死亡的特性。

2. 为害情况　越冬成虫开始活动咬食甘草萌发苗和出土的幼苗，使甘草难以顺利生长。初龄幼虫群集采食，随龄期增加而扩散危害。该虫为食叶害虫，主要为害甘草而不为害其他乔、灌、草植物，在整个生长季节里以成虫为害为主，且取食量大，成虫和幼虫往往重叠出现为害。

根据调查，内蒙古、宁夏的黄河河套地区的天然甘草萤叶甲发生多、危害重，而梁地和沙地发生轻；人工种植的甘草发生多、危害重，而野生甘草发生少、危害轻。其主要原因是河套区土壤湿度大，气温比较稳定，甘草萌发早，而梁地和沙区气候干旱、沙大，甘草萌发晚，加之萤叶甲食性单一，河套地区受害程度逐年加重。

3. 防治措施　对甘草田实行冬前灌溉，恶化成虫越冬环境，减少虫口基数，搞好测报及时组织药物防治，减轻早期危害，是当前有效的防治方法。试验表明，敌敌畏乳剂、敌百虫、辛硫磷乳剂、氧化乐果乳剂都有很好的杀虫效果，而尤以敌敌畏、敌百虫1 000倍的混合液于上午11：00时前喷雾效果最好。

五、叶　　蝉

主要有榆叶蝉 *Empoasca bipvnetata* Vshorn.、棉叶蝉

Epoasca bigfluiaclshidae.、小绿叶蝉 *Empoasca flavescens* (Fabricius.)、殃姬叶蝉 *Eutettix* sp. 等4种。属同翅目叶蝉科Ciadellidae。各甘草产区均有分布，发生数量大，为害严重。

1. 形态和习性 叶蝉为甘草丛间一种体长2.5毫米左右，能跳跃飞行的绿色小虫。年发生4～5代，以卵在树皮缝隙、枝杈间越冬，从甘草返青5月中旬开始，到10月上旬甘草完全落叶止，均可见到此虫为害。为害初期，叶呈针尖状失绿斑点，之后叶片均匀密布淡黄色斑点或银白色斑点。叶背可见许多叶蝉若虫的蜕。

2. 为害情况 严重为害的田块，植株下部功能叶提前枯黄脱落，中、上部功能叶也失绿变黄，严重影响生长，可提前1个月落叶休眠。水肥充足，湿度较大的生境，甘草生长嫩绿茂盛危害重，百株虫口可达1 683头。栽培甘草重于野生甘草，严重为害期6月中旬到8月中旬，9月以后甘草开始枯黄，可见明显的迁往其他寄主和准备越冬。

3. 防治措施 经试验，用2.5%的溴氰菊酯（敌杀死）乳剂1 000、2 500、5 000倍液，每亩喷施45千克，施药后14小时调查，防效分别达99.6%、97.9%、95.3%，生产上可用3 000～5 000倍液适期防治。40%乐果乳剂800、1 400、2 000倍液同样喷施、防效分别为71.2%、44.3%、36.1%，防效较差。为防止虫害，栽培甘草应避免水肥过盛，植株嫩绿疯长，同时应清除榆树等越冬寄主。

六、短毛草象

短毛草象 *Chloebius psittacinus*.，属鞘翅目象甲科，为体长5～7毫米，常活动取食于甘草茎叶的一种绿色小象虫。

1. 形态和习性 此虫年发生2代左右，以成虫或初龄幼虫在榆树树皮缝隙、甘草等杂草根际越冬；虫害的发生对湿度要求不严，相对湿度 20%。50%利于繁殖与为害。

2. 为害情况　此虫为害期长，一般甘草田 5～9 月均可见到，为害盛期 7～8 月上旬。主要取食甘草叶片，将甘草叶缘取食成缺刻状。百株虫口多达 358 头。野生甘草的虫口常大于人工栽培的。纯甘草田块小于沙蒿甘草群落，野生甘草不同植物群落中差异较大，以覆沙梁地中生长矮健的纯甘草群落危害最轻，百株虫口 10 头；伴生植物种类较多的甘草群落，以及伴生林木（榆树）的甘草地危害重，百株虫口 458 头。

3. 防治措施　用 2.5%的溴氰菊乳剂 1 000、2 500、5 000 倍液，亩施药液 45 千克，可取得满意的防治效果，其防效分别为 98.0%、91.8%、88.3%。用 40% 乐果乳剂 800、1 400、2 000倍液防治效果较差，分别为 75.0%、51.7%、35.0%。虫口密度百株达到 100 头时，可考虑药剂防治。此外，在秋季结合打草，破坏其越冬场所，压低虫口越冬基数亦可起到预防作用。发展甘草生产中，避免林下或远离林带种植，是减少短毛草象等虫为害的一条途径。

七、盲　蝽

属半翅目盲蝽科主要有牧草盲蝽 *Leptopterna pratensis*、三点盲蝽 *Adelphocoris fasciaticollis* Reuter.、苜蓿盲蝽 *A. lineao* Latus. 等。

1. 形态和习性　年发生 3～4 代。牧草盲蝽以成虫在田间杂草、树皮裂缝内、枯枝落叶下、寄主根际越冬。其他盲蝽以卵在甘草、苜蓿等寄主的残枝内、树的裂缝内越冬。各甘草产区均有分布。

2. 为害情况　为害盛期 7～8 月上旬，害状与叶蝉近似，但白色斑点较大，叶片多呈银白色，失绿。常与叶蝉混合发生，为害重时导致甘草早衰，提前落叶，生长势明显减弱。一般是水肥充足的栽培甘草受害重于野生甘草，伴生多种杂草的甘草群落受害重于纯甘草群落。发生为害与繁殖的适宜条件：温度18～25℃，相对湿度60%以上，干旱、风沙，不利于盲蝽生栖，因而对沙地纯甘草群落、梁地、覆沙梁地甘草常危害不大；但人工栽培中应该注意甘草的种植密度与水肥管理，防止造成虫害爆发成灾的环境。

3. 防治措施　秋冬清除田内及周围的残枝落叶，春季及时清除杂草；同时应严格水肥管理；适当疏苗，使植株生长健壮，减少虫口数量。虫口过大时可用常规农药防治。

八、甘草豆象

甘草豆象 *Bruchidius ptilinoides*.，属鞘翅目豆象科，1年发生1代，以幼虫在甘草种子内越冬，5月下旬开始羽化；主要取食贮藏期的甘草种子，成虫亦可取食甘草叶。当年未处理种子，越冬后被蛀率达35%以上，贮藏二年后达77.4%。

大田调查表明，成虫5月下旬到9月中旬在田间均可见到，以8月上旬密度最大，百株虫口可达56～90头。沙地、梁地甘草虫口较小。成虫羽化不整齐，田间防治困难，且意义不大，防治重点应在结荚期（种子基地）和甘草果荚收获脱粒后的入仓贮藏期。入仓期的种子处理方便、高效，为防止为害的最佳时期。一般用磷化铝等药剂熏蒸或用甲敌粉、一六〇五粉等药剂拌种贮藏均可取得良好效果。

九、甘草透翅蛾

甘草透翅蛾 *Parathrene* sp.，属鳞翅目，透翅蛾科。主要分布于杭锦旗的西北沟等荒漠沙地甘草，鄂前旗等甘草产区的沙地生境亦可见到。幼虫在甘草茎基地表下钻入茎内，从茎心向上钻蛀为害，受害甘草很快死亡，地下部分常见钻蛀向下腐烂，造成损失。1年发生2代，8月中、下旬为主要为害阶段，以老熟幼虫在枯枝内越冬。目前较为有效的防治是注意做好冬前打草，消灭越冬虫源并及时清除受害植株。

十、地下害虫

1. 主要地下害虫种类　甘草地下害虫种类多、数量大，同样具有啃食种子，嚼食种苗造成缺苗断垄的危害，加之其隐蔽性、夜出性生活特性，可以说现阶段甘草的生产能否获得大的经济效益，关键在于地下害虫的预防和防治。出苗阶段主要有蝼蛄、何氏东方鳖甲 *Anatolica holdereri* Reittei.、黑皱金龟子 *Tremaodes tenebrioides*.、黄褐丽金龟 *Anomala exoleta*. 等，常咬食胚轴子叶造成缺苗断垄。

苗期到成株期主要有甘草胭蚧（2年生后）、黑皱金龟子等的幼虫（蛴螬）、金针虫，拟步甲、黄斑大蚊 *Nephrotoma* sp. 等。人工栽培的成年甘草和野生甘草主要受甘草胭蚧和蛴螬为害。

2. 为害情况　地下害虫的发生、为害与生境关系较大。滩地生境土壤含水量常年较大，不利于地下害虫的生存，一般每平方米有虫0～1.7头，为害轻；梁地、覆沙梁地土壤含水量低、干燥、坚硬亦不利于害虫生栖，每平方米有虫1.4～4.5头，为害次之；土壤含水量（表层）10%～20%为地下害虫的较适环境，因而低洼、肥沃沙地地下害虫为害最重，每平方米有虫11.2～14.4头（均为蛴螬和拟步甲等）。有的2年生甘草被咬伤46.7%～58.0%（统计对象为1/2周径根被啃食，没有恢复的和新取食的植株）。

值得指出的是，野生甘草同人工栽培甘草在受到地下害虫侵害后，产生的后果有显著不同。野生甘草一般来说根头距地表较深，多在50厘米以下。地下害虫取食为害的是甘草的地下茎，地下茎有许多不定芽和不定根将会迅速生长而再生，不至于全株腐烂死亡，对植丛密度没有重大影响。而人工栽培甘草生长年限短，根头距地表浅，地下害虫取食的多是主根，造成腐烂，感染幼小植株，恢复能力弱，常导致全株腐烂死亡，失去商品利用价值。甘草胭蚧、蛴螬等地下害虫为害，是大面积人工播种甘草缺苗断垄、中期死亡的主要原因。

3. 防治措施

①选择地下害虫较少的，不利于地下害虫发生的生境、地域作播种田。②精细整地、深耕重耙，破坏其生境、杀伤虫体。③施用腐熟厩肥拌药处理，防止蛴螬等人为带入甘草田。④重视播种时的催芽拌种处理，可用40％甲基异柳磷0.2％（种子重量的）、50％一六〇五乳油0.2％、25％辛硫磷0.1％拌种，亦可使用其他拌种农药。⑤在地下害虫虫口较大的情况下，亦可用甲敌粉，一六〇五粉剂进行播前土壤处理。

为了达到无公害药材的质量标准，在距甘草采收前45～60天内禁止喷施有毒农药或其他化学药剂，以防农药在甘草药材中残留超标。

磷、磷胺、甲基异硫磷、特丁硫磷、甲基硫环磷、灭线磷、硫环磷、蝇毒磷（蝇毒硫磷）、氯禁止在中药材上使用的农药品种：甲胺磷、甲基对硫磷（甲基一六〇五）、对硫磷、久效唑磷、苯线磷、三氯杀螨醇、水胺硫磷、地虫磷（地虫硫磷、大风雷）、氧化乐果、速扑杀、灭多威（万灵）、磷化铝、三硫磷。

农田化学除草剂胺苯磺隆、绿磺隆、甲磺隆单剂及其复配制剂仅限于水旱轮作田使用。

第四节 甘草害虫的主要天敌

伊克昭盟甘草产区，天敌资源种类繁多，但发生数量较小。

甘草害虫的主要天敌有虎甲、步甲、草蛉、猎蝽、姬蜂、食蚜蝇及瓢虫，另有蜘蛛数种。这些天敌在野生甘草的数量小于人工种植甘草。野生甘草除草蛉、虎甲、猎蝽、蜘蛛外，其他天敌数量均不大。AT种植甘草的天敌对叶蝉、盲蝽、蚜虫有较强的控制为害能力，对象甲、叶甲的控制能力弱，对甘草胭蚧的控制能力小。但胭蚧在株体末期土壤湿度大时可感染病菌致死，感染率高的年份可达23.1%，有一定的控制作用。

一、草　　蛉

属脉翅目草蛉科 Chrysopidae。常见的对害虫控制能力较强的有中华草蛉 *Chrysopa sinica* Jieder.、大草蛉 *Ch. septempuctata* Wesmael. 等4～5种，以甘草生长旺盛茂密的田块及纯甘草田中虫口密度较大，百株可达20头。对蚜虫、叶蝉、盲蝽若虫、叶甲卵及幼虫、蝽类卵、若虫等多种害虫都有较强的捕食能力。该虫有进入甘草田早、退出晚的特点，6～8月数量较大，控制害虫时间长。在施用农药防治害虫时应注意草蛉的密度，当益害比1∶200蚜虫、1∶80叶蝉时，可以免于施药或推迟施药。

草蛉在伊克昭盟甘草产区年发生4～6代。进入甘草田的时间，大草蛉4月中、下旬，中华草蛉5月中旬，丽草蛉6月中旬。几种草蛉一年多代，不同时期进入甘草田，为不同时期的害虫控制起到了良好作用。

二、猎　　蝽

属半翅目、猎蝽科 Reduviidae，主要有枯猎蝽 *Vachivria clavicornis* Hsiao et Ren.、灰姬猎蝽 *Nabis palliiferus* Hsiao.、华姬猎蝽 *Nabis. sinoferus* Hsiao. 等几种，各甘草产区均有分布，5～9月田间均可见到，6～8月数量较多；一般百株虫口

6～10头，不同甘草田差异不大，常年数量变化亦较小。对甘草各时期的蚜虫、叶蝉、叶螨、蓟马、盲蝽若虫、鳞翅目害虫卵、幼虫等有一定捕食能力，对叶蝉、叶螨的抑制能力较强。

三、瓢　虫

属鞘翅目、瓢虫科 Coccinellidae，主要有多异瓢虫 *Adalia varegata*（Goeze.）、异色瓢虫 *Harmonia axgridis*（Pallas.）及七星瓢虫 *Coccinella setempu*n ctata L. 等数种，每年出现于6～8月。七星瓢虫集中于6月中旬至7月上、中旬，多异瓢虫集中于6月下旬至7月上旬。密度大时百株虫口10～22头。以蚜虫、叶蝉、蓟马等其他害虫的卵和幼虫为食，对甘草害虫有一定的抑制能力。以滩地发生时间较长、密度较大，控制害虫能力较好。沙地常伴随蚜虫的多寡而或多或少。

四、虎　甲

属鞘翅目、虎甲科 Cicindelidae，以曲纹虎甲 *Cicindela elisae* 为主。该虫为夜出性，白天田间调查不易发现，夜间网捕或灯诱则易发现大量虫口。虎甲的成、幼虫多在地表活动，故对地表活动的甘草胭蚧成虫、地老虎、拟步甲等害虫有一定控制能力。成虫亦可捕食甘草茎叶害虫。沙地荒漠草原虫口密度大。

五、姬　蜂

属膜翅目、姬蜂科 Lchneumonidae 有地蚕大铗姬蜂 *Eutacnyacra picta*（Schrcank.）、抱缘姬蜂 *Temelwcha* sp. 等

多种，各产地均有分布，甘草生长季节均可见到。寄生于鳞翅目、鞘翅目、膜翅目等害虫的卵和蛹，对鳞翅目幼虫寄生能力尤强，控制害虫作用较大，是伊盟甘草产区鳞翅目幼虫很少造成为害的重要原因。

六、食蚜蝇

属双翅目、食蚜蝇科 Syphidae，常见有大灰食蚜蝇 *Metasyighus conolloe*（Fabnicius.）、黑带食蚜蝇 *Episatrvphus baheaus*（Degeen.）等数种。分布普遍，常年可见到。其捕食对象有蚜虫、介壳虫、粉虱、叶蝉、蓟马等及小型鳞翅目幼虫。对害虫有一定的控制作用。

七、蜘　蛛

属蛛形纲、蜘蛛目 Araneida，为天敌系统中一个重要类群。可捕食叶蝉、叶甲、盲蝽，鳞翅目成、幼虫等多种昆虫。甘草田中出现早、消失晚（4～10 月），数量大，且较恒定，一般百株有虫 10～20 头，可占天敌数的 12%～20%。捕食面广，食量大，是不容忽视的重要天敌类群。甘草植株上常见的有：三突花蟹珠 *Misumenops tricuspidatus* Fabnicius.、枝纹猫蛛 *Oxyopes ramosus*（Panzen.）、四点毫腹蛛 *Singa pygmaea*. 等种，各甘草区均有分布。

另外，新疆农垦科研人员还报道发现几种甘草跳甲的天敌。纯兰蝽 *Zicnona caenul*（Linnaeus.）的成虫、若虫均扑食甘草跳甲成虫、幼虫、卵和蛹，蚜狮扑食此虫卵和幼虫，黑食蚜盲蝽 *Deraecoris punctulatas* Fallen. 取食其卵，对甘草跳甲均有一定的控制作用。

第五节 仓贮病菌及害虫

商品甘草在仓贮和运输过程中由于环境不适宜和有菌（虫）源，致使甘草发生霉变和虫蛀。

由于空气高湿度、降水和甘草受潮或本身含水量高，使霉菌孢子通过土壤和空气传播到甘草上分泌酵素腐蚀药材组织进而发生霉变。致使甘草发生霉变的病原菌主要有毛霉属 *Mucoa*、曲霉属 *Aspeagillus*、青霉属 *Penicillium* 和链格孢属 *Alternaria* 等 20 余个属（种）。

温度和湿度适应昆虫生活时，它们就会活动和繁殖，使甘草受到虫蛀。现已发现有天牛科昆虫中家茸天牛 *Trichoferus campeslris*.、四星栗天牛 *Sfenygrinum guadrinotafum* 和褐梗天牛 *Arhopalus rusvtcus*（Linnaeus.），其中以褐梗天件危害为甚，在咬落的残渣中幼虫的粪便与排出物占 11.85%。

霉菌和昆虫在甘草上长时间生长繁殖，使有效成分受到破坏，甘草酸含量降低 8.79%～10.06%，甘草质量大大降低。

防治霉变措施：①贮藏场所要选择地势高、易通风、干燥的地方，贮藏前应先把仓库、器械等彻底消毒，清除杂物，用杀虫杀菌剂熏蒸 2 次。②甘草入库前进行晾晒，减少所含水分，降低受潮霉变和蛀食的可能性。③贮存和运输期间避免受潮，定期抽查，必要时合理使用山梨糖酸及其制品等防腐剂。

第六节 内蒙古甘草病虫害及天敌目录

一、内蒙古甘草病害名录

1. 甘草锈病

（1）症状 甘草感染锈病后，在叶片上形成鲜褐色夏孢子堆，散出大量褐色粉末，即夏孢子。夏孢子反复感染叶片使发病后期整株叶全部被夏孢子堆覆盖，影响光能作用及正常生理致使植株地上部分死亡。病株茎基部与根或根茎连接处韧皮组织增生，附近潜伏芽萌动、丛生，髓部呈褐色。整株表现：栽培甘草丛生、矮化；野生甘草徒长、少分枝。染病植株生长季后期，叶子正背面出现深褐色散生冬孢子堆，散出深褐色粉末，即冬孢子。

（2）病原　*Uromyces glycyrrihizae*（Rabh.）Magn，本菌属于担子菌亚门单孢锈菌属真菌。

（3）为害及发病条件　冬孢子落入土中，休眠过冬，翌年春再次侵染叶片，形成夏孢子堆，夏孢病株率5%～15%，病株死亡率达98%以上；栽培甘草发病率高于野生甘草。冬孢子病株率高达50%～100%，但冬孢堆数量稀少，直接为害较小。夏孢为害期一般在5～6个月，而冬孢期为7～8月。如遇前一年秋季多雨，来年春天气温回升较快，有利于其发生。锈病是甘草的主要病害。

（4）分布　遍布甘草主产区。

2. 甘草白粉病

（1）症状　叶两面起初生白色粉状斑，严重时整个叶片被白粉覆盖，后期长出无数黑色小点，即病原菌的闭囊壳。

（2）病原　*Leveillula taudga* 及 *Microsphaea diffusa*. 分别属于子囊菌亚门的内丝白粉菌属和叉丝壳属的两种真菌。

（3）为害及发病条件　严重时发病率较高，往往致使叶片枯死，早期脱落；以子囊壳附着在病叶表面落地越冬。下年7月初，温度条件适宜时放射出子囊孢子，借风雨传播。8月为发病盛期，闭囊壳9月成熟，是甘草上常见的病害。

（4）分布　伊克昭盟主要分布于河套及盐碱地。新疆、甘肃、黑龙江亦有分布。

3. 甘草褐斑病

（1）症状　叶片上的病斑近圆形，灰色或中央黑色，叶两面生有黑色霉状物，即病原子实体。

（2）病原 *Cercospora astragali* Womchin 本菌属半知菌亚门尾孢属真菌。

（3）为害及发病条件 发病率较高，致使整株叶片早衰枯死，缩短甘草生长期 1 个月左右。栽培甘草病斑大，为害期长而且重。若 7～8 月多雨、高温则易发生。一般为害期 7～8 月，是甘草的主要病害。

（4）分布 内蒙古、新疆、甘肃、黑龙江。

4. 甘草根腐病

（1）症状 染病植株叶片变黄枯萎，茎基和主根全部变为红褐色干腐状，上有纵裂或红色条纹，侧根已腐烂或很少，病株易从土中拔出，主根维管束变为褐色，湿度大时根部长出粉霉。

（2）病原 *Rhizoclonia solanikuhn* 称立枯丝核菌，属半知菌亚门真菌。

（3）发病特点 镰刀菌是土壤习居菌，在土壤中长期腐生，病菌借水流、耕作传播，通过根部伤口或直接从杈根分枝裂缝及老化幼苗茎基部裂口侵入；地下害虫、线虫为害造成伤口利于病菌侵入；管理粗放、通风不良、湿气滞留地块易发病。

（4）防治方法 ①控制土壤温度，防止湿气滞留。②防止种苗在贮运和移栽过程中造成伤口。注意防治地下害虫。③用 50％多菌灵与利克菌 1∶1 混配 200 倍液浸苗 5 分钟，晾 1～2 小时后移栽，防效高。④发病初期喷淋或浇灌 50％甲基硫菌灵或多菌灵可湿性粉剂 800～900 倍液、50％苯菌灵可湿性粉剂

（5）常用药剂 50％多菌灵或利克菌 50％苯菌灵可湿性粉剂。

（6）分布区域 山西、内蒙古、河北、吉林、黑龙江、甘肃。

5. 甘草黑斑病

（1）症状 被害叶片初期有近圆形或不规则形的暗褐色病

斑，外缘有纹状锈褐色宽边。病斑干燥后易破裂。茎上病斑初期黄褐色，后期变黑，其上生一层黑色霉状物，即病原子实体。

（2）病原　*Alternaria atrans* Cibson 属半知菌亚门连格孢属真菌。甘草为其寄主新纪录。

（3）为害及发病条件　发病率较高，是野生甘草的常见病害。病斑致使叶片枯死脱落，茎秆早衰植株死亡，一般 7～8 月发生。潮湿多雨情况下黑斑病流行很快。

（4）分布　内蒙古伊克昭盟。

6. 甘草叶斑病

（1）症状　发病后叶面形成近圆形浅褐色病斑。

（2）病原　*Thedgonia* sp. 甘草为其寄主新纪录。

（3）为害　病叶提前脱落，病株早衰，一般 7～8 月发生。

（4）分布　内蒙古伊克昭盟。

7. 甘草斑点病

（1）症状　叶两面病斑圆形至不规则形，褐色，有细而红的边缘，上生小黑点，即病原分生孢子器。

（2）病原　*Phyllostictina* sp. 属半知菌亚门叶点霉属真菌。

（3）为害及发病条件　8 月陆续发生，一般在天气较干旱、气温较高情况下有利于发病。病株率一般在 5%～20%。

（4）分布　内蒙古伊克昭盟。

8. 甘草叶斑病

（1）症状　病斑紫褐色，上生黑色霉状物。

（2）病原　*Ahernaria tenuis* 属半知菌细格连孢属真菌。

（3）为害　染病后病叶枯死。一般 8 月发生。

（4）分布　内蒙古伊克昭盟。

9. 甘草叶斑病

（1）症状　病叶上的病斑黑褐色，具黑色霉状物，即病原子实体。

（2）病原　*Diplodia glycyrrihizae* 属半知菌亚门的一种

真菌。

（3）为害及发病条件　7 月发生，为害叶片。

（4）分布　内蒙古、新疆。

10. 甘草花叶病

（1）症状　主要是花叶，发病初期叶面产生黄色近圆形病斑，黄斑扩大后受叶脉限制形成多角形或不规则形，被害叶片叶色黄绿相间。

（2）病原　由一种花叶病毒所引起。

（3）发病条件　一般带病种子和带病种苗传染，以菌丝、菌核在病株根部越冬，可能是由昆虫传毒侵染。

（4）分布　内蒙古伊克昭盟。

11. 甘草细菌性根腐病

（1）症状　整个根部腐烂，根皮水浸状，有黏液汁，根皮破裂后有酸腐气味。

（2）病原　一种细菌所引起。

（3）为害　根全部或局部腐烂，地上部分死亡，整个生长期均有发生。

（4）分布　内蒙古伊克昭盟。

12. 甘草苗期根病

（1）症状　地下部分须根开始发病，再延至主根，受害部分初呈黄色，肉眼可见缠绕着白色菌丝，后期为紫褐色，病根由外向内腐烂，外表由菌丝交织而成菌丝膜。此病发现于地上部分，叶片自上而下逐渐发黄枯萎，终致植株死亡。

（2）病原　*Helicobasidium mompa*（Tauaka.）属担子菌亚门一种真菌。

（3）为害及发病条件　是一种为害栽培甘草幼苗的严重病害，造成幼苗成行死亡。此菌以菌索和菌核附着于寄主病残组织及土壤中越冬，来年气温回升，温度适宜时，菌核萌发侵染甘草根茎部。一般 6 月中下旬开始发病，7～8 月发生严重。

（4）分布　内蒙古伊克昭盟。

13. 甘草菟丝子

（1）症状　菟丝子缠绕并寄生于甘草茎枝上，致使甘草萎缩早衰。

（2）病原　*Cusout chinensis*. 寄生植物菟丝子。

（3）为害　主要为害野生甘草及株龄较高（3 年以上）的栽培甘草。

（4）分布　内蒙古伊克昭盟。

二、内蒙古甘草害虫名录

（一）鞘翅目 COIEOPTERA

1. 金龟科 Scarabaeidae

（1）种名　*Scarabaeus tyohonon* Fischei L. 大蜣螂。

为害与分布：分布于华北、西北、东北等地。寄主：生活在草原牧场，成虫取食畜粪便，对促进草原有机质的分解转化保持生态平衡具有十分重要的意义。幼虫偶取食甘草。

（2）种名　*Catharsius* sp. 粪金龟。

为害与分布：同大蜣螂。

2. 鳃金龟科 Melolonthidae

（3）种名　*Holotrichia oblita* Falidermann 华北大黑鳃金龟（朝鲜黑金龟子）。

为害与分布：幼虫蛴螬，为害甘草地下根茎。苗期为害，咬断根茎致死，成株期为害轻，形成环形黑色凹陷斑，重的使根茎腐烂失去药用价值。多年未垦的肥沃地为害重，人工种植的受害易致死，食性杂，取食多科植物，喜食豆科植物。鄂托克前旗、杭锦旗等甘草产区均有分布。为地下害虫的主要种群。

（4）种名　*Maladera veirtcaIis* Motschulsky 阔胫绒金龟（阔胫绢金龟、阔胫鳃金龟、赤绒金龟等）。

为害与分布：成虫趋光性强，食性杂，取食甘草等豆科植物及杨、榆、苹果等多种植物的叶片，喜食豆科及生长旺盛的植物。幼虫取食甘草等地下根茎，河套滩地受害轻。东北、华北、西北都有分布。

（5）种名 *M. ovatula* Fairmaire 小阔胫鳃金龟（小阔胫绢金龟子）。

为害与分布：甘草产区均有分布，幼虫为害根茎，成虫取食茎叶，成虫为害大于幼虫。以肥沃沙地、苗期受害重。东北、内蒙古东部、河北、山东分布较多。

（6）种名 *Serica orientalis* Motschulsky = *Maladeia orientalis*（Motschulsky）黑绒鳃金龟（黑绒金龟子、黑豆虫、东方绢金龟、东方金龟）。

为害与分布：幼虫栖于土中、食害植物地下部分，成虫食性杂，食害甘草茎叶及果树、玉米、大豆等多种作物叶片。成虫为害大于幼虫。为甘草产区主要地下害虫之一。我国南北方均有分布。

（7）种名 *Metabolus flavescens* Brenske 小黄鳃金龟。

为害与分布：同黑绒鳃金龟。

（8）种名 *Diphycerus davidis* Fairmaire 毛双缺鳃金龟。

为害与分布：1 年 1 代，幼虫取食甘草等植物根茎，沿河、水渠沙地小灌木的生境中虫密度大。

（9）种名 *Melolontha incanus* Motschulsky Hoplosternus Incanus Mot 灰粉金龟（粉吹金龟、灰肠金龟等）。

为害与分布：成虫取食幼嫩茎叶，幼虫取食根茎，河套滩地等受害轻，甘草纯群落中极少见，林带甘草易受害。分布西北、华北、东北等省（自治区、直辖市）。

（10）种名 *Melolntha hippocastania* Fabricius 大粟金龟子。

分布与为害：幼虫轻度为害甘草、小麦、大豆、马铃薯、玉米、甜菜等多种作物地下部分。为害分布广。

3. 蜉金龟科（牧场金龟科）Aphodiidae

（11）种名　*Aphodius breviusculus*（Motscbulsky）黑宜蜉金龟（牧场金龟子）。

为害及分布：成虫有迁飞性，一般不为害成株期甘草，可轻度为害出苗期甘草幼苗，主食兽粪促进有机质分解。故应施腐熟厩肥避免人为增加虫口密度。锡林郭勒盟、伊克昭盟甘草产区多有分布。

4. 花金龟科 Cetoniidae

（12）种名　*Liocola brevitarsis*（Lewis）白星花金龟（铜克螂）。

为害与分布：幼虫基本不取食甘草地下根茎，成虫取食嫩叶，一般不造成危害，多在林下可见。分布华北、东北等地、内蒙古各盟市都有分布。

5. 丽金龟科 Rutelidae

（13）种名　*Anomala exotela* Faldermann 黄褐丽金龟。

为害与分布：1 年发生 1 代，幼虫越冬，成虫有趋光性，成虫期长（6～8 月），取食甘草等豆科及果树农作物的叶和根茎，为甘草产区主要地下害虫之一。分布广，北方旱作区均有。

6. 拟步甲科 Tenebrionida

（14）种名　*Anatolica holderexi* Reittei 何氏东方鳖甲。

为害与分布：分布于干旱草原，河套甘草区少，主要为害人工种植甘草出苗期的胚芽胚轴，为出苗期的主要害虫之一，其他时期不取食甘草。内蒙古锡盟、乌盟、巴盟、伊盟、阿盟是主要分布区。

（15）种名　*Platyops gobiensis* Friv 戈壁光漠甲。

为害与分布：干旱草原均有分布，偶见取食滩地甘草、幼苗。

（16）种名　*Sternoplax* sp. 光背漠甲。

为害与分布：杂食，幼虫钻食甘草、白刺等植物根部，成虫取食多种植物的幼苗，人工种植甘草出苗期为害明显。主要分布在荒沙地。

(17) 种名　*Belopus chinensis* Faldenann 中华琵琶甲。

为害与分布：同光背漠甲。

7. 郭公虫科 Cleridae

(18) 种名　*Trichodes sinae* Chevrlat 中华郭公甲（红斑郭公虫、黑斑棋纹甲）。

为害与分布：成虫捕食黏虫，取食甘草花蕾，成幼虫偶食甘草嫩叶，还可取食枸杞、榆、苦豆、锦鸡儿、胡萝卜、蚕豆等，一般为害不大。分布于东北、华北、西北和内蒙古兴安盟、呼伦贝尔盟、哲里木盟、赤峰市。南方一些省也有分布，为害玉米和果树等。

8. 花蚤科 Mordellidae

(19) 种名　*Mordellistena cannabisi* Matsumura 大麻花蚤。

为害与分布：主要取食甘草花粉，对甘草为害不大。鄂托克前旗、杭锦旗等梁地、沙地甘草区均有分布。

9. 天牛科 Cerambycidae

(20) 种名　*Eodorcadion* sp. 白腹草天牛。

为害与分布：幼虫钻蛀甘草茎基，成虫取食甘草茎叶，杭锦旗西北沟，鄂托克前旗什拉滩常见钻蛀致死甘草，其余地区少有为害。

(21) 种名　*Anoplophora glabripennis* (Motschuisky) 光肩星天牛。

为害与分布：此虫是三北防护林主要害虫之一，一般 1～3 年发生 1 代，幼虫多为害林木，成虫可取食林下甘草茎叶。分布在华北、西北、华中和西南各省。

10. 象甲科 Curculionidae

(22) 种名　*Chloebius psittacinus* Boheman 短毛草象。

为害与分布：为甘草食叶主要害虫，单株可多达数 10 头。

发生为害期长，5～9 月均可见到，6～7 月为发生盛期，各甘草产区均有分布，以沙地、覆沙梁地，人工种植甘草田受害最重。亦取食苜蓿、甜菜、沙枣、苦参、红花等。华北、西北等地均有分布，内蒙古主要分布在锡盟以西各盟市。

(23) 种名　*Stelorrhinoides freyi* (Zumpt) 峰喙象。

为害与分布：1 年发生 1 代。为甘草食叶主要害虫，盛发于 6～7 月，覆沙梁地、滩地等水肥比较充足的甘草受害重。寄主除甘草外有大麻、甜菜、粟、高粱、豆类、马铃薯、枣树等植物。黑龙江、吉林、内蒙古、北京、陕西、青海、河北等省区有分布。

(24) 种名　*Piazxomias virescens* Boheman 金绿球胸象。

为害与分布：为害甘草、大豆、锦鸡儿、大麻等，为甘草食叶害虫。各甘草产区均可见到，以滩地甘草虫口密度大。

(25) 种名　*Chlorophanus sibiricus* Gyllenhyl 西伯利亚绿象。

为害与分布：甘草食叶害虫，发生于 6 月上旬至 8 月中旬，可取食多种杂草，发生于伴生植物丰富的高水肥甘草田，旱沙地一般不造成危害。分布于北京、东北、华北、四川等地，内蒙古各盟市都有分布。

(26) 种名　*Diglossotrox chinensis* Zumpt 长毛叶喙象。

为害与分布：取食甘草茎叶，见于林下甘草，干旱荒沙地区的甘草田不易见到。分布于山西、内蒙古等地，内蒙古以呼和浩特市及阿拉善盟发生较多。

(27) 种名　*Sitophilus zeamais* Mote 玉米象。

为害与分布：食害甘草种子及果荚，杂食性，成虫可取食 96 种植物的种子和果实，幼虫取食 11 科 30 种植物。分布广，对甘草果荚有一定的危害性。

(28) 种名　*Lixus antennatus* Motsehuleky 钝圆筒喙象。

为害与分布：偶见取食甘草、虫口密度小，一般不造成危害。分布在华北和甘肃、江苏等地。

（29）种名　*Phacephorus umbratus* Faldermann 甜菜毛足象（甜菜灰色小象鼻虫）。

为害与分布：取食甘草叶和甜菜，分布于北京、内蒙古、宁夏、青海、新疆、甘肃等。

（30）种名　*Tanymecus urbanus* Gyllenhyl 黄褐纤毛象。

为害与分布：1 年发生 1 代，主要为害甜菜、榆、杨、柳等，偶见取食甘草叶。对甘草一般不造成危害。分布于北京、内蒙古、河南和西北各省（自治区、直辖市）。

（31）种名　*Bothynodenes punctiventris* Germar 甜菜象。

为害与分布：1 年发生 1 代，以成虫越冬。成虫为害幼苗，幼虫为害根部，主食甜菜，对甘草偶见取食，生长旺盛，距甜菜地近的地块易见到。分布于黑龙江、北京、山西、陕西、宁夏、甘肃、新疆等地。内蒙古主要分布在呼和浩特市、包头市、兴安盟、锡林郭勒盟。

（32）种名　*Adosomus* sp. 大粒象。

为害与分布：多见于林下甘草或柠条伴生甘草田，虫口密度小，一般不造成危害，分布于滩地及水分条件好的沙地环境。

（33）种名　*Platymycterus* sp. 横脊象。

为害与分布：对甘草一般不造成危害。分布于杭锦旗河套和西北沟等地。

（34）种名　*Lixus subtilis* Boheman 甜菜筒喙象。

为害与分布：同横脊象。

11. 叩甲科 Elateridae

（35）种名　*Agriotes fuscicollis* Miwa 细胸锥尾叩甲（细胸金针虫、细胸沟叩头虫）。

为害与分布：幼虫取食玉米、马铃薯、小麦、甜菜、甘草等多种植物根，水地、湿度较大的低洼沙地利于生栖为害。分布于东北、华北、西北和江苏、福建、湖北、河南省地。

（36）种名　*Pleonomas canaliculatus*（Faldemann）沟叩头虫（沟叩头甲）。

为害与分布：幼虫期长（约3年），成幼虫取食包括甘草在内的数余种植物。食性杂、分布广。东北、华北、华中地区都发现有为害。内蒙古锡林郭勒盟为害重。

12. 豆象科 Bruchidae

（37）种名　*Bruchidius ptilinoides* Fahrraeus 甘草豆象。

为害与分布：为甘草种子、果荚主要害虫，严重为害时果荚93%被钻蛀，仓贮期间可使种子85%（3年）被蛀，分布于内蒙古、宁夏、新疆、黑龙江等甘草产区。

（38）种名　*Kytorhinus immixtus* Motschulsky 柠条豆象。

为害与分布：与甘草豆象混合发生。

13. 肖叶甲科 Eumolpidae

（39）种名　*Basilepta fulvipes*（Motsehulsky）褐足角胸叶甲。

为害与分布：成幼虫均取食甘草，其他寄主有大麻、大豆、谷子、玉米、高粱和一些果树品种。以生长茂盛，高水肥产区受害重。分布于东北、华北、西北、华东、华中和西南等地，内蒙古主要发生在呼伦贝尔盟、兴安盟等地。

（40）种名　*Coptocephala asiatica* Chujo 亚洲切头叶甲（亚洲锯角叶甲）。

为害与分布：取食甘草茎叶，在高水分、多伴生植物的甘草田可偶见。干旱沙地、梁地难以见到。分布于宁夏、黑龙江、陕西、青海等地，内蒙古多分布在包头市和兴安盟。

（41）种名　*Pachybrachys scriptidonsum* Marseul 花背短柱叶甲。

为害与分布：食叶害虫，多分布于水地甘草，旱地甘草甚少，还为害达乌里胡枝子蒿属、柳树等。分布在黑龙江、北京、河北、陕西、山东，内蒙古主要分布在呼伦贝尔盟、哲里木盟、兴安盟、锡林郭勒盟、伊克昭盟、阿拉善盟及赤峰市。

（42）种名　*Notoxus* sp. 蚁形叶甲。

为害与分布：干旱荒沙区甘草虫口密度大，取食甘草茎叶，亦见取食锈病孢子，益害情况有待进一步调查。

（43）种名　*Chrysochus chinensisi* Baly 中华萝摩叶甲。

为害与分布：1年发生1代，主要取食牛星草、马铃薯、摩萝科、豆科、旋花科植物，成虫食叶，幼虫食根，偶见取食甘草，一般不造成危害。分布在三北地区和江苏、湖北一带，内蒙古各盟市都有发生。

（44）种名　*Ceytra* sp. 锯角叶甲。

为害与分布：分布于河滩等低洼地，对甘草为害不大。

（45）种名　*Colasposrna dauricum* Mannerheim 麦颈叶甲。

为害与分布：主要为害小麦、豆类等、偶见取食甘草。分布在东北、华北、西北等省区。

14. 叶甲科 Chrysomelldae

（46）种名　*Pyrrhalta aenescens*（Fairmaire）榆兰叶甲（榆绿叶甲、榆兰金花虫、榆毛胸荧叶甲、榆绿毛萤叶甲）。

为害与分布：以成虫越冬，为滩地甘草的主要食叶害虫，严重为害时，甘草叶被取食殆尽，成为千疮百孔，多者单株可达30头。分布于吉林、河北、山西、陕西、山东、江西、台湾，内蒙古主要分布在兴安盟、阿拉善盟。

（47）种名　*Monolepta quadriguttata* Fabricius 黄斑叶甲。

为害与分布：为滩地甘草主要食叶害虫，同榆兰叶甲混合发生，为害方式相同。分布广、食性杂，喜食甘草等豆科植物及麻类、蔬菜。

（48）种名　*Diorhabda rybakowi* Weise 白茨粗角荧叶甲。

为害与分布：甘草主要食叶害虫，与榆兰叶甲、黄斑叶甲混合发生或单独发生，滩地、梁地、沙地甘草均可见为害。甘肃民勤人工种植甘草曾受此虫毁灭性为害。食性杂、喜食甘草、白茨等植物。东北、内蒙古、宁夏等多有分布。发展河套甘草生产应注意榆兰叶甲、黄斑叶甲与白茨粗角荧叶甲3种叶甲的为害。

15. 跳甲科 Halticidae

（49）种名　*Phyllotreta striolata* Fabricius 黄实条跳甲。

为害与分布：成幼虫取食甘草叶，主要为害滩地等水分充足甘草。分布于全国各地。

（50）种名　*Chaetocnema iagenua* Bayr 粟颈跳甲。

为害与分布：分布于沙地甘草，成幼虫均可取食甘草，为害不大。

16. 芫菁科 Meloidae

（51）种名　*Mylabris calida* Pallas 苹斑芫菁。

为害与分布：幼虫取食蝗卵，成虫取食甘草、锦鸡儿、黄芪、马铃薯等植物，对甘草为害不大。分布于全国各地，内蒙古各盟市均有分布。

（二）鞘翅目 LEPIDOPTERA

17. 夜蛾科 Noctuidae

（52）种名　*Mormonia neonympha* Esper 甘草刺裳夜蛾。

为害与分布：为害甘草属植物，虫口甚小，一般不造成损失。分布于新疆、伊朗等地。内蒙古以巴彦淖尔盟为害重。

（53）种名　*Acantholipos regularis* Hubner 钝夜蛾。

为害与分布：寄主：甘草。分布于中国新疆；土耳其等地。

（54）种名　*Apogestes spectrum* Esper 仿爱夜蛾。

为害与分布：可取食甘草，主要危害苦豆子。分布在新疆、四川、西藏。内蒙古主要分布在呼、包二市、呼伦贝尔盟、锡林郭勒盟、伊克昭盟、巴彦淖尔盟和赤峰市。

（55）种名　*Agrotis ripae*（Hubner）浦地夜蛾。

为害与分布：同仿爱夜蛾。

（56）种名　*Scotogramma trifoliii*（Hufnatel）旋幽夜蛾。

为害与分布：可取食甘草、藜属、蓼属等多种植物，一般不造成危害。分布于甘肃、宁夏、青海、新疆等甘草产区和内蒙古呼、哲、乌、伊、巴、阿6个盟和呼和浩特市。

（57）种名　*A. segetum* Schiffermuner 黄地老虎。

为害与分布：对甘草苗期返青期危害，对人工种植甘草苗期应注意防治。分布于东北、华北、西北、华中、华南等地。内蒙古各盟市均有分布。

（58）种名　*Amathes cnigrum*（Linnaeus）；*Noctua cnigrum*；*Bombyx nunatrum*；*Noctua gothica* 八字地老虎。

为害与分布：同黄地老虎。

18. 毒蛾科 Lymantriidae

（59）种名　*Orgyia dubia*（Tauscher）黄古毒蛾。

为害与分布：寄主：骆驼刺、甘草、黄芪、柳、杨、蒿、地肤等。分布于中国新疆、土耳其、前苏联等地。

（60）种名　*O. gonostigma*（Linnaeus）肖斑古毒蛾。

为害与分布：内蒙古地区1年发生1代，为害甘草、杨、柳、李、桃。分布在黑龙江、吉林、辽宁、河北、河南、甘肃和内蒙古呼伦贝尔盟、哲里木盟。

19. 螟蛾科 Pyralidae

（61）种名　Pyralis farinalis（Linnaeus）紫斑谷螟（缟螟、粉缟螟）。

为害与分布：食性杂，为害贮藏甘草、粮食和干果等。分布于世界各地，中国主要分布在东北、西北、西南、华南，内蒙古各盟市均有分布。

20. 羽蛾科 Pterophoridae

（62）种名　*Pterophorus monodactylus* Linnaeus 甘薯羽蛾。

为害与分布：一般甘草田均可见到，取食甘草叶片，一般不造成为害。分布于内蒙古、宁夏等地。

21. 粉蝶科 Pieridae

（63）种名　*Pieris rapae*（Linnaeus）＝*Artogeia rapae* Linnaeus 菜粉蝶。

为害与分布：在鳞翅目中，是为害甘草较重的害虫，取食甘草和油菜、芜青、白菜等的幼嫩叶片，但不造成大的危害，低洼地、茂盛甘草虫口较大。全国各地均有分布。

（64）种名　*Aporia crataegio* L.；*Pontia crataegi* L.；*Ascia crataegi* L.；苹粉蝶（树粉蝶、梅白粉蝶、苹果粉蝶）。为害与分布：同菜粉蝶。

（65）种名　*Colias erate*（Esper）黄粉蝶（星黄粉蝶，迷黄粉蝶）。

为害与分布：与菜粉蝶、苹粉蝶混合发生，同时为害。分布亦相同。

22. 蛱蝶科 Nymphalidae

（66）种名　*Vanessa cardui*（Linnaeus）。

Pyrameis cardui Herbst；*Cynthia cardui* Linnaeus；小红蛱蝶（花蛱蝶、赤蛱蝶、荨麻蛱蝶）。

为害与分布：幼虫可取食甘草、大麻、大豆、刺儿菜、荨麻等植物。分布于北方各省。内蒙古阿拉善盟、锡林郭勒盟有分布。

23. 透翅蛾科 Aegeriidae

（67）种名　*Parathrene* sp. 甘草透翅蛾。

为害与分布：幼虫在甘草茎基地表处钻蛀为害，常见于杭锦旗西北沟，鄂前旗等沙地甘草地内。

（三）直翅目 ORTHOPTERA

1. 蝼蛄科 Gryllotalpidae

（68）种名　*Grllotalpa unispina* Saussure 华北蝼蛄（大蝼蛄）。

为害与分布：杂食性，沙地播种后为害严重、常造成缺苗断垄，应注意拌药防治。杭锦旗、鄂前旗等甘草产区有为害。

（69）种名 *G. africana palisotde* Beauvois 非洲蝼蛄（小蝼蛄，南方蝼蛄）。

为害与分布：同华北蝼蛄。

2. 蟋蟀科 Gryllidae

（70）种名 *Gryllus testaceus* Wlkei 油葫芦。

为害与分布：甘草产区均有发生，取食甘草、苜蓿、豆类、高粱、谷子、玉米、蔬菜等。人工种植1～2年生甘草受害较重。除西南地区外，全国各省市都有分布。内蒙古主要分布在呼、包二市。

3. 树蟋科 Oecanthidae

（71）种名 *Oecanthus pellucens* Scopoli 树蟋。

为害与分布：常见于伴生植物丰富的甘草群落，对甘草为害甚小。分布于北方省区。

4. 蚤蝼科 Tridactylidae

（72）种名 *Tridactylus* sp. 蚤蝼。

为害与分布：为害多种作物和杂草，分布于杭锦旗滩地甘草产区，沙地甘草不易见到。

5. 蝗科 Acrididae

（73）种名 *Aiolopus thalassinlls*（Fabciius）花胫绿纹蝗（红腿蝗）。

为害与分布：1年发生1代，主要为害滩地甘草、沙地、梁地的低洼处甘草旺盛群落亦常见。分布于全国各地。甘肃、新疆和内蒙古呼和浩特市、乌兰察布盟较多。

（74）种名 *Eoacromius coerulipes*（Lnanol）大垫尖翅蝗。

为害与分布：寄主有甘草、大豆、苜蓿、粟、高粱、玉米等多种作物和杂草，低洼沙地、植被稀疏，碱地发生数量多，群落丰富的甘草田易见到。对甘草有一定为害。分布于东北、西北、山东、江苏、河南，内蒙古兴安盟、阿拉善盟较多。

（75）种名 *E. tergestinus*（Charp）entiec 小垫尖翅蝗。

为害与分布：同大垫尖翅蝗。

（76）种名 *Acrida oxycephala*（Pall）荒地蚱蜢。

为害与分布：为害包括甘草在内的多种作物和杂草。分布于河滩地、低洼沙地。

（77）种名 *Actida cinenrea*（Thunbeng）中华蚱蜢（尖头蚱蜢）。

为害与分布：同荒地蚱蜢。

（78）种名 *Actida cinerea* Thunb 异色剑角蝗（大尖头蜢）。

为害与分布：同花胫绿纹蝗。

（四）缨翅目 THYSANOPTERA

1. 管蓟马科 Phlaeothripidae

（79）种名 *Haplothrips chinensis* Priesenr 中华简管蓟马。

为害与分布：各甘草产区均有分布，主要为害甘草花粉、花蕾、幼嫩果荚，影响甘草开花结实及种子成熟。全国各地都有发生。

2. 蓟马科 Thripidae

（80）种名 Frankliniella intonsa（TIybom）花蓟马。

为害与分布：同中华简管蓟马。

（五）半翅目 TEMIPTERA

1. 盲蝽科 Miridae

（81）种名 *Teratoconis ruficornis*（Geoffroy）赤须盲蝽（粟实盲蝽）。

为害与分布：杂食性，取食甘草、苜蓿、马铃薯、荞麦等。年发生约2～3代。此虫有毒，寄主被害部位组织发育受阻，造成生长畸形，影响甘草生长。分布于沙地、梁地甘草。内蒙古和宁夏均有分布。

（82）种名　*Polymerus cognatus* Fitch 赤斑盲蝽。

为害与分布：同赤须盲蝽。

（83）种名　*Choamydatus* sp. 小黑盲蝽。

为害与分布：为害苜蓿、甘草等，数量小，一般不造成危害。

（84）种名　*Leptopterna pratensis*（Linnaeus）牧草盲蝽。

为害与分布：为害苜蓿、甘草、蔬菜、麻类、果树等多种植物，常见于河套滩地和生长旺盛的沙地及伴生植物丰富的甘草群落。为害后叶片产生白色针尖状斑点，继而叶片变黄，干枯，严重为害时可使甘草提前（半月以上）落叶休眠。分布广泛，黑龙江、吉林、北京、天津、河北、山东、山西、陕西、内蒙古呼和浩特、包头二市、兴安盟、哲里木盟、锡林郭勒盟、伊克昭盟都有分布。

（85）种名　*Adelphocoris lineolatus*（Goeze）苜蓿盲蝽。

为害与分布：同牧草盲蝽、三点盲蝽等一同混合发生为害，为甘草茎叶刺吸式口器为害的主要害虫，为害时期长（5～9月），明显影响甘草正常生长。是甘草生产中值得注意的害虫。分布在我国北方各省（自治区）、内蒙古各盟市。

（86）种名　*A. quadripunctatus* Fabricius 四点苜蓿盲蝽。

为害与分布：为苜蓿盲蝽的亚种。为害分布同苜蓿盲蝽。

（87）种名　*Adelphocoris fasciaticollis* Reuter 三点盲蝽。

为害与分布：同牧草盲蝽。

（88）种名　*Lygus lucorum* Meyer 绿盲蝽。

为害与分布：同其他盲蝽一同发生。沙地甘草较少，滩地稍多。分布广泛。

2. 土蝽科 Cydnidae

（89）种名　*Stibaropus formosanus* Takado et Yamagihara

根土蝽（麦根蝽土、臭虫）。

为害与分布：为群集性地下害虫。成、若虫在土中把口针刺入根部组织，吸取汁液。为害甘草、大豆、马铃薯等。沙地甘草易受害，滩地、梁地、浅覆沙梁地少见。分布于天津、吉林、辽宁、山西、陕西、宁夏、山东、江西、台湾和内蒙古伊盟、巴盟、乌盟、哲盟等盟，呼和浩特和赤峰市。

3. 蝽科 Pentatomidae

（90）种名 *Eurdema gebleri* Kolenati 横纹菜蝽（乌鲁木齐菜蝽）。

为害与分布：偶见取食甘草，沙地草不易见到此虫，对甘草为害不大。分布于全国各地和内蒙古各盟市。

（91）种名 *Rubiconia intermedia*（Wolff）珠蝽（肩白蝽）。

为害与分布：同横纹菜蝽。

（92）种名 *Dolycoris baccarum*（Linnaeus）斑须蝽（细毛蝽）。

为害与分布：多食性害虫，取食豆类（甘草）、禾谷类、蔬菜类、果树等多科植物，在蝽科中是有一定为害的种类，刺吸植物嫩枝和穗部汁液，影响生长和种子正常成熟。分布于全国各地和内蒙古各盟市。

（93）种名 *Carpocors purpureipennis*（De Geer）紫翅果蝽（异色蝽）。

为害与分布：同斑须蝽。

（94）种名 *Antheminia varicornis* Cyakovlev 多毛实蝽。

为害与分布：主要为害豆类、禾谷类，偶尔为害甘草。黑龙江、新疆、河北、山西、陕西，内蒙古呼伦贝尔盟、兴安盟、哲里木盟、巴彦淖尔盟、伊克昭盟盟和包头市都有分布。

（95）种名 *Nezara viridula*（Linnaeus）绿蝽（稻绿蝽）。

为害与分布：同多毛实蝽。

4. 长蝽科 Lygaeindae

(96) 种名 *Nysius ericae* (Schilling) 芸芥长蝽。

为害与分布：为害芸芥、独行菜等十字花科植物。对豆类(甘草、苜蓿等)、禾本科、甜菜、果树等也有为害。是干旱草原常见害虫。分布于内蒙古、宁夏等地。

(97) 种名：*Lygaeus eguestris* (Linnaeus) 横带红长蝽。

为害与分布：为沙地甘草常见蝽类，对甘草、苦菜、锦鸡儿有为害。分布于辽宁、甘肃、山东、江苏、云南和内蒙古各甘草产区。

5. 缘蝽科 Coreidae

(98) 种名 *Corizus tatraspilus* Horvath 亚姬缘蝽。

为害与分布：取食甘草等豆类、麻类作物，干旱草原、滩地甘草常见，对甘草为害不大。分布于内蒙古、宁夏、山西等北方省区。

(99) 种名 *Liorhyssus hyalinus* (Fabricius) 粟缘蝽。

为害与分布：喜食禾本科植物，同时为害豆类（甘草）、麻类等作物。分布于全国各省（区），内蒙古各盟市均有分布。

6. 划蝽科 Corixidae

(100) 种名 *Sigara substriata* 横纹划蝽。

为害与分布：分布于河套甘草产区，对甘草为害小。

(六) 同翅目 HOMOPTERA

1. 珠蚧科 Margarodidae

(101) 种名 *Porphyrophora sophrae* (Arch) 甘草胭蚧。

为害与分布：甘草主要害虫，若虫（珠体）5～7 月在地下刺吸甘草根茎。(另种 *Porphyrophora xinjiangana* Yang 与本种相似，记录分布新疆、寄主苦豆子、估计亦为害甘草)。分布于宁夏和内蒙古包头市、锡林郭勒盟、乌兰察布盟、伊克昭盟。

2. 蚜科 Aphididae

(102) 种名 *Acyrthosiphon gossypii* Mordvilko 棉长管蚜

（大棉蚜）。

为害与分布：为害甘草、苦豆子、骆驼刺等植物。干旱草原、滩地均有分布，不同年份为害差异大，雨水较多年份发生较重，人工栽培甘草应重视预防为害。分布于北方省区。

（103）种名　*Aphis craccivora usuana* Zhang 乌苏黑蚜。

为害与分布：本科为豆蚜（*Craccivora koch*）的亚种、主要为害甘草、苜蓿等。为害不同年份差异大。分布于黑龙江、内蒙古、宁夏、甘肃、新疆等地。

（104）种名　*Myzus persicae*（Sulzer）桃蚜。

为害与分布：为杂食性蚜虫，取食包括甘草在内的 30 种以上的多科植物和杂草，多与棉长管蚜、乌苏黑蚜混合发生。分布在内蒙古各盟市及全国各地。

（105）种名　*Schizaphis sinisciepi* Zhang 中华沙草二叉蚜。

为害与分布：对甘草为害不大，与桃蚜混合发生，分布于内蒙古、河北等地。

3. 叶蝉科 Cicadellidae

（106）种名　*Tettigella viridis*（Linnaeus）大青叶蝉。

为害与分布：为害豆类、麦类等多种作物，生长茂密和伴生植物丰富或水肥条件好的甘草田易见，有一定为害。分布于全国各地。

（107）种名　*Empoasca flavescens*（Fabricius）小绿叶蝉。

为害与分布：为甘草茎叶主要害虫之一。人工种植甘草、生长旺盛的甘草常受害，为害时期长（5～9 月）。受害后叶片点状失绿，继而枯黄、早衰，影响甘草正常生长，可取食豆科、十字花科、禾本科等多种作物。南方和北方均有分布。

（108）种名　*E. ulnicala* A. Z. 榆叶蝉。

为害与分布：为叶蝉类主要种，常与小绿叶蝉、榆叶蝉、角顶叶蝉、殃姬叶蝉混合发生。分布于宁夏、内蒙古、甘肃、新疆等地。

（109）种名　*E. biguttuia*（Lshidae）棉叶蝉。

为害与分布：同小绿叶蝉、榆叶蝉、角顶叶蝉、殃姬叶蝉混合发生。河套滩地甘草受害较重。

（110）种名 *Deltocephalus* sp. 角顶叶蝉。

为害与分布：一般甘草田常见，与叶蝉、小绿叶蝉一同为害，干旱草原虫口密度大。各甘草产区均有分布。

（111）种名 *Eutettix* sp. 殃姬叶蝉。

为害与分布：常与小绿叶蝉、榆叶蝉、角顶叶蝉混合发生。对沙地、梁地甘草有一定危害性。

4. 木虱科 Psyllidae

（112）种名 *Psylla* sp. 草木虱。

为害与分布：为害甘草及多种杂草。各甘草产区均有分布。

5. 飞虱科 Delphacidae

（113）种名 *Sogatella furcifera*（Horvath）白背飞虱。

为害与分布：常见于滩地及水分条件好的沙地甘草发生。全国各地均有分布。

6. 角蝉科 Membracidae

（114）种名 *Gargara genistae*（Fabricius）黑圆角蝉。

为害与分布：取食大豆、甘草、锦鸡儿、沙打旺、苜蓿、刺槐等豆科及酸枣、枸杞等植物，为害甚小。分布在山西、陕西、宁夏、山东、浙江、四川和内蒙古的巴盟、伊盟、锡盟和包头等盟市。

7. 瓢蜡蝉科 Issidae

（115）种名 *Sivaloka damnosus* Chou et Lu 恶性席瓢蜡蝉。

为害与分布：沙地甘草、梁地甘草常见种，对甘草有一定为害。杭锦旗、鄂前旗、鄂托克旗均有分布。

（七）膜翅目 HYMENOP TERA

1. 姬蜂科 Ichneumonidae

（116）种名 *Diplazon laetatorius*（Fabricius）花胫蚜蝇姬

蜂（食蚜蝇姬蜂）。

为害与分布：寄生多种食蚜蝇幼虫，是蚜虫天敌的天敌，故列为害虫。分布于全国各地，内蒙古各盟市均分布。

2. 广肩小蜂科 Eurytomidae

（117）种名　*Bruchophagus glycyrrhizae* Nikolskaya 甘草种子小蜂。

为害与分布：为害甘草种子，多在大田种子结实阶段为害。为内蒙古甘草种子的主要害虫。分布于内蒙古、宁夏等省区甘草产区。

（118）种名　*B. neocaraganae*（Liao）锦鸡儿广肩小蜂（柠条种子小蜂）。

为害与分布：为害甘草、柠条种子，同甘草种子小蜂混合发生。除甘草外还为害黄芪等种子。河北、陕西、甘肃和内蒙古呼和浩特、包头二市及锡林郭勒盟、巴彦淖尔盟、伊克昭盟均有分布。

（八）双翅目 DIPTERA

1. 花蝇科 Anthomyiidae

（119）种名　*Delia ptatura*（Meigen）灰地种蝇。

为害与分布：为害大豆、甘草等豆科、十字花科及棉麻等多种植物，人工种植甘草出苗期易受害，一般为害不大。我国南、北方和内蒙古各盟市均有分布。

（120）种名　*Hylemya antiqua* Meigen 萝卜蝇。

为害与分布：以幼虫钻入甘草叶肉或根茎为害。分布各甘草产区。

2. 秆蝇科（黄潜蝇科）Chlorpidae

（121）种名　*Meromyza sahatrix* Linnaeus 麦秆蝇。

为害与分布：为害小龄甘草根茎。分布在我国北方和内蒙古各盟市。

（122）种名　*Chlorops* sp. 盾荚潜叶蝇。

为害与分布：6～7 月为害甘草下部接地叶片，潜入叶上下表皮之间取食叶肉，沙地水分较好的甘草田虫口密度较大，为害严重。分布于各甘草产区。

3. 实蝇科（花翅实蝇科）Trypetidae（Tephritidae）

（123）种名　*Tephritis variata*（Becker）草原花翅实蝇。

为害与分布：危害甘草叶，沙地甘草常见种类。分布在我国北方和内蒙古各盟市。

（124）种名　*Tephritacus* sp. 日斑实蝇。

为害与分布：同麦秆蝇。

（125）种名　*Mediterranean* sp. 大实蝇。

为害与分布：甘草田偶见种类。为害和分布情况尚需调查。

4. 大蚊科 Tipulidae

（126）种名　*Nephrotoma* sp. 黄斑大蚊（切蛆）。

为害与分布：幼虫为害蚕豆、苜蓿、草木樨等豆科和禾谷类，瓜类等植物的根，主要为害期是甘草出苗期和幼苗期。沙地水分条件好，密度大易受害。分布于宁夏、内蒙古等地。

（九）蜱螨目 ACARINA

叶螨科 Tetranychidae

（127）种名　*Tetranychus cinnabarinus*（Boisduval）；*T. tralarius linnaeus* 红叶螨（朱砂叶螨）。

为害与分布：干旱沙地常见叶螨，为害甘草等多种作物和杂草。分布广泛。

三、内蒙古甘草害虫天敌名录

（一）鞘翅目 COIEOPTERA

1. 瓢虫科　Coccinellidae

（1）种名　*Adonia variegata*（Goeze）多异瓢虫。

作用与分布：以蚜虫，鳞翅目昆虫的卵、初龄幼虫、叶蝉等为食。对甘草害虫有一定控制作用，滩地甘草发生期长，沙地、梁地短（仅在6月中旬至7月上旬常见），常与蚜害同步发生。分布在我国东北、华北、西北、西南地区，内蒙古呼和浩特、兴安盟、哲里木盟、锡林部勒盟、伊克昭盟、巴彦淖尔盟等盟市都有分布。

（2）种名　*Coccinella septempunctata* L. 七星瓢虫。

作用与分布：取食多种蚜虫和其他害虫，对甘草害虫的控制作用较小。不同年份发生差异大，滩地甘草数量大。分布于全国各地，内蒙古以呼和浩特市，锡林郭勒盟、乌兰察布盟分布为多。

（3）种名　*Leis axyridis*（Pallas）异色瓢虫。

作用与分布：取食各种蚜虫及鳞翅目卵、幼虫。常见于林下甘草中。分布于各甘草区。

（4）种名　*Scymnus quadrivulneratus* Mulsant 连斑毛瓢虫。

作用与分布：以各种蚜虫、叶螨等为食，数量小。分布于内蒙古、新疆、河北等地。

（5）种名　*S. hoffmanni* Weise 黑襟毛瓢虫。

作用与分布：取食蚜类、螨类、蚧类，虫体小，虫口密度低，对害虫控制能力有限。分布于内蒙古呼和浩特市、赤峰市、哲里木盟和北京、河南、江苏、浙江、福建、湖南等省（自治区、直辖市）。

2. 虎甲科 Cicindelidae

（6）种名　*Cicindela elisae* Motschulsky 云纹虎甲（曲纹虎甲）。

作用与分布：成虫、幼虫均可捕食鳞翅目幼虫、蚂蚁、小蜘蛛等害虫。沙地甘草、滩地甘草均有分布，为甘草害虫主要天敌。内蒙古各盟市，北京、上海、河北、河南、山东、江西、台湾都有分布。

3. 步甲科 Carabide

(7) 种名　*Bembidion* sp. 锥须步甲。

作用与分布：捕食多科害虫，生活在地表、土缝中。分布于各甘草产区。

(8) 种名　*Harpalus amplicollis* Menetries 广胸婪步甲(红角婪步甲)。

作用与分布：甘草害虫重要天敌，对控制鳞翅目害虫起着一定的作用，干旱和荒漠地区的甘草产区均有该虫。北京、辽宁、青海和内蒙古西部盟市都有分布。

(9) 种名　*Harpaleus calceatus* (Duftsohlnid) 谷婪步甲。

作用与分布：同红角婪步甲。

(10) 种名　*H. pslidipennis* Morawitz 黄鞘婪步甲。

作用与分布：为主要步甲种类，沙地甘草水分条件好的地方常见到捕食害虫情况。分布在我国北方及四川、西藏，内蒙古主要分布在包头、赤峰和兴、哲、乌兰察布盟、阿拉善盟、伊等市盟。

(11) 种名　*Hpseudoophonus griseus* (Panzer) 毛婪步甲。

作用与分布：可为害播种时的甘草种子及正在发芽的幼苗。捕食多科害虫如：胭蚧、叶蝉、鳞翅目幼虫等。分布于全国各地和内蒙古呼和浩特市、兴安、哲里木、巴彦淖尔、伊克昭和阿拉善等盟。

4. 隐翅虫科 Staphylinidae

(12) 种名　*Paderus* sp. 小隐翅虫。

作用与分布：捕食蚜虫、叶蝉（绿叶蝉、榆叶蝉、棉叶蝉等)、红叶螨等。主要分布于沙地甘草。

(二) 脉翅目 NEUROPTERA

1. 草蛉科 Chrysopidae

(13) 种名　*Chrysopa formosa* Brauer 丽草蛉。

作用与分布：为甘草田害虫的主要天敌。发生时间长、数量大，对控制甘草害虫起着重要的作用，能有效地抑制叶蝉类、蚜类的为害，对鳞翅目幼虫、卵、盲蝽及叶甲类幼虫亦有着较强的抑制作用。分布于北方省（自治区、直辖市），内蒙古各甘草产区均常见。

（14）种名 *Ch. shansiensis* Kawa 晋草蛉。

作用与分布：与丽草蛉混合发生，比丽草蛉提前进人甘草田。控制害虫作用相同，7～8 月为盛发期。分布于北方省区和内蒙古西部盟市。

（15）种名 *Ch. sinica* Tjeder 中华通草蛉。

作用与分布：为草蛉类主要种之一，甘草田常年可见。数量大、繁殖力强（年 4～6 代），虫体大，捕食范围广，控制害虫作用明显。分布于北方和西南地区。内蒙古各盟市均有分布。

（16）种名 *Ch. phyllochroma* Wesmael 叶色草蛉。

作用与分布：捕食对象同中华通草蛉，发生数量较少，时间较短。分布于北方省区和湖北、西藏，内蒙古各盟市均有分布。

（17）种名 *Ch. septempuxctata* Wesmael 大草蛉。

作用与分布：同中华通草蛉。

2. 褐蛉科 Hemerobiidae

（18）种名 *Hemerobius humuli* Linnaeus 全北褐蛉。

作用与分布：主要发生于沙地甘草田，数量较小，捕食多种蚜虫、蚧壳虫等。分布在东北、华北、西北、华东、四川、西藏，内蒙古分布在赤峰市、哲里木、锡林郭勒、乌兰察布、伊克昭盟。

（19）种名 *H. lacunaris* Mavas 脉纹褐蛉。

作用与分布：同全北褐蛉。

3. 蚁蛉科 Myrmeleontidae

（20）种名 *Myrecoelurus fedtachenkoi* Maclachlan 蚁蛉。

作用与分布：捕食多种害虫。鄂托克前旗沙地甘草常见，其他产区亦有分布。

（21）种名　*Euroloa sinicus*（Naras）中华东蚁蛉。

作用与分布：同蚁蛉。

（三）革翅目 DERMAPTERA

蠼螋科 Labiduridae

（22）种名　*Labidura japonicade* Hoczn 日本蠼螋（大蠼螋）。

作用与分布：捕食多种害虫。分布于干旱草原。

（23）种名　*L. riparia*（Pallzs）溪岸蠼螋。

作用与分布：捕猎鳞翅且夜蛾科昆虫。华北、西北、华中、华南、西南的一些省（自治区）有分布，内蒙古主要分布在伊克昭、阿拉善、哲里木和赤峰一些盟市。

（四）蜻蜓目 ODONATA

蜻科 Libellulidae

（24）种名　*Crocothemis* sp. 绿卒蜻。

作用与分布：捕食多种害虫。各甘草产区均有分布。

（五）缨翅目 THYSANOPTERA

纹蓟马科 Aeolothripidae

（25）种名　*Aeolothrips fasciatus* L. 横纹鞘蓟马。

作用与分布：捕食甘草和其他粮油作物和草地植物的他种蓟马、蚜虫、蛾类卵等多种小昆虫。各甘草田均可见到，常活动在甘草花、嫩芽上。分布于北京、辽宁、河北、宁夏、甘肃、新疆、山东、浙江、河南、湖北、江西、云南和内蒙古各盟市。

（六）半翅目 HEMIPTERA

1. 猎蝽科 Reduviidae

（26）种名　*Vavhiria clavicornis* Hsiao et Ren 枯猎蝽。

作用与分布：分布于沙地甘草，数量甚小，控制害虫作用不大。

2. 姬蝽科 Nabidae

（27）种名　*Nabis sinoferus* Hsiao 华姬蝽。

作用与分布：是各甘草产区又一重要天敌。能够取食蚜虫、蓟马、盲蝽若虫、叶蝉及鳞翅目卵和幼虫等害虫，数量较大，发生期长，抑制害虫作用大。分布于山西、青海、新疆、河南、广西等省（自治区）和内蒙古各盟市。

（28）种名　*N. stenoferus* Hsiao 暗色姬蝽（窄姬猎蝽）。

作用与分布：与华姬蝽混合发生，虫体较大。捕食对象与分布同华姬蝽。

（29）种名　*N. palifer* Seidenstuckeri 淡色姬蝽。

作用与分布：同华姬蝽。杭锦旗河套甘草数量大，一般沙地甘草数量小。主要分布在西藏和内蒙古伊克昭盟和阿拉善盟。

3. 花蝽科 Anthocoridae

（30）种名　*Orius similis* Zheng 小花蝽。

作用与分布：捕食蚜虫、蓟马、红叶螨、盲蝽若虫等，虫体小，发生期短，抑制害虫能力有限。分布于北方省（自治区、直辖市）。

4. 长蝽科 Lygaeidae

（31）种名　*Geocoris ochropterus*（Fieber）三色长蝽。

作用与分布：捕食蚜虫、叶螨、蓟马、叶蝉、盲蝽若虫，鳞翅目卵、幼虫等多科低令幼虫。分布于各甘草产区。

5. 蝽科 Pentatomidae

（32）种名　*Zicrona caerula*（Linnaeus）纯蓝蝽（蓝蝽）。

作用与分布：成虫及若虫捕食鳞翅目等多科若虫、幼虫，亦能取食甘草等多科作物，但益大于害。分布于东北、华北、西北、华南和西南地区，内蒙古主要分布在呼和浩特市及呼、兴、锡、乌、伊 5 个盟。

（33）种名　*Arma chinensis* Fallou 蠋蝽。

作用与分布：捕食鳞翅目软体幼虫。我国南北方和内蒙古各盟市都有分布。

6. 盲蝽科 Miridae

（34）种名　*Deraecoris punctulatus* Fallen 黑食蚜盲蝽。

作用与分布：捕食蚜虫等多种小型昆虫，亦可取食甘草等各种作物。分布于我国北方地区，内蒙古以赤峰市、锡林郭勒盟、阿拉善盟为多。

（七）膜翅目 HYMENOPTERA

1. 胡蜂科 Vespidae

（35）种名　*Vespula mongolica*（Andre）黄斑胡蜂。

作用与分布：捕食多种昆虫。全国各地均有分布。

2. 姬蜂科 Ichneumonidae

（36）种名　*Eutanyacra picta*（Schrank）地蚕大铗姬蜂。

作用与分布：姬蜂是甘草田中最大的天敌类群，种类多，数量大，对甘草害虫起着较强的抑制作用。滩地、沙地、梁地甘草发生的种类、数量略有差别。寄生于多种鳞翅目幼虫。分布于东北、西北、西南地区和内蒙古锡林郭勒、乌兰察布、伊克昭盟。

（37）种名　*Temelucha*　sp. 抱缘姬蜂。

作用与分布：同地蚕大铗姬蜂。

（38）种名　*Phobocamps*　sp. 惊蠋姬蜂。

作用与分布：寄生于多种害虫。分布较广。

（39）种名　*Syzeuctus longigenus* Uchida 长色姬蜂。

作用与分布：寄生于多种昆虫。分布较广。

（40）种名　*Netelia ocellaris*（Thomson）甘草夜蛾拟瘦姬蜂。

作用与分布：主要寄生于鳞翅目幼虫。分布于辽宁、山西、甘肃、江苏、浙江、福建、河南、广东、云南、台湾和内蒙古呼、锡、乌、巴、伊盟。

（41）种名　*Ophion lnteus*（Linnaeus）夜蛾瘦姬蜂。

作用与分布：寄生于地老虎等夜蛾科（Noctuidae）害虫。分布广。

（42）种名　*Ichmeumon* sp. 姬蜂科 4 种。

作用与分布：以多种害虫为食。分布较广。

3. 细腰蜂科 Sphecidae

（43）种名　*Ammophila* sp. 红腹细腰蜂。

作用与分布：成虫捕捉鳞翅目幼虫、叶甲幼虫以饲养幼蜂。分布于宁夏、内蒙古等地。

（44）种名　*Sceliphron modraspatanum* Mov. 黄柄泥蜂。

作用与分布：捕食多种昆虫。分布较广。

（45）种名　*Oxyblus aurantiacus* Mov. 红尾刺胸泥蜂。

作用与分布：捕食多种昆虫。分布于北方省（自治区、直辖市）。

（46）种名　*Cerceris* sp. 节腹泥蜂。

作用与分布：捕食叶甲、鳞翅目害虫。分布于宁夏、内蒙古、河北等地。

4. 沙蜂科 Bembicidae

（47）种名　*Palarus variegatus* Sichmann 红足小唇沙蜂。

作用与分布：筑巢于向阳沙土中，终日进出于洞穴，捕捉多种昆虫为饲料，供饲幼虫。各甘草产区分布广泛，以沙地甘草田虫口较大。

（48）种名　*Larra amplipennis* Smith 宽额小唇沙蜂。

作用与分布：同红足小唇沙蜂。

（49）种名　*Bembex niponica* Picticullis Mov. 角形斑沙蜂。

作用与分布：捕食鳞翅目幼虫、同翅目成若虫等多科害虫以饲养幼蜂。沙地甘草常见。

5. 土蜂科 Scoliidae

（50）种名　*Scloia histrionica*（Fabricius）黑体花斑土蜂。

作用与分布：寄生于金龟子幼虫，成虫捕食多种害虫。分布于北京、江苏、安徽、台湾和内蒙古各盟市。

（51）种名 *S. loebischii* Dalla Torre 黑足土蜂。

作用与分布：同黑体花斑工蜂。

（52）种名 *S. potanini* Morawitz 红足土蜂。

作用与分布：幼虫寄生于金龟子幼虫（蛴螬），成虫捕食多种害虫。沙地甘草常见。分布于北方省（自治区、直辖市）。

6. 地蜂科 Andrenidae

（53）种名 *Andrena carbonaria* Linnaeus 黑地蜂。

作用与分布：为甘草等豆科植物的重要花粉媒介昆虫。分布于黑龙江、河北、甘肃、青海和内蒙古西部盟市。

7. 茧蜂科 Braconidae

（54）种名 *Meteorus rubens* Nees 伏虎黑茧蜂。

作用与分布：寄生于多种鳞翅目幼虫。分布于吉林、山西、陕西、河南、云南、贵州、四川和内蒙古等省（自治区、直辖市）。

（55）种名 *Iphiaulax imposter*（Scopoli）赤腹茧蜂。

作用与分布：寄生于天牛、象甲等虫类。一般甘草田不常见。

（56）种名 *Macrocentrus philippinensis* Ashmead 菲岛长距茧蜂。

作用与分布：同赤腹茧蜂。分布在内蒙古、江苏、浙江、台湾等省（自治区、直辖市）。

8. 蜾蠃科 Eumenidae

（57）种名 *Enodynerus danticixc*（Rossi）单佳盾蜾蠃。

作用与分布：捕食多科害虫以饲养幼虫及自用。分布于河北、甘肃、江苏、浙江和内蒙古巴彦淖尔盟、伊克昭盟、阿拉善盟。

（58）种名 *Ancistrocerus posietinus*（Linnzeus）墙沟蜾蠃。

作用与分布：同单佳盾蝶蠃。

9. 广肩小蜂科 Eurytomidae

（59）种名　*Eurytoma varticillata*（Fabricius）黏虫广肩小蜂。

作用与分布：寄生于鳞翅目多科昆虫。分布在内蒙古、黑龙江、吉林、河北、陕西、浙江、福建、河南、湖南、江西、广东、贵州。

10. 小蜂科 Chalddidae

（60）种名　*Brachymerxa excarinata* Gahan 无脊大腿小蜂。

作用与分布：寄生于菜粉蝶、小菜蛾等鳞翅目幼虫。分布于我国南北方许多省区。

（61）种名　*B. fonscllombei*（Dofur）红腿大腿小蜂。

作用与分布：同无脊大腿小蜂。

11. 金小蜂科 PteromaLidae

（62）种名　*Pteromalus qinghaiensis* Iao 草原毛虫金小蜂。

作用与分布：寄生于鳞翅目、双翅目、鞘翅目及同翅目昆虫。分布广。

（八）双翅目 DIPTERA

1. 食蚜蝇科 Syrphidae

（63）种名　*Metasyrphus corollae*（Fabricius）大灰后食蚜蝇。

作用与分布：为食蚜蝇主要种类，是甘草田又一重要害虫的天敌。种群数量较大、捕食量大，对蚜虫、介壳虫、粉蝶、叶蝉、蓟马及鳞翅目幼虫等害虫起着一定的抑制作用。一般甘草田均有分布，以生长茂密，伴生植物丰富的河滩及部分沙地甘草数量大。分布于甘肃、河北、内蒙古等地。

（64）种名　*Scaeva selenitica*（Meigen）月斑鼓额食蚜蝇。

作用与分布：作用同大灰食蚜蝇。分布于北京、上海、黑龙江、河北、江苏、浙江和内蒙古乌兰察布盟。

（65）种名　*Splaerophoria cylindrica* Say 窄腹食蚜蝇。

作用与分布：同大灰后食蚜蝇。

（66）种名　*S. pynastni*（Linnaeus）斜斑鼓额食蚜蝇。

作用与分布：幼虫捕食蚜虫和多科害虫。分布于全国各地。

（67）种名　*Eristalomyia tenax* L. 鼠尾蛆。

作用与分布：捕食多种蚜虫。沙地甘草常见。

（68）种名　*Syrphus baleata* DeGcer 黑带食蚜蝇。

作用与分布：同大灰后食蚜蝇。

（69）种名　*Ischiodon scutellaris* Fabricius 刺腿食蚜蝇。

作用与分布：捕食多种害虫。分布较广。

2. 食虫虻科 Asilidae

（70）种名　*Philonicus albiceps* Meig 白头姬食虫虻。

作用与分布：捕食蝽科、卷蛾科、夜蛾科等多种害虫的成虫和幼虫，能捕食叶甲以至金龟子成虫。分布于各甘草产区和阿拉善盟。

（71）种名　*Dysmachus albiseta* Becker 白鬃胛食虫虻。

作用与分布：同白头姬食虫虻。

（72）种名　*Dysmachus decipens* Meig 突胛食虫虻。

作用与分布：可捕食大中型害虫，俗称盗虻。分布于沙地、滩地甘草群落。

（73）种名　*Antipalns* sp. 大盗虻。

作用与分布：草原常见种类，捕食能力强，捕食鳞翅目成幼虫及多种害虫。各甘草产区均有分布。

3. 剑虻科 Therevidae

（74）种名　*Caenozona bicolor* Krob 双色锈剑虻。

作用与分布：捕食多种昆虫，取食能力强。分布于沙地、梁地甘草群落。

（75）种名　*Thereva* sp. 银灰剑虻。

作用与分布：同双色锈剑虻。

（76）种名　*Cainpzona* sp. 锈剑虻。

作用与分布：捕食多种害虫，一般甘草田常见。分布于北方省（自治区、直辖市）。

4. 麻蝇科 Sarcophagidae

（77）种名　*Blaesoxipha lineata* Fall 线纹折麻蝇。

作用与分布：寄生于各种蝗虫，如东亚飞蝗、花胫绿纹蝗、中华蚱蜢等。河套滩地甘草常见。分布于黑龙江、吉林、辽宁、内蒙古、山东、新疆、宁夏等地。

5. 眼蝇科 Conopidae

（78）种名　*Physocephala* sp. 肿头眼蝇。

作用与分布：寄生于直翅目、膜翅目等昆虫，在寄主体内完成幼虫阶段。分布于各甘草产区。

（九）蜘蛛目 ARANEIDA

1. 蟹蛛科 Thomisidae

（79）种名　*Misumenops tricuspidatus* Fabricius 三突花蟹蛛。

作用与分布：活动于甘草植株中上部，生长旺盛的甘草田较多，捕食蚜虫、叶蝉、盲蝽、粉蝶幼虫等多种害虫。分布于全国各地，内蒙古包头市、兴安盟、阿拉善盟有分布。

（80）种名　*Xysticus mongolicus* Schenkel 蒙古花蛛。

作用与分布：同三突花蟹蛛。

2. 圆蛛科 Arzneidae

（81）种名　*Singa pyhmaea* Sundevvall 四点亳腹蛛。

作用与分布：捕食甘草害虫。分布于内蒙古、甘肃、新疆、山东、河南等地。

3. 跳蛛科 Salticidae

（82）种名　*Jotus difficilis* Boes et. 机敏蝇豹。

作用与分布：甘草田常见种类，捕食多种害虫。分布于各甘草产区。

4. 猫蛛科 Oxyopidae

（83）种名　*Oxyopes ramosus* Panzer 枝纹猫蛛。

作用与分布：捕食多种害虫，常见于沙地甘草，分布于西北省区等地。

第五章　中国药用甘草商品质量标准

第一节　中国药用甘草商品规格及性状比较

国家医药管理局和中华人民共和国卫生部在药材商品规格标准中规定："甘草"为豆科植物。乌拉尔甘草*Glycyrrhiza uralensis* Fisch、胀果甘草 *Glycyrrhiza inflata* Bat. 和光果甘草 *Glycyrrhiza glabra* L. 的干燥根及根茎。品别分西草和东草两大类；规格有大草、条草、毛草、草节、疙瘩头。等级中大草、毛草、疙瘩头只有统货；条草有一、二、三等；草节有一、二等。

在20世纪60年代中国土畜产进出口公司制定了药用甘草出口规格，将甘草分为西草（西北甘草）、东草（东北甘草）、新疆草（新疆甘草）、白粉甘草及15厘米草节五类，并对甘草的品质、规格、包装等都提出具体要求，这种规格一直延续到现在，仍未改变。

傅克治先生将东草、西草、新疆草、栽培草做了综合性状比较，确定优质甘草的性状，即表面为棕红色、皮细紧、质坚实、体重、断面黄白色、粉性足、味甜，直径在1厘米以上，见表5-1。

表 5-1　中国药用甘草性状比较

Table 5-1　Characters of medicinal *Glycyrrhiza* speices in China

类别	传统商品名	产地	原植物	性状
西草	梁外草	内蒙古杭锦旗	乌拉尔甘草	皮细，色紫红，条顺，质坚，骨气好，敲之作檀木声，粉性大，柴性小，口面外翻，黄亮，致密，无花眼，味淡甜
	西镇草	内蒙古鄂托克前旗	乌拉尔甘草	皮细，暗棕色，骨气好，条顺，质较坚，粉性大，柴性小，口面外翻，致密，无花眼，味淡甜
	王爷地草	内蒙古磴口县	乌拉尔甘草	皮细，红棕色，条作鼠尾状，质坚，骨气好，粉性大，柴性小，口面外翻，致密，无花眼，味淡甜
	河川草	内蒙古达拉特旗	乌拉尔甘草	皮粗，灰黑色，条稍弯曲，质松，骨气次，粉性小，柴性大，口面不外翻，中心凹，有花眼，味甜带苦
东草	锦州大草	内蒙古敖汉旗	乌拉尔甘草	皮粗，灰棕色，条顺，具疙瘩头，质空松，骨气次，粉性小，柴性大，口面不外翻，暗黄色，花眼多，味甜
新疆草		新疆库尔勒	胀果甘草	皮粗，灰黑色，条条弯曲，有的分枝，质硬，骨气次，粉性小柴性大，口面不外翻，灰黄白色，有花眼，味甜带苦
栽培草		黑龙江肇洲、吉林	乌拉尔甘草	皮细，色紫红，条作鼠尾状，质坚实，骨气好，粉性大，纤维性强，口面平坦，中心微凹，黄白色，无花眼，味甜，纯正，无苦味

第二节 药用甘草商品质量行业标准（HB）

一、20世纪90年代以前甘草质量行业标准

根据国家医药管理局、中华人民共和国卫生部制定的药材商品规格标准西草共有5个规格、8个等级；东草共有2个规格、4个等级。

（一）野生西草

产于内蒙古西部及陕西、甘肃、青海和新疆等地的甘草称为西草。

（1）大草 统货：干货。呈圆柱形，表面红棕色、棕黄色或灰棕色。皮细紧，有纵纹，斩去头尾，切口面整齐。质坚实，体重。断面黄白色，粉性足。味甜。长25～50厘米。顶端直径2.5～4.0厘米以上。黑心带不超过总重量的5%，无须根、杂质、虫蛀、霉变。

（2）条草 一级：干货。呈圆柱形，单枝顺直，表面红棕色、棕黄色或灰棕色。皮细紧，有纵纹，斩去头尾，切口面整齐。质坚实，体重。断面黄白色，粉性足。味甜。长25～50厘米，顶端直径1.5厘米以上。间有黑心，无须根、杂质、虫蛀、霉变。

二级：干货。呈圆柱形，单枝顺直，表面红棕色、棕黄色或灰棕色。皮细紧，有纵纹，斩去头尾，切I：1面整齐。质坚实，体重。断面黄白色，粉性足。味甜。长25～50厘米，顶端直径1厘米以上。间有黑心，无须根、杂质、虫蛀、霉变。

三级：干货。呈圆柱形，单枝顺直，表面红棕色、棕黄色或灰棕色。皮细紧，有纵纹，斩去头尾，切口面整齐。质坚

实，体重。断面黄白色，粉性足。味甜。长 25～50 厘米，顶端直径 0.7 厘米以上。间有黑心，无须根、杂质、虫蛀、霉变。

（3）毛草　统货：干货。呈圆柱形弯曲的小草，去净残茎，不分长短。表面红棕色、棕黄色或灰棕色。断面黄白色。味甜。顶端直径 0.5 厘米以上，无杂质、虫蛀、霉变。

（4）草节　一级：干货。呈圆柱形，单枝条。表面红棕色、棕黄色或灰棕色。皮细，有纵纹。质坚实、体重。断面黄白色、粉性足。味甜。长 6 厘米以上，顶端直径 0.7 厘米以上。无须根、疙瘩头、杂质、虫蛀、霉变。

二级：干货。呈圆柱形，单枝条。表面红棕色、棕黄色或灰棕色。皮细，有纵纹。质坚实、体重。断面黄白色、粉性足。味甜。长 6 厘米以上，顶端直径 0.7 厘米以上。无须根、疙瘩头、杂质、虫蛀、霉变。

（5）疙瘩头　统货：干货。系加工条草砍下的根头，呈疙瘩头状。去净残茎及须根，表面棕黄色或灰黄色。断面黄白色。味甜。大小长短不分，间有黑心。无杂质、虫蛀、霉变。

（二）野生东草

产于内蒙古东部及黑龙江、辽宁、吉林、河北和山西等地的甘草称为东草。

（1）条草　一级：干货。呈圆柱形，上粗下细，表面紫红色或灰褐色，皮粗糙。不斩头尾。质松体轻。断面黄白色，有粉性。味甜。长 60 厘米以上，芦下 3 厘米处直径 1.5 厘米以上。间有 5% 20 厘米以上的草头。无杂质、虫蛀、霉变。

二级：干货。呈圆柱形，上粗下细，表面紫红色或灰褐色，皮粗糙。不斩头尾。质松体轻。断面黄白色，有粉性。味甜。50 厘米以上，芦下 3 厘米处直径 1 厘米以上。间有 5% 20 厘米以上的草头。无杂质、虫蛀、霉变。

三级：干货。呈圆柱形，上粗下细，间有弯曲分叉的细根，表面紫红色或灰褐色，皮粗糙。不斩头尾。质松体轻。断面黄白色，有粉性。味甜。长 40 厘米以上，芦下 3 厘米处直径 1 厘米以上。间有 5% 20 厘米以上的草头。无细小须子、杂质、虫蛀、霉变。

（2）毛草　统货：干货。呈圆柱形弯曲的小草，去净残茎，间有疙瘩头。表面紫红色或灰褐色。质松体轻。断面黄白色。味甜。不分长短，芦下直径 0.5 厘米以上。无杂质、虫蛀、霉变。

（三）野生新疆甘草分下列等级

条草：28～50 厘米，粗 1.0～2.4 厘米。

节草：长 10 厘米左右，粗 0.6～3.5 厘米。

原草：长短不分，粗不超过 3.5 厘米。

上述各种规格的甘草，均要求干燥，无杂质，无虫蛀，无霉变。

二、新拟野生西草分等质量行业标准

随着甘草用途的不断拓宽，它已由传统中药的地位变成了国内外备受青睐的工业原料，出口量不断增加。但至今商品流通中的甘草，还是沿用由医药管理局和卫生部联合制定的甘草规格标准，以及由天津口岸自己制定的出口标准。上述两个标准仅仅是一种外观商品标准，没有内控指标，如甘草酸含量、农药残留和有害元素控制等，远远不能满足现代化生产和贸易的需求。

由国家中医药管理局提出，陕西中药研究所、内蒙古伊克昭盟医药分公司、宁夏灵武市医药材公司起草了《甘草分等质量标准》，不论仪器使用、方法规范，还是标准拟定，都大大提高了层次。

制定本标准时，参考了我国 20 世纪 80 年代国家医药管理局和中华人民共和国卫生部制定的《七十六种药材商品规格标准》

中“甘草”的有关部分，参考了20世纪70年代中国土畜产进出口公司天津土产分公司制定的《出口药材收购参考手册》中“甘草”的有关规定，还引用了《中华人民共和国药典》（九五版）一部中“甘草”一章的有关内容，新增加了甘草酸含量标准、农药六六六、滴滴涕残留量标准，有害元素Pb、Hg、As、Cd允许量标准以及测定这些值应用的先进仪器和测量方法。标准编写时执行国家标准《标准化工作导则》的规范，使本标准进入了国内外标准的先进行列。现将其有关部分摘录如下：在“七五”、“八五”甘草攻关项目研究基础上制定《甘草分等质量标准》提供交流参考。

（1）主题内容与适用范围　本标准规定了西甘草分等质量标准的术语、技术要求和检验方法等内容。

本标准适用于西甘草的加工、收购、调拨和销售。

本标准所指甘草为豆科植物甘草 *Glycyrrhiza uralensis* Fisch.、胀果甘草 *G. inflata* Bat. 及光果甘草 *Glycyrrhiza glabra* L. 的干燥根及根茎的加工产品。

（2）引用标准　下列标准所包含的条文，通过在本标准中引用而构成为本标准的条文。在标准出版时，所示版本均为有效。所有标准都会被修订，使用本标准的各方应探讨、使用下列标准最新版本的可能性。

中华人民共和国药典一九九五年版一部（以下简称《九五版药典一部》）。

国家医药管理局、中华人民共和国卫生部［国药联材字（84）第72号］文“附件”七十六种药材商品规格标准。

（3）术语　本标准采用下列定义：

条草　甘草斩头去尾，单枝直条，长20～50厘米。

草节　条草加工中剩余的甘草短节，长20厘米以下、6.0厘米以上。

毛草　顶端直径0.3～0.5厘米的小甘草。

疙瘩头　加工甘草时砍下的根头，疙瘩形状。

统货　同规格不分等的甘草。

口径与尾径　甘草加工品的顶端与末端直径。

断面　甘草折断的碴口。

切口　甘草加工之刀口。

鼠尾草　条草口径与尾径相差过大，形如大头鼠尾。

须根　甘草大根上长出的毛细根。

杂质　甘草中夹杂的其他物质。

霉变　甘草内部发霉变质。表皮轻微霜霉，去净后不影响疗效者不为霉变。

眼圈草　甘草加工后木质部与皮层部分或全部分离的状态。

黑心草　切口中心呈黑色的甘草。

脱皮草　外皮脱落 1/3 以上的甘草。

放风口　为加快甘草干燥，对粗大条草切开的刀口。

伸刀　为顺直条草而切开的刀口。

黑疤草　表面有黑疤的甘草。

西甘草　中国内蒙古西部、新疆、宁夏、陕西、甘肃、青海等省（区）产的商品甘草（俗称西草）。

等间互混允许量　条草中低等级混入相邻高等级或高等级混入相邻低等级的重量百分率。

（4）产品分等　本标准将甘草分为 4 个规格 8 个等级。

4 个规格：条草、草节、毛草和疙瘩头。

8 个等级：条草一等、条草二等、条草三等、条草四等、条草统货、草节统货、毛草统货和疙瘩头统货。

（5）技术要求　见表 5-2。

三、新拟野生东草分等质量行业标准

（1）主题内容与适用范围　本标准规定了东甘草分等质量标

表 5-2 野生西草分等质量标准技术要求

Table 5-2 Quality standard of classifying wild West *G. uralensis*

序号	项目	条草					草节	毛草	疙瘩头
		一等	二等	三等	四等	统货	统货	统货	统货
1	长度（厘米）	20～50	20～50	20～50	20～50	20～50	>6.0	不分	不分
	口径（厘米）	>1.8	>1.2～1.8	>0.9～1.2	>0.5～0.9	>0.5～>1.8	>0.5	0.3～0.5	不分
	尾径（厘米）	≥1.2	≥0.9	≥0.5	≥0.3	—	—	—	—
	形状（厘米）	圆柱形 单枝直条						圆株单条	不规则
	断面	黄白色 粉性							黄白色
	切口	整齐							—
	味道	味甜							味甜
	表面颜色	红棕色 棕黄色或灰棕色							—
	鼠尾草	无	无	无	无	无	—	—	—
	须根	无	无	无	无	无	无	无	无
	杂根	无	无	无	无	无	无	无	无
	虫蛀	无	无	无	无	无	无	无	无
	霉变	无	无	无	无	无	无	无	无

（续）

序号	项目		条草					草节	毛草	疙瘩头
			一等	二等	三等	四等	统货	统货	统货	统货
1	眼圈草	眼圈长/圈总长	<1/3	<1/3	<1/3	<1/3	<1/3	—	—	—
		允许量（%）	≤3	≤3	≤3	≤3	≤3	—	—	—
	黑心草	黑心直径（厘米）	<0.32	<0.30	<0.16	<0.10	<0.23	—	—	—
		允许量（%）	≤3	≤3	≤3	≤3	≤3	—	—	—
	黑疤草	疤面积/总面积	<1/3	<1/3	<1/3	<1/3	<1/3	—	—	—
		允许量（%）	≤5	≤5	≤5	≤5	≤5	—	—	—
	脱皮草	脱面积/总面积	<1/3	<1/3	<1/3	<1/3	<1/3	—	—	—
		允许量（%）	≤10	≤10	≤10	≤10	≤10	—	—	—
	放风口（个/根）		≤3	≤3	无	无	≤3	—	—	—

（续）

序号	项目		条草					草节	毛草	疙瘩头
			一等	二等	三等	四等	统货	统货	统货	统货
1	伸刀（刀/根）		≤3	≤3	≤3	无	≤3	—	—	—
	等间互混允许量（%）		≤5	≤5	≤5	≤5	—	—	—	—
2	甘草鉴别试验		应符合《九五版药典一部》规定							
3	水分（%）		≤12	≤12	≤12	≤12	≤12	≤12	≤12	≤12
4	总灰分（%）		≤7	≤7	≤7	≤7	≤7	≤7	≤7	≤7
5	酸不溶性灰分（%）		≤2	≤2	≤2	≤2	≤2	≤2	≤2	≤2
6	甘草酸（%）		≥2.5	≥2.5	≥2.5	≥2.5	≥2.5	≥2.5	≥2.5	≥2.5
7	农药残留（微克/克）	六六六	≤0.02	≤0.02	≤0.02	≤0.02	≤0.02	≤0.02	≤0.02	≤0.02
		滴滴涕	≤0.005	≤0.005	≤0.005	≤0.005	≤0.005	≤0.005	≤0.005	≤0.005
8	有害元素（微克/克）	Pb	≤0.05	≤0.05	≤0.05	≤0.05	≤0.05	≤0.05	≤0.05	≤0.05
		Cd	≤0.02	≤0.02	≤0.02	≤0.02	≤0.02	≤0.02	≤0.02	≤0.02
		As	≤0.03	≤0.03	≤0.03	≤0.03	≤0.03	≤0.03	≤0.03	≤0.03
		Hg	≤0.1	≤0.1	≤0.1	≤0.1	≤0.1	≤0.1	≤0.1	≤0.1

准的术语、技术要求和检验方法等内容。

本标准适用于东甘草的加工、收购、调拨和销售。

标准所指甘草为豆科植物甘草 *Glycyrrhiza uralensis* Fisch、胀果甘草 *Glycyrrhiza inflate* Bat. 及光果甘草 *Glycyrrhiza globra* L. 的干燥根及根茎的加工产品。

（2）引用标准　下列标准所包含的条文，通过在本标准中引用而构成为本标准的条文。在标准出版时，所示版本均为有效。所有标准都会被修订，使用本标准的各方应探讨、使用下列标准最新版本的可能性。

中华人民共和国药典一九九五年版一部（以下简称《九五版药典一部》）。

国家医药管理局、中华人民共和国卫生部［国药联字（84）第 72 号］文“附件”：七十六种药材商品规格标准。

（3）术语　本标准采用下列定义。

条草　甘草单枝顺直条形，不断头尾，长 40 厘米以上。

毛草　芦下 3 厘米处直径 0.3～0.5 厘米的圆柱形小甘草。

杂质　甘草中夹杂的其他物质。

断面　甘草折断的碴口。

统货　同规格不分等级的甘草。

无头草　无芦头的条草。

须根　甘草大根上长出的毛细根。

霉变　甘草内部发霉变质。表皮轻微霉霜，去净后不影响疗效者，不为霉变。

（4）产品分等　本标准将甘草分为 2 个规格 5 个等级。

2 个规格为条草和毛草。

5 个等级为条草一等、条草二等、条草三等、条草统货和毛草统货。

（5）技术要求　见表 5-3。

表 5-3 野生东草分等质量标准技术要求

Table 5-3 Quality standard of classifying wild East *G. uralensis*

序号	项目	条草				毛草
		一等	二等	三等	统货	统货
1	长度（厘米）	＞60 占 50%以上，30～60 占 50%以上	＞60 占 50%以上，30～60 占 50%以上	＞60 占 50%以上，30～60 占 50%以上	13～60	不分
	芦下 3 厘米处直径 3 厘米	＞1.5	＞1.0～1.5	＞0.5～1.5	＞0.5～1.5	0.3～0.5
	形状（厘米）	圆柱形、上粗下细、不斩头尾、单枝条顺直				圆株单条
	断面	黄白色　有粉性				
	味道	味甜				
	表面颜色	紫红色或灰褐色				
	须根	无	无	无	无	无
	枝根	无	无	无	无	无
	杂质	无	无	无	无	无

（续）

序号	项目		条草				毛草
			一等	二等	三等	统货	统货
1	虫蛀		无	无	无	无	无
	霉变		无	无	无	无	无
	无头草（根）		无	无	无	无	无
2	甘草鉴别试验		应符合《九五版药典一部》规定				
3	水分（%）		≤12	≤12	≤12	≤12	≤12
4	总灰分（%）		≤7	≤7	≤7	≤7	≤7
5	酸不溶性灰分（%）		≤2	≤2	≤2	≤2	≤2
6	甘草酸（%）		≥2.5	≥2.5	≥2.5	≥2.5	≥2.5
7	农药残留（微克/克）	六六六	≤0.02	≤0.02	≤0.02	≤0.02	≤0.02
		滴滴涕	≤0.005	≤0.005	≤0.005	≤0.005	≤0.005
8	有害元素（微克/克）	Pb	≤0.05	≤0.05	≤0.05	≤0.05	≤0.05
		Cd	≤0.02	≤0.02	≤0.02	≤0.02	≤0.02
		As	≤0.03	≤0.03	≤0.03	≤0.03	≤0.03
		Hg	≤0.1	≤0.1	≤0.1	≤0.1	≤0.1

四、新拟定栽培甘草质量行业标准

栽培甘草作为一种新的药材原料产品，已逐步供应国内外药材商品市场，因此必须制定栽培甘草分等质量标准。为此，傅克治先生试拟“栽培甘草药材质量标准”，供有关方面参考。

甘草原植物为乌拉尔甘草或胀果甘草的栽培 3 年或 4 年的干燥实生根。春、秋两季采收，除去根头、根茎和须根晒干。

乌拉尔甘草呈鼠尾状圆柱形，长 24～45 厘米，直径 0.6～2.0 厘米。外皮紧，红棕色，具细纵皱纹、浅沟纹、环纹皮孔和细侧根断痕。切断面黄色，形成层环纹明显，射线放射状，无裂隙。质坚实，沉水；水浸润后，断面皮部不变色，干燥后仍显黄白色。折断面纤维性，有粉性。气微，味甜，纯正，无苦味。

胀果甘草呈圆柱形，两端粗细显差异，较粗壮。表面灰黑棕色或暗棕色。质坚硬，沉水；水浸润后，皮部显暗红棕色，干燥后不褪。折断面纤维多，粉性小。气特异，味甜稍带苦，咀嚼后唾液染鲜黄色。

本品横切面：木栓层为数列黄棕色细胞，栓内层较窄，有的细胞含棱晶。束间初生韧皮射线宽，细胞 4～8 列，作喇叭状；束内次生射线窄 1～4 列细胞。束内形成层明显。导管 1～3 个集聚，直径 9～84 微米；春秋所生导管孔径大小和数目不同，于次生木质部内构成二或三个明显的轮环。韧皮纤维和木纤维均成束，数十至数百个细胞集聚。有的薄壁细胞含方棱晶。初生木质部四原型，导管不规则嵌生于薄壁细胞间。无髓。凡薄壁细胞多充满淀粉粒。

粉末淡黄白色。纤维成束，直径 5～20 微米，周围薄壁细胞含草酸钙方棱晶。具缘纹导管较多，间有网纹和螺纹导管。木栓细胞黄棕色，多角形。常见草酸钙方棱晶。淀粉粒圆形、卵形、纺锤形和短棍形，直径 2～13 微米，脐点中央点状，层纹不明显。

第三节　栽培乌拉尔甘草质量企业标准（QB）

北京时珍中草药技术有限公司周成明博士经过连续20多年的探索研究拟定了栽培乌拉尔甘草收购的规格、质量标准，此标准为企业标准（表5-4）。此标准已被广大国内外客户及种植户接受，已在生产实践中推广执行。

表5-4　栽培乌拉尔甘草收购的规格及质量标准

Table 5-4　Quality standard of planting *G. uralensis*

等级	根长（厘米）	根头直径（厘米）	根尾直径（厘米）	含水量（%）
甲级条甘草	20以上	1.5	1.3	14
乙级条甘草	20以上	1.3	1.1	14
丙级条甘草	20以上	1.1	0.9	14
丁级条甘草	20以上	0.9	0.7	14
横走茎	芦头及横走茎			14
毛甘草	0.7以下须根和侧根			14
混等条甘草	20以上	甲乙级占50%	丙丁级占50%	14

质量要求：甘草酸含量大于等于2%，六六六、滴滴涕低于千万分之二。以上产品无土、无杂、无虫蛀、无霉变、无冻伤。

第四节　时珍公司与外商拟定的出口甘草斜片标准（QB）

出口马来西亚、韩国的甘草长斜片规格分别见表5-5、表5-6。

表 5-5　出口马来西亚的甘草长斜片的规格

Table 5-5　Standard of long and diagonal slice of *G. uralensis* for export to Malaysia

规格	长（厘米）	宽（厘米）	厚（毫米）
甲级	10～12	1.5	2.0～2.5
乙级	8～10	1.2～1.5	2.0～2.5
丙级	6～8	0.9～1.2	2.0～2.5
丁级	5～6	0.9～0.5	2.0～2.5

表 5-6　出口韩国的甘草长斜片规格

Table 5-6　Standard of long and diagonal slice of *G. uralensis* for export to Korea

规格	长（厘米）	宽（厘米）	厚（毫米）
甲级	8～10	1.5	1.5～2.0
乙级	6～7	1.2～1.5	1.5～2.0
丙级	4～5	0.9～1.2	1.5～2.0
丁级	3～4	0.9～0.5	1.5～2.0

第五节　《中华人民共和国药典》（2015 版）记载甘草质量国家标准（GB）

本品为豆科植物甘草 *Glycyrrhiza uralensis* Fisch.、胀果甘草 *Glycyrrhiza inflata* Bat. 或光果甘草 *Glycyrrhiza glabra* L. 的干燥根和根茎、春秋二季采挖，除去须根，晒干。

一、性　　状

（一）甘草

根呈圆柱形，长 25～100 厘米，直径 0.6～3.5 厘米、外皮松紧不一。表面红棕色或灰棕色，具显著的纵皱纹、沟纹、皮孔及稀疏的细根痕。质坚实，断面略显纤维性，黄白色，粉性，形成层环明显，射线放射状，有的有裂隙。根茎层圆柱形，表面有芽痕，断面中部有髓。气微，味甜而特殊。

（二）胀果甘草

根及根茎木质粗壮，有的分枝，外皮粗糙，多灰棕色或灰褐色，质坚硬，木质纤维多，粉性小。根茎不定芽多而粗大。

（三）光果甘草

根及根茎质地较坚实，有的分枝，外皮不粗糙，多灰棕色，皮孔细而不明显。

二、鉴　　别

（一）本品横切面

木栓层为数列棕色细胞。栓内层较窄。韧皮部射线宽广，多弯曲，常现裂隙；纤维多成束，非木化或微木化，周围薄壁细胞常含草酸钙方晶；筛管群常因压缩而变形。束内形成层明显。木质部射线宽 3～5 列细胞；导管较多，直径约至 160 微米；木纤维成束，周围薄壁细胞亦含有草酸钙方晶，根中心无髓；根茎中心有髓。

粉末淡棕黄色。纤维成束，直径 8～14 微米，壁厚，微木化，周围薄壁细胞含草酸钙方晶，形成晶纤维。草酸钙方晶多见。具缘纹孔导管大，稀有网纹导管。木栓细胞红棕色，多角形，微木化。

（二）化学成分测定

取本品粉末 1 克，加乙醚 40 毫升，加热回流 1 小时，滤过，弃去醚液，药渣加甲醇 30 毫升，加热回流 1 小时，滤过，滤液蒸干，残渣加水 40 毫升使溶解，用正丁醇提取 3 次，每次 20 毫升，合并正丁醇液，用水洗涤 3 次，弃去水液，正丁醇液蒸干，残渣加甲醇 5 毫升使溶解，作为供试品溶液。另取甘草对照药材 1 克，同法制成对照药材溶液。再取甘草酸铵盐对照品，加甲醇制成每 1 毫升含 2 毫克的溶液，作为对照品溶液。照薄层色谱法（通则 0502）试验，吸取上述 3 种溶液各 1～2 微升，分别点于同一用 1%氢氧化钠溶液制备的硅胶 G 薄层板上，以乙酸乙酯—甲酸—冰醋酸—水（15：1：1：2）为展开剂，展开，取出，晾干，喷以 10%硫酸乙醇溶液，在 105℃加热至斑点显色清晰，置紫外光灯（365 纳米）下检视。供试品色谱中，在与对照药材色谱对应的位置上，显相同颜色的荧光斑点；在与对照品色谱相应的位置上，显相同的橙黄色荧光斑点。

三、检　　查

水分　不得超过 12%（通则 0832 第二法）。

总灰分　不得超过 7%（通则 2302）。

酸不溶性灰分　不得过 2%（通则 2302）。

重金属及有害元素　照铅、镉、砷、汞、铜测定法（通则 2321 原则吸收分光光度法或电感耦合等离子体质谱法）测定，铅不得过 5 毫克/千克；镉不得过 0.3 毫克/千克；砷不得过 2 毫克/千克；汞不得过 0.2 毫克/千克；铜不得过 20 毫克/千克。

有机氯农药残留量　照农药残留测定法（通则 2341 有机氯农药残留量测定第一法）测定。含总六六六（总 BHC）不得过 0.2 毫克/千克；滴滴涕（总滴滴涕）不得过 0.2 毫克/千克；五氯硝基苯（PCNB）不得过 0.1 毫克/千克。

四、含量测定

1. 甘草酸　按照高效液相色谱法测定。

色谱条件与系统适用性试验　以十八烷基硅烷键合硅胶为填充剂；以甲醇—0.2 摩尔/升醋酸铵溶液—冰醋酸（67∶33∶1）为流动相；检测波长为 250 纳米。理论板数按甘草酸计算应不低于2 000。

对照品溶液的制备　取甘草酸单铵盐对照品 10 毫克，精密称定，置 50 毫升量瓶中，用流动相溶解并稀释至刻度，摇匀，即得（每 1 毫升含甘草酸单铵盐对照品 0.2 毫克，折合甘草酸为 0.195 9 毫克）。

供试品溶液的制备　取本品中粉约 0.3 毫克，精密称定，置 50 毫升量瓶中，加流动相约 45 毫升，超声处理（250 瓦，频率 20 千赫兹）30 分钟，取出，放冷，加流动相至刻度，摇匀，滤过，取续滤液，即得。

测定法　分别精密吸取对照品溶液与供试品溶液各 10 微升，注入液相色谱仪，测定，即得。

本品按干燥品计算，含甘草酸（$C_{42}H_{62}O_{16}$）不得少于 2%。

2. 甘草甙　按照高效液相色谱法测定。

色谱条件与系统适应性试验　以十八烷基硅烷键合硅胶为填充剂，以乙腈—0.5%冰醋酸（1∶4）为流动相；检测波长为 276 纳米。理论板数按甘草甙峰计算应不低于4 000。

对照品溶液的制备　精密称取甘草甙对照品适量，加甲醇制成每 1 毫升含 20 微克的溶液，即得。

供试品溶液的制备　取本品粉末（过三号筛）约 0.2 克，置具有塞锥形瓶中，精密加入 70%乙醇溶液 10 毫升，称定重量，超声处理（功率 300 瓦，频率 25 千赫兹）30 分钟，取出，再称量，用 70%乙醇补足减失的重量，滤过。精密量取续滤液 5

毫升，置 100 毫升量瓶中，用 20% 乙腈稀释至刻度，摇匀，即得。

测定法 分别精密吸取对照品溶液与供试品溶液各 20 微升，注入液相色谱仪，测定，即得。

本品按干燥品计算，含甘草甙（$C_{21}H_{22}O_9$）不得少于 1%。

五、炮 制

除去杂质，洗净，润透，切厚片，干燥。

六、性味与归经

甘、平。归心、肺、脾、胃经。

七、功能与主治

补脾益气，清热解毒，祛痰止咳，缓急止痛，调和诸药。用于脾胃虚弱，倦怠乏力，心悸气短，咳嗽痰多，脘腹、四肢挛急疼痛，痈肿疮毒，缓解药物毒性、烈性。

八、用法与用量

甘草饮片用量一般为每付中药中 1.5～9 克。

总结：本章主要论述了野生甘草和家种甘草的出口标准、企业标准（QB）、行业标准（HB）和国家药典标准（GB）。《中华人民共和国药典》规定的甘草质量标准是一个基本的法定标准，任何一个企业和种植户都必须遵守，是一个最低的国家标准（GB）；出口标准是最高标准，企业标准和行业标准次之，由企业和行业自行制定遵守。作为种植户，最低要求要达到《中华人民共和国药典》规定的质量要求，即甘草酸要达到2%以上；最小根直径达0.6厘米以上；有机氯农药残留量测定，六六六（总BHC）不得超过0.2毫克/千克；滴滴涕（总DDT）不得过0.2毫克/千克；五氯硝基苯（PCNB）不得超过0.1毫克/千克。低于这个标准的甘草原料，可以作为提炼原料，或作兽药。其他药材如黄芪、党参、当归、人参等几百种中药材，国家药典中都有明确的规定，不需要制定任何其他的中药标准和强制认证标准，以免扰乱国家标准的执行。

其他机关和行业协会等部门制定的质量标准或类似标准不能替代《中华人民共和国药典》的标准，不能作为国家标准来推行，如香港“GAP”促进会和国家药监局拟定的中药材“GAP”条文和认证标准是不能作为国家标准（GB）来执行的，更不能作为国家标准来强制推行。

第六章　乌拉尔甘草规范化栽培技术与加工全过程黑白图

第一节　甘草属3种甘草种质资源黑白图

一、野生乌拉尔甘草

图 6-1-1　黑龙江省大庆市杜尔伯特蒙古自治县新店林场野生乌拉尔甘草植被状况

图 6-1-2　6 月份茎叶生长旺盛，开始开花

图 6-1-3　花紫绿色

图 6-1-4　主茎上有多个花序

图 6-1-5　花序从腋下长出

图 6-1-6　8 月份进入果期

图 6-1-7　果实从下而上依次成熟

图 6-1-8　野生甘草居群一个主根产生多个横走茎，横走茎长出多个茎叶，连片生长

图 6-1-9　生长在低洼盐碱地的野生甘草，植株矮小粗壮

图 6-1-10　8 月份野生甘草种子开始成熟

图 6-1-11　内蒙古赤峰山坡地野生乌拉尔甘草居群

图 6-1-12　6 月份左右野生乌拉尔甘草开始开花

图 6-1-13　野生乌拉尔甘草刚结果时情形，果荚上长有红色被毛

图 6-1-14　7 月份果荚内开始有种子，果荚内种子鼓起

图 6-1-15　果荚内种子饱满

图 6-1-16　8 月份果荚弯曲成镰刀状，毛密，每一个种球上长有 5～10 个果荚

图 6-1-17　果荚被虫子吃坏的状况

图 6-1-18　被蚜虫吃后的果荚

图 6-1-19　被蚂蚁等害虫吃后的果荚

图 6-1-20　虫吃完后花序干枯死亡

图 6-1-21　内蒙古阿鲁科尔沁旗草原高山植被野生乌拉尔甘草居群生长状况

图 6-1-22　田埂沟边生长的乌拉尔甘草居群

图 6-1-23　西北风吹歪的甘草居群

图 6-1-24　8 月底至 9 月初果荚成熟

图 6-1-25　成熟后果荚卷曲成团

图 6-1-26　9 月上中旬可以采收种子

图 6-1-27　吉林松原野生乌拉尔甘草生长状况

图 6-1-28　9 月份种子成熟，由于雨水过大，果荚发黑变质

图 6-1-29　内蒙古包头古黄河河道内野生乌拉尔甘草居群，羊群可以采食甘草种子

图 6-1-30　新疆乌什县野生乌拉尔甘草结果状况

图 6-1-31　茎干直立，果荚呈镰刀状、略卷曲

图 6-1-32　果荚上有腺毛

图 6-1-33　果荚内有3～5粒种子，果荚簇状生长

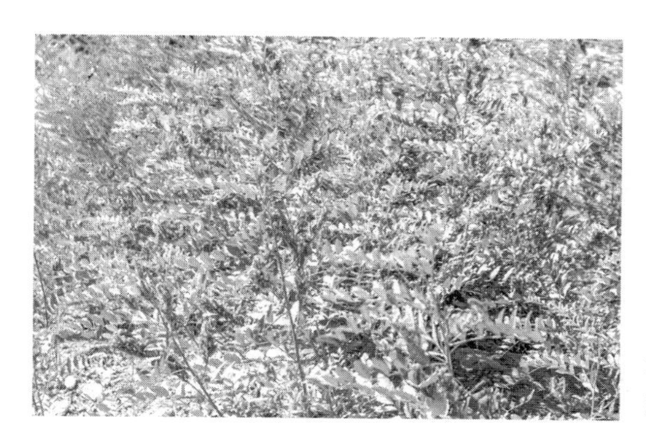

图 6-1-34　株高近 1.5 米，是一个极优良的栽培新品系

图 6-1-35　野生乌拉尔甘草与苦豆子共生，形成群落

图 6-1-36　天山南坡的乌什县还尚存有成片的野生乌拉尔甘草居群

图 6-1-37　人工采摘果荚

图 6-1-38　8 月份种子开始成熟（内蒙古包头）

图 6-1-39　9 月份可以采收种子

图 6-1-40　内蒙古乌兰布河沙漠中野生乌拉尔甘草开花状况

图 6-1-41　由于干旱，植株茎叶瘦小，开花紧凑，花少

图 6-1-42　乌拉尔甘草一般生长在有水源的地方

图 6-1-43　7、8 月份易发生虫害，必须加强管护

图 6-1-44　成熟的果实状况，果荚上有虫眼

图 6-1-45　宁夏毛乌苏沙漠野生乌拉尔甘草开花结果的状况

图 6-1-46　由于干旱野生乌拉尔甘草果实植物瘦小

图 6-1-47　内蒙古杭锦旗野生乌拉尔甘草生长状况（靠近水源的地方生长良好）

图 6-1-48　内蒙古杭锦旗野生乌拉尔甘草生长状况（在干旱、荒漠中生长较差）

图 6-1-49　沙丘下边生长少许甘草，沙丘上面几乎不生长

图 6-1-50　围栏管护的野生乌拉尔甘草

图 6-1-51　5、6 月份陆续开花

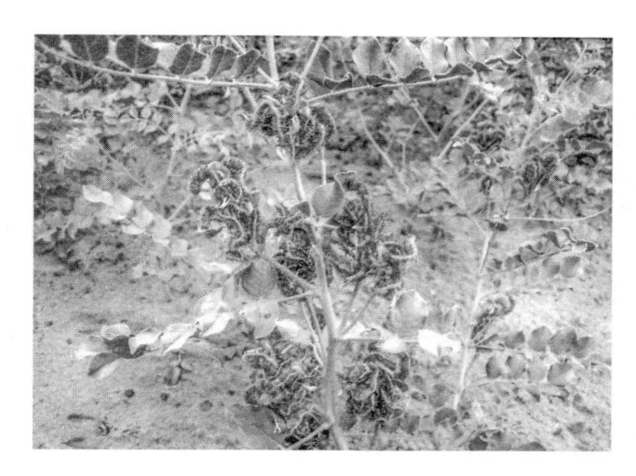

图 6-1-52　7 月份开始结果

图 6-1-53　发现病虫害必须打药防治

图 6-1-54　8 月份果荚开始成熟

图 6-1-55　9 月份开始采收

图 6-1-56　内蒙古杭锦旗野生乌拉尔甘草是我国乌拉尔甘草珍贵的野生种质资源

图 6-1-57　由于乱挖导致野生甘草面积急剧下降，图为当地专用的采挖野生甘草的工具小铲，国家应严格控制、没收

图 6-1-58　杭锦旗野生乌拉尔甘草由 20 世纪七八十年代的几百万亩锐减到 2008 年的 20 万亩

图 6-1-59　野生乌拉尔甘草的主根已被采挖殆尽，剩余的均为 0.7 厘米左右的横走茎，国家应严格控制采挖

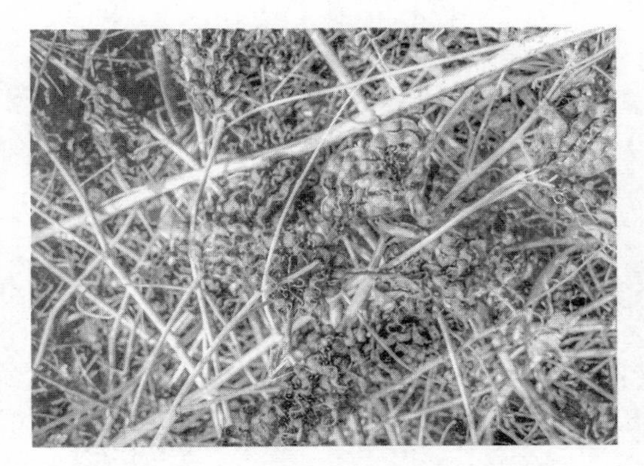

图 6-1-60　成熟的野生乌拉尔甘草果荚

图 6-1-61　采集的野生乌拉尔甘草果荚

图 6-1-62　晾晒采收的野生乌拉尔甘草果荚

图 6-1-63　抢青采收的尚未成熟的果荚

图 6-1-64　晾晒果荚

图 6-1-65　晾晒时，不断的翻动

图 6-1-66　多次晾晒，保证果荚干透

图 6-1-67　时珍公司种子采集场

图 6-1-68　人工翻晒种子

图 6-1-69　粉碎果荚

图 6-1-70　四人一组进行粉碎

图 6-1-71　手工将果荚放入粉碎机入口

图 6-1-72 果荚必须晒干才能粉碎

图 6-1-73 用三齿耙把果荚运送到粉碎机口

图 6-1-74 种子筛选机

图 6-1-75　种子扬场机

图 6-1-76　乌拉尔甘草果荚外形

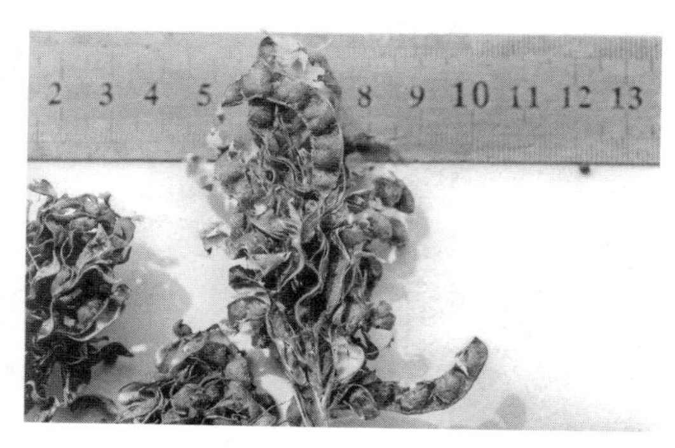

图 6-1-77　打完种子后的果荚

图 6-1-78　果荚和种子分离

图 6-1-79　分离出的干净的种子

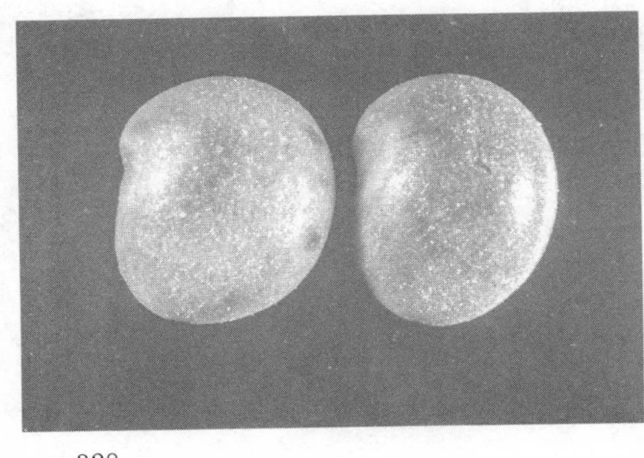

图 6-1-80　放大 7 倍的甘草种子外形

图 6-1-81　药物处理后的种子外形，发芽率达70%以上

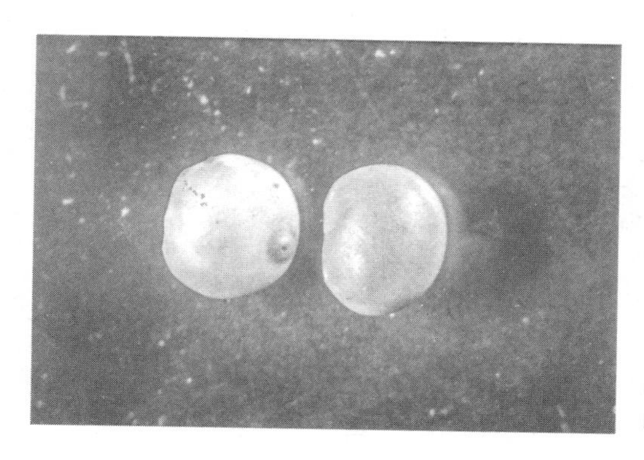

图 6-1-82　放大 11 倍的处理后的种子外形，有明显的进水孔

图 6-1-83　种子处理完进行包衣、晾晒

图 6-1-84　成品种子

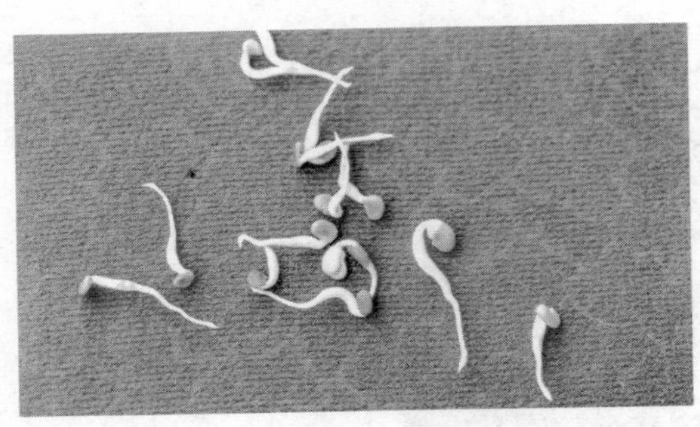

图 6-1-85　种子发芽状况，发芽率一般在 70%以上，纯净率一般在 90%以上

二、野生胀果甘草

图 6-1-86　新疆和硕博斯腾湖边缘生长的胀果甘草野生居群

图 6-1-87　生长在阿克苏的胀果甘草，正在盛花期

图 6-1-88　盐碱地上的胀果甘草

图 6-1-89　排水沟边成片的胀果甘草，土地上泛出一层白色的盐碱

图 6-1-90　每年 7 月份胀果甘草进入盛果期

图 6-1-91　公路边上胀果甘草野生居群，生长十分旺盛

图 6-1-92　胀果甘草果荚中一般为 1～3 粒种子

图 6-1-93　果荚枣红色

图 6-1-94　果荚上有短粗的腺毛

图 6-1-95　阿克苏叶尔羌河流域的一片野生胀果甘草居群

图 6-1-96　土地为重盐碱地，含盐量达 2%以上

图 6-1-97　胀果甘草与红柳共生

图 6-1-98　胀果甘草居群中零星分布胡杨树林中

图 6-1-99　生长在阿瓦提县水沟边的胀果甘草，生长十分旺盛

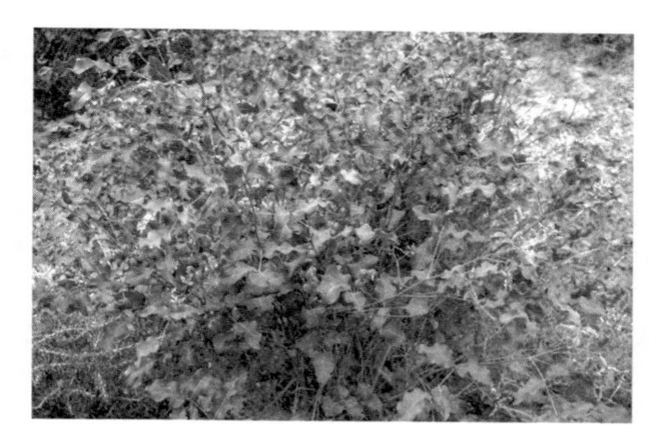

图 6-1-100　生长在叶尔羌河流域的重盐碱地上的胀果甘草，叶片皱，茎干细小

图 6-1-101　和硕县包尔图水边生长的胀果甘草

图 6-1-102　新疆尉犁县野生胀果甘草居群

图 6-1-103　野生胀果甘草植株高 50 厘米

图 6-1-104　新疆喀什地区野生胀果甘草居群

图 6-1-105　喀什地区有成片的野生胀果甘草大约在几百万亩以上，是我国珍贵的胀果甘草种源地

图 6-1-106　野生胀果甘草 6、7 月份开始开花

图 6-1-107　野生胀果甘草 8、9 月份开始后结果

图 6-1-108　野生胀果甘草果荚

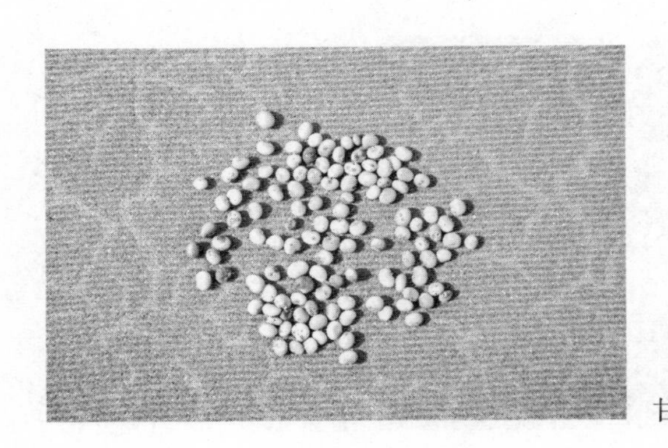

图 6-1-109　野生胀果甘草种子

图 6-1-110　野生胀果甘草极耐盐碱，可以生长在含盐量 1%以上，pH 在 9 以上的重盐碱土地上

图 6-1-111　博斯腾湖边上采挖的野生胀果甘草，重达5千克以上，长度5米左右

图 6-1-112　野生胀果甘草主根，外皮粗糙，发黄黑色

图 6-1-113　新疆喀什地区甘草加工场加工野生胀果甘草场景

三、野生光果甘草

图 6-1-114　新疆喀什农一师五十二团境内野生光果甘草居群

图 6-1-115　5、6 月份野生光果甘草开花

图 6-1-116　路边、树林边生长数 10 年的野生光果甘草，开花结果旺盛

图 6-1-117　新疆阿瓦提县光果甘草居群

图 6-1-118　新疆阿克苏光果甘草居群

图 6-1-119　新疆阿拉尔市光果甘草居群

图 6-1-120　野生光果甘草果荚

图 6-1-121　野生光果甘草种子

图 6-1-122　栽培一年生的光果甘草苗情

图 6-1-123　栽培三年生的光果甘草苗情

图 6-1-124　6、7 月份施肥、浇水管理后甘草生长茂盛

图 6-1-125　生长高度达 2 米

图 6-1-126　8 月份 1.5 米以下的叶片几乎脱落

图 6-1-127　地里的芦苇、其他杂草需除干净

图 6-1-128　若植株生长过高，可以打顶

图 6-1-129　秋季个别植株重新长出新叶

图 6-1-130　生长三年的主根截面，根头直径达 2 厘米

图 6-1-131　根头横走茎十分发达

图 6-1-132　亩产鲜根在2 000千克以上

四、家种乌拉尔甘草优良品系选育

图 6-1-133　北京时珍公司 2001 年开始在甘肃武威、张掖等地选育乌拉尔甘草优良品系

图 6-1-134　在民勤县境内发现了高质优产的新品系

图 6-1-135　在时珍公司栽培基地中采收到根头粗壮、皮色棕红、栽培 3 年亩产达 2 500 千克的新品系

图 6-1-136　品系命名为“民勤一号”

图 6-1-137　栽培三年的产品中挑选“民勤一号”种栽

图 6-1-138　种栽挖出后，芦头留 5 厘米，保留越冬芽

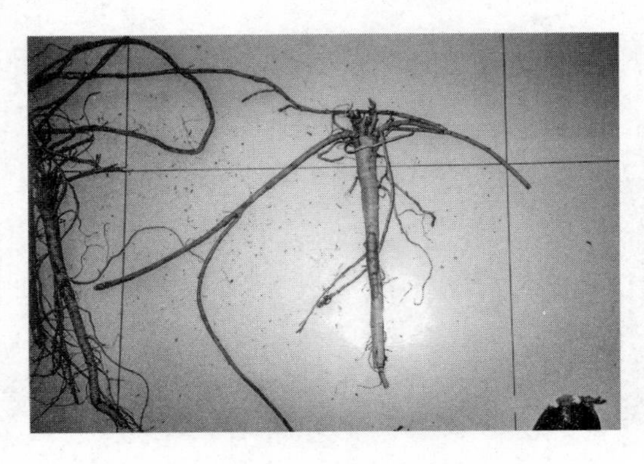

图 6-1-139　个别种栽重 250 克以上

图 6-1-140　待移栽的种栽

图 6-1-141　个别种栽主根分叉

图 6-1-142　主根和侧根生长十分旺盛

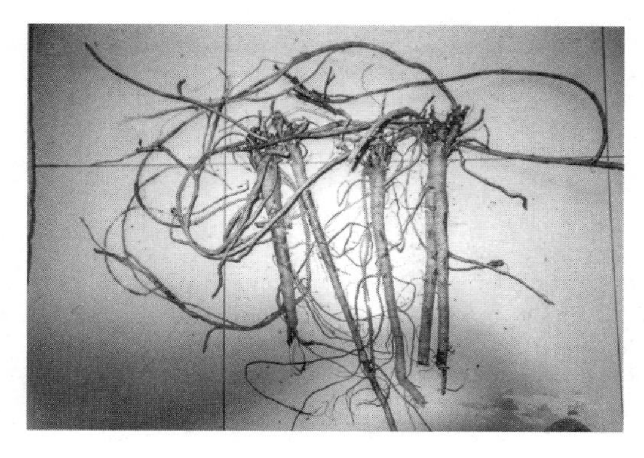

图 6-1-143　横走茎十分发达

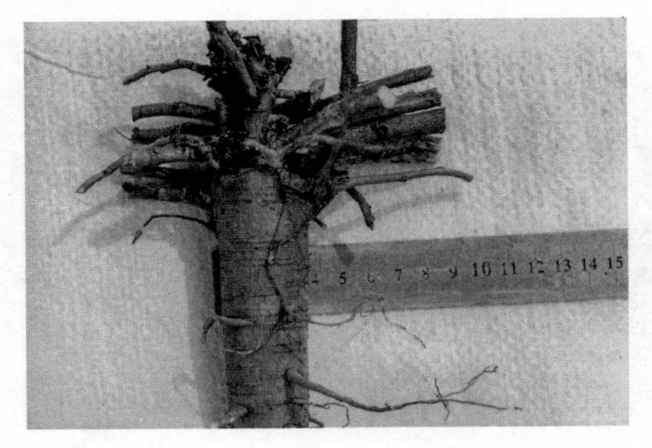

图 6-1-144　主根直径达到 5 厘米左右，越冬芽在 5～15 个之间

图 6-1-145　根皮黄红色，主根长达 70 厘米以上

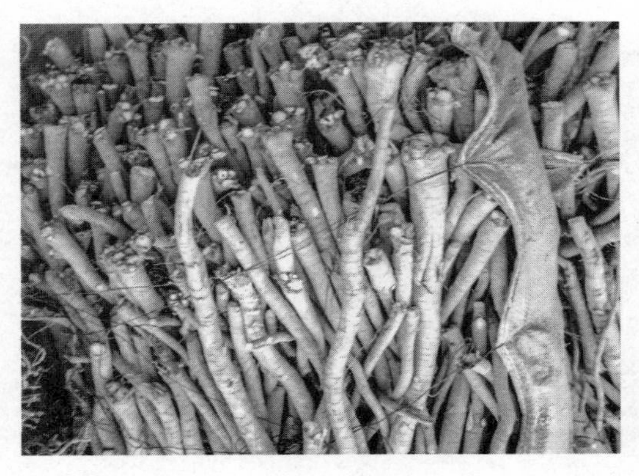

图 6-1-146　经测定甘草酸含量在 3%以上

图 6-1-147　“民勤一号”新品系已上市，给种植户带来了巨大效益

图 6-1-148　开沟、沟深 15 厘米、行距 40 厘米

图 6-1-149　种根蘸药，防止腐烂，并促进生长

图 6-1-150　将种根平摆在沟内

图 6-1-151　种根平摆后的状况

图 6-1-152　摆放时，种根头尾相接

图 6-1-153　摆好后，准备盖土 5～10 厘米

图 6-1-154　盖土后，浇水

图 6-1-155　民勤种源基地

图 6-1-156　张掖种源基地，土壤偏碱泛白

图 6-1-157　栽植 15 天左右，越冬芽开始萌发

图 6-1-158　越冬芽拱出土

图 6-1-159　长出 5～6 片复叶

图 6-1-160　出土后，须除草、施肥、浇水

图 6-1-161　60 天左右茎叶生长茂盛

图 6-1-162　7 月份杂草生长旺盛必须人工除草

图 6-1-163　8 月份甘肃地区十分干旱少雨，必须浇 2～3 次水，并追肥

图 6-1-164　7、8 月份开始开花结籽

图 6-1-165 9 月份甘草叶开始脱落，果荚成熟

图 6-1-166 9 月中下旬果荚完全成熟

图 6-1-167 10 月茎干倒伏，叶全部脱落

图 6-1-168　人工或机械将果荚割到收堆

图 6-1-169　4 年生“民勤一号”植株，从第二年开始结果，可以采收 50 年

图 6-1-170　甘草种子生产与其他豆科植物一样，分大小年

图 6-1-171　乌什县栽培 4 年乌拉尔甘草果荚

图 6-1-172　阿克苏栽培 5 年的乌拉尔甘草果荚

图 6-1-173　每年 7 月底 8 月初种子成熟

图 6-1-174　大年种子质量好，小年种子质量较差，甚至不结种子

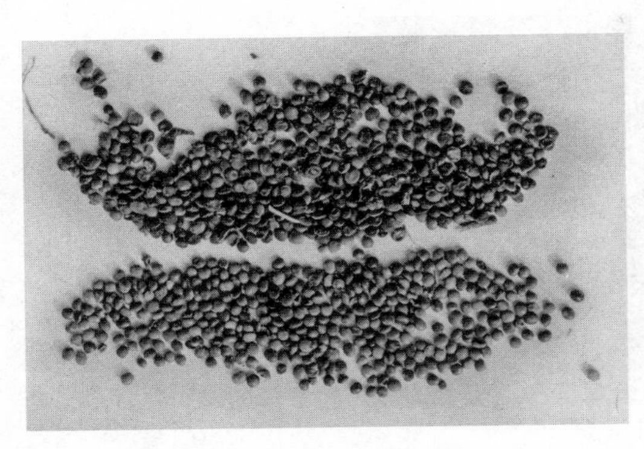

图 6-1-175　栽培甘草种子与野生甘草种子质量有差异（上为家种甘草的种子，下为野生甘草的种子）

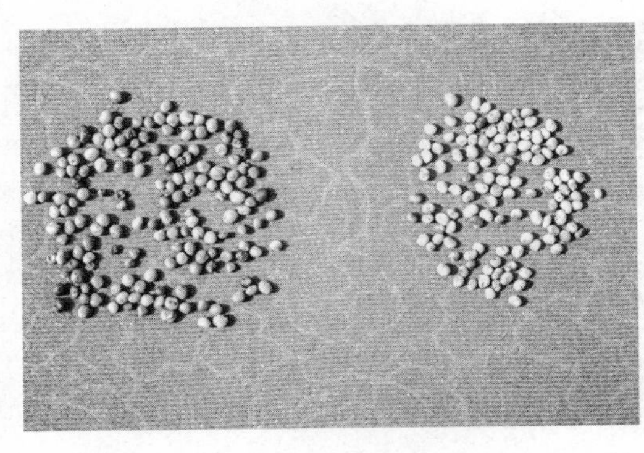

图 6-1-176　甘草种子外形比较，左为内蒙古产家种乌拉尔甘草种子，右为野生胀果甘草种子

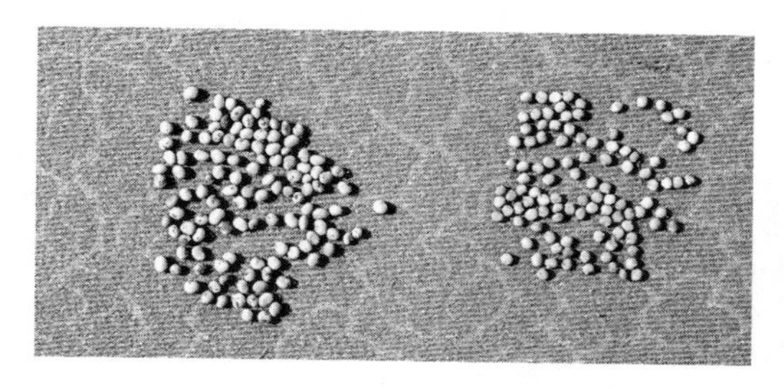

图 6-1-177　甘草种子外形比较，左为野生胀果甘草种子，右为野生光果甘草种子

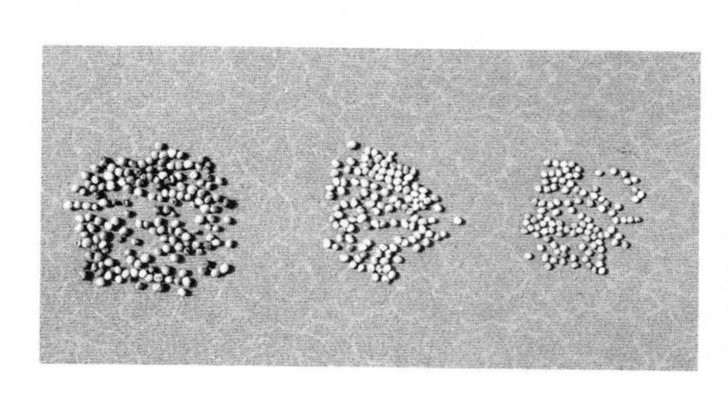

图 6-1-178　家种乌拉尔甘草种子、胀果甘草种子、光果甘草种子外形比较

第二节　主产区乌拉尔甘草栽培模式

一、东北地区

图 6-2-1　黑龙江杜蒙新店林场草原黑钙土适合甘草的种植

图 6-2-2 辽宁辽阳辽河流域沙壤土适合甘草的生长

图 6-2-3 辽宁营口海边滩涂沙壤土

图 6-2-4 吉林松原黑沙壤土

图 6-2-5　土地须深翻、耙平、镇压，这是辽阳市 300 亩乌拉尔甘草种植示范基地

图 6-2-6　用旋耕机旋耕 2 次

图 6-2-7　用镇压器镇压

图 6-2-8　旋耕两遍的土壤如细面一般

图 6-2-9　调试专用播种机

图 6-2-10　机械大面积播种

图 6-2-11　播种后田间状况，种子均播在 2 厘米深处，每一播幅 1.2 米宽

图 6-2-12　10～15 天甘草苗出土

图 6-2-13　20 天左右甘草长出一片真叶

图 6-2-14　30 天左右甘草长出 2～3 片真叶

图 6-2-15　30～50 天甘草苗长出 3～6 片叶，这是吉林白城甘草基地苗情

图 6-2-16　吉林榆树大垄宽幅甘草苗情

图 6-2-17　黑龙江大庆基地万亩乌拉尔甘草苗情

图 6-2-18　生长 2 个月时甘草苗情

图 6-2-19　7 月份甘草地要人工除草，这是除草后的苗情，甘草苗成垄

图 6-2-20　吉林松原一年生甘草苗情，由于干旱，甘草苗出现断垄现象

图 6-2-21　7 月份甘草苗开始封垄，地里有苘麻，需人工拔除

图 6-2-22　如发生蚜虫、青虫、人工喷施杀虫剂

图 6-2-23　8～9 月份甘草地上茎叶生长旺盛期

图 6-2-24　9～10 月份地上部分茎叶开始枯黄脱落，地下根则迅速生长

图 6-2-25　冬季茎叶枯黄后，常规田间管理

图 6-2-26 第二年开春后地上茎叶开始发芽，须开始施肥，浇水

图 6-2-27 6～7 月份甘草迅速封垄

图 6-2-28 这是吉林松原育苗一年、移栽一年的甘草苗情，每亩栽苗 1.5 万株，较稀

图 6-2-29　这是山东东营黄河冲积滩直播 2 年生苗，甘草生长十分旺盛

图 6-2-30　这是黑龙江宾县黑砂土种植的甘草，第二年秋季甘草测产，亩产 1 000 千克以上

图 6-2-31　第二年冬季茎叶枯黄以后，如不采收，仍进行常规田间管理

图 6-2-32　第三年开春后甘草苗迅速返青

图 6-2-33　返青后，施肥浇水，甘草苗迅速生长封垄

图 6-2-34　这是辽宁锦州育苗一年，移栽两年的甘草苗情，单株甘草鲜根达 70 克以上

图 6-2-35　第三年秋季测产，甘草鲜根产量应为1吨以上可以采收

图 6-2-36　采收前将地上部分茎叶清理干净

图 6-2-37　用专用采收犁进行采收

图 6-2-38　人工捡拾甘草

图 6-2-39　甘草采收后将芦头剁掉

图 6-2-40　晒干、打捆

二、华北地区

图 6-2-41　播种前，先要深翻土地

图 6-2-42　种植甘草需土地肥沃的砂质土壤，低洼地，过高的盐碱地不宜种植甘草

图 6-2-43　这是北京通县种植基地，用旋耕机旋耕

图 6-2-44　旋耕后的土地需进行镇压

图 6-2-45　采用喷灌装置进行浇水

图 6-2-46　用播种机后的硬塑料辊子进行镇压

图 6-2-47　经过旋耕、镇压后，准备播种

图 6-2-48　小型机械播种方式。采用宽 1.2 米、行距 15～20 厘米 5 号小型精量播种机进行播种

图 6-2-49　大型机械播种方式。采用 24 行大型播种机进行播种，该播种机仅限大面积播种使用，该机型工作效率高，但播种粗糙，易出现缺苗短垄现象

图 6-2-50　大面积小四轮机械条播情形

图 6-2-51　24 行条播大型播种机及动力组合

图 6-2-52　北京房山基地人工开沟播种，最佳播种时间为每年的 3～5 月份，用人工开沟器开 2～3 厘米深的沟

图 6-2-53　人工用脸盆盛种子

图 6-2-54　人工将种子撒入沟内

图 6-2-55　人工撒种时3～5人一组，不要重行

图 6-2-56　撒种后，人工盖土

图 6-2-57　机械播种后人工检查播种情况，这是北京房山基地

图 6-2-58　机械播种后人工检查播种情况，这是北京窦店基地

图 6-2-59　夏季麦茬地播种后地面状况，这是北京通县基地

图 6-2-60　播种后使用专用杀虫剂杀死地上害虫

图 6-2-61　播种后使用专用除草剂 1 号进行封地

图 6-2-62　这是山西阳高甘草基地，采用地膜覆盖技术可以保墒，提高出苗率

图 6-2-63　拖拉机牵引地膜覆盖机进行地膜覆盖时人工配合压土

图 6-2-64　地膜覆盖机两侧需用人工把土压实

图 6-2-65　人工补压土，保证风吹不掉地膜

图 6-2-66　大面积地膜覆盖后要仔细检查地膜覆盖情况，保证覆盖严实

图 6-2-67　完成地膜覆盖的地块

图 6-2-68　地膜覆盖地块播种后 10～15 天出苗

图 6-2-69　出苗后需撕膜，保证甘草苗顺利生长

图 6-2-70　人工揭膜

图 6-2-71　将揭开的膜全部拉走

图 6-2-72　地膜覆盖的地块出苗情况及土壤水分状况，甘草苗 2 片子叶打开

图 6-2-73　揭膜后的苗情，小苗生长旺盛，小子叶墨绿

图 6-2-74　裸播地播种后 10～15 天苗情，在发黏的土地上，出现板结现象

图 6-2-75　裸播地播种后10～15 天苗情，幼苗出土时把土地顶开，出苗很费劲

图 6-2-76　2 片子叶时需打杀虫剂和叶面肥保苗

图 6-2-77　1 片真叶期甘草苗生长状况

图 6-2-78　2 片真叶时甘草苗生长状况

图 6-2-79　3 片真叶时甘草苗生长状况，从 1 片真叶生长到 3 片真叶，将近有 30% 的小苗死亡，只有当小苗长到 3 片真叶时，根长达 5 厘米时，甘草苗才算成活

图 6-2-80　4 片真叶时甘草生长状况，此时甘草苗根长在 7 厘米左右

图 6-2-81　大面积播种地 3 片真叶时苗情，甘草苗成垄

图 6-2-82　4 片真叶时大田甘草苗情

图 6-2-83　5 片真叶时大田甘草苗情

图 6-2-84　6 片真叶时大田甘草苗情，个别植株开始长出 3 个小叶的复叶

图 6-2-85　大面积播种地 6 片真叶时苗情，这是北京房山基地

图 6-2-86　6 片真叶时人工除草施肥

图 6-2-87　若单子叶杂草较多，使用 2 号专用除草剂除草

图 6-2-88　若田间苋菜、灰菜等双子叶杂草较多，用 3 号专用除草剂除草

图 6-2-89　施肥、除草后甘草苗迅速生长

图 6-2-90　10～15 片真叶时，甘草苗即将封垄，此时可追肥 10 千克尿素

图 6-2-91　15～20 片真叶时甘草封垄，这是 5 行平播栽培模式

图 6-2-92　这是垄播栽培模式

图 6-2-93　这是平播方式，行距较小，约 15 厘米，封垄早

图 6-2-94　采用 5 行条播的大田生长十分旺盛，田间有少许苘麻，用人工拔除。这是北京房山苏村甘草基地苗情

图 6-2-95　这是北京顺义基地苗情

图 6-2-96　这是北京怀柔基地苗情，封垄后的甘草植株高达 40 厘米

图 6-2-97　这是北京房山望楚基地甘草苗情

图 6-2-98　这是北京房山苏村基地封垄后的甘草苗情，株高达 50 厘米

图 6-2-99　这是山东东营黄河冲积滩一年生甘草苗 8 月份生长情况，甘草根长达 40 厘米，头直径达 1 厘米

图 6-2-100　这是陕西旬邑大面积甘草种植基地

图 6-2-101　这是陕西旬邑黄土高原甘草种植示范园，8 月份雨水较大，甘草叶发黑死亡

图 6-2-102　这是北京市房山区立教村甘草种植示范基地

图 6-2-103　7～8 月雨季、高温，甘草易生病虫害，图为叶斑病，甘草叶腐烂死亡

图 6-2-104　这是甘草害虫叶跳呷啃食甘草叶片

图 6-2-105　甘草叶片被害虫吃得千疮百孔

图 6-2-106　机械喷施杀虫剂

图 6-2-107　人工喷施杀虫剂

图 6-2-108　人工喷施叶面生长调节剂

图 6-2-109　9 月天气开始凉爽后甘草地上部分茎叶开始旺长，此时应追肥

图 6-2-110　追肥后，茎叶生长粗壮、茂盛

图 6-2-111　茎叶生长高度超过了膝盖

图 6-2-112　个别甘草植株的茎叶达到1米多高

图 6-2-113　这是北京怀柔甘草基地，甘草生长十分茂盛

图 6-2-114　第一年的8月份，甘草根长就达50厘米

图 6-2-115　根皮呈深黄色，形成横走茎和越冬芽

图 6-2-116　第一年 9、10 月地上茎干有倒伏现象

图 6-2-117　第一年 10～11 月份地上部分茎叶陆续倒伏，变黄脱落

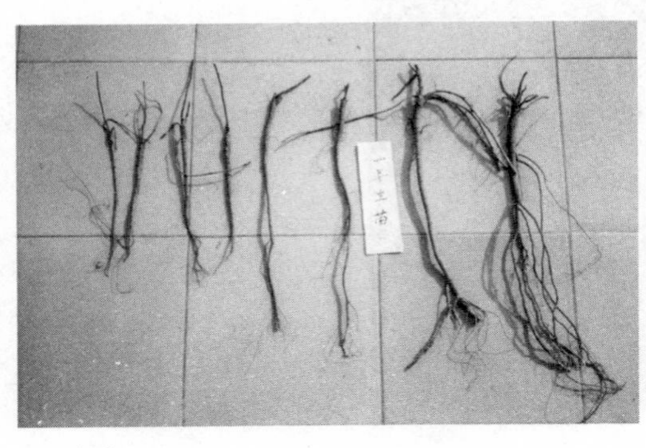

图 6-2-118　第一年 11 月初开始采挖，根头直径粗在 0.5～1 厘米，根长 30～50 厘米，亩存苗合理株数为直播地 2 万～5 万株，育苗地为 8 万～15 万株

图 6-2-119　将地上茎叶粉碎，直播地施肥、浇冬水，育苗地开始采挖、起收

图 6-2-120　用甘草专用犁采收，将甘草根 40 厘米处从地下切断，把土犁松，有利于人工捡拾

图 6-2-121　大面积人工田间捡拾甘草

图 6-2-122　用四齿耙挖出甘草根

图 6-2-123　将苗子理顺，分级，准备移栽

图 6-2-124　成品苗，芦头以上保留 5 厘米茬，并保留横走茎和越冬芽

图 6-2-125　冬天未栽完的苗可用土埋假植

图 6-2-126　用小四轮带一个单铧犁开沟，行距 35～40 厘米，沟深 10 厘米

图 6-2-127　人工摆完苗后，小四轮回来盖土，又开出一个新沟

图 6-2-128　斜摆苗方式，芦头朝上，埋至 2～5 厘米土层中

图 6-2-129　冬季假植的苗第二年开春后挖出移栽

图 6-2-130　根苗要用保根剂浸沾一下，然后人工将根苗摆在沟内

图 6-2-131　55 型拖拉机覆土

图 6-2-132　第二年甘草苗逐渐返青

图 6-2-133　返青的苗，先追肥后用喷灌浇水，每亩 15 千克磷酸二铵、15 千克尿素

图 6-2-134　6～7 月份甘草苗生长旺盛，发生蚜虫，使用乐果防治

图 6-2-135　7～8 月份地上部分茎叶旺长，可喷施叶面肥和生长素

图 6-2-136　7～8 月份发生青虫，速打溴氢菊酯防治 1～3 次

图 6-2-137　8～9 月份甘草苗部分倒伏，地下根茎生长迅速

图 6-2-138　秋季采收前，挖根测产

图 6-2-139　9～10 月份地下主根直径在 0.7～1.5 厘米，根长 50 厘米左右

图 6-2-140　10 月份以后地上部分开始落叶，先测产，亩产鲜根达1 000千克以上（每平方米约 2 千克鲜甘草根时），可以采收，如达不到上述产量，应留地再生长一年，即第三年采收，田间管理方式与第三年相同

图 6-2-141　采收时，先粉碎地上茎叶

图 6-2-142　粉碎后，用大马力机械采收

图 6-2-143　由时珍公司设计研制的甘草专用采收犁

图 6-2-144　采收犁也可用高柱犁改装而成

图 6-2-145　采收也可用自制右侧牵引犁

图 6-2-146　右侧牵引犁在拖拉机的右侧起收甘草

图 6-2-147　起收深度达到 50 厘米

图 6-2-148　正牵引采收时，采收部分在拖拉机轮的内侧

图 6-2-149　北京怀柔基地大面积采收场景

图 6-2-150　犁完后人工带四齿耙挖出甘草

图 6-2-151　人工大面积捡拾甘草场景

图 6-2-152　北京怀柔基地采收场景

图 6-2-153　用四齿耙挖出甘草

图 6-2-154　人工捡拾甘草

图 6-2-155　育苗一年、移栽二年的甘草产品，单株重达 100 克左右

图 6-2-156　直播二年的产品，单株重达 50 克左右以上

图 6-2-157　育苗一年、移栽一年的甘草产品，根尾部有个生长节

图 6-2-158　采挖后甘草拉回场院加工

图 6-2-159　拉回加工厂后去头去尾

图 6-2-160　处理后的甘草进行分等

图 6-2-161　分等后，头尾一致打捆晾干

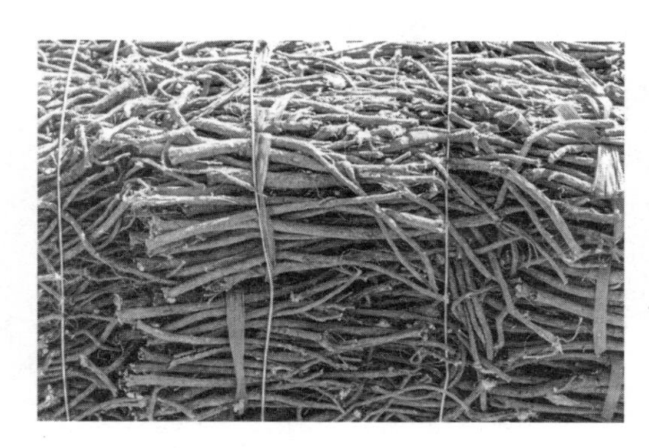

图 6-2-162　晾干后用铁丝打捆（混等条草）

图 6-2-163　打捆后的毛草

图 6-2-164　条草入库后码成垛待加工

图 6-2-165　毛草入库后码成垛待加工

三、坝　上

图 6-2-166　坝上河北丰宁草原植被生长状况

图 6-2-167　选择山边黑油砂土种植甘草

图 6-2-168　丰宁韭菜沟甘草种植基地全景

图 6-2-169　内蒙古正蓝旗黑城子开发区骆驼峰镇甘草种植基地

图 6-2-170　土地耕翻后，必须耙平、镇压

图 6-2-171　用专用播种机开始播种

图 6-2-172　每亩播种4～5千克

图 6-2-173　播种后镇压、保墒

图 6-2-174　播完后检查播种质量

图 6-2-175　四台播种机同时播种

图 6-2-176 播完后田间状况，垄要直，压要实，出苗一致

图 6-2-177 播完种，下小雨后田间状况

图 6-2-178 播完种遇沙尘暴，将种子吹走，耕作行被沙子埋住的情形

图 6-2-179　种子被风吹进沟内

图 6-2-180　丰宁韭菜沟播完种后甘草苗陆续出土

图 6-2-181　甘草放开2片子叶，此时要打杀虫剂杀虫

图 6-2-182　2 个子叶打开时的状况，土壤墒情很好

图 6-2-183　甘草苗出土后速成一线

图 6-2-184　每亩甘草苗约 10 万株左右

图 6-2-185　此时田间杂草已开始生长，需用 2 号专用除草剂开始除草

图 6-2-186　甘草苗 1 片真叶生长状况，叶子墨绿，生长十分旺盛

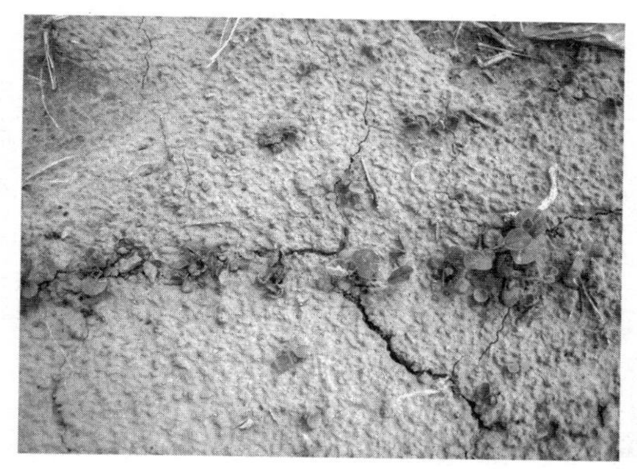

图 6-2-187　被地下害虫吃死的甘草苗

图 6-2-188　3 片真叶生长状况

图 6-2-189　6 片真叶生长状况，甘草根约 10 厘米长

图 6-2-190　黑城子砂石子土壤甘草生长状况，由于缺肥，幼苗生长很弱

图 6-2-191　过度干旱导致甘草苗情出现断垄现象

图 6-2-192　与时珍公司合作种植万亩甘草的黑城子金绿源绿色工程有限公司甘草基地

图 6-2-193　第二年春季有沙尘暴，甘草地表土层可能被风吹走，甘草根裸露在外

图 6-2-194　土壤被吹走后，一年生根苗露出土外 10 厘米高

图 6-2-195　吹出的部分根头已干枯

图 6-2-196　黑城子千亩甘草基地被沙尘暴吹坏的景象

图 6-2-197　根头一排一排裸露

图 6-2-198　未被风吹走的甘草苗越冬状况良好，干枯的茎叶仍留在根头上

图 6-2-199　根头上的越冬芽正在开始发芽

图 6-2-200　成垄的甘草苗成功越冬

图 6-2-201　根头上部吹干，下部仍存活，还在发芽

图 6-2-202　黑城子金源公司万亩基地播种状况

图 6-2-203　第二年甘草苗返青，长出 2～3 片叶时必须施肥浇水

图 6-2-204　田间有大草，必须除草

图 6-2-205　甘草叶上有虫，必须杀虫

图 6-2-206　坝上地区由于温度低，2～3 年生甘草茎叶粗短，叶子墨绿，叶面绒毛多

图 6-2-207　由于干旱，甘草苗出现断垄现象

图 6-2-208　内蒙古扎鲁特旗巴彦塔拉苏木乌拉尔甘草种植基地一年生甘草苗长势良好

图 6-2-209　在 8 米宽小树行中间种植甘草有利于防止风沙、冻害

四、内蒙中西部、宁夏

图 6-2-210　内蒙古杭锦旗沙质土壤及采挖野生甘草情形

图 6-2-211　杭锦旗地形地貌，非常脆弱

图 6-2-212　内蒙古乌兰布河沙漠地形地貌

图 6-2-213　杭锦旗野生甘草居群

图 6-2-214　乌兰布河甘草与苦豆子共生

图 6-2-215　内蒙古中西部、宁夏盐池处于毛乌素沙漠边缘及黄河流域，由于大量采挖野生甘草，草场已严重沙漠化

图 6-2-216　该地区土质为沙性土壤，部分土壤为沙土和红壤土混合而成

图 6-2-217　该地区土地植被状况极差，仅有甘草、苦豆子等几种沙漠植物

图 6-2-218　每年 3～5 月份，风沙及沙尘暴多达 5～15 次，小风 3～5 天 1 次

图 6-2-219　土表沙化严重，严重缺水，野生甘草发芽都很困难

图 6-2-220　被沙子埋住的野生甘草植被情形，甘草发芽缓慢，茎叶稀少

图 6-2-221　在该地区种植甘草，首先要翻地，打井，土地要耙平

图 6-2-222　用播种机播种，控制播深在 2 厘米以内

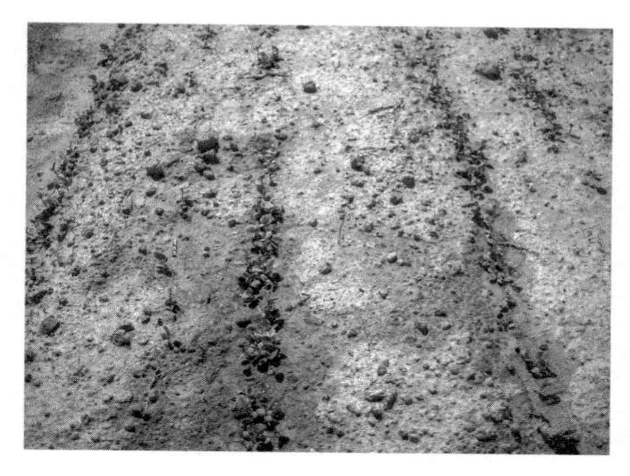

图 6-2-223　15～20 天左右甘草出苗成垄

图 6-2-224　乌兰布和甘草基地 2 片真叶甘草苗情

图 6-2-225　被风沙埋住的苗情状况

图 6-2-226　杨树林带可有效的防风固沙

图 6-2-227　浇水沟的余沙将甘草苗埋住

图 6-2-228　5 行 3 片真叶时大田苗情

图 6-2-229　3 片叶苗情，长势良好

图 6-2-230　3 片叶时必须浇 1 次水，否则甘草苗要干死

图 6-2-231　浇水后甘草苗迅速生长至 4～6 片叶

图 6-2-232　6～10 片叶的苗情，此时必须追肥，每亩施 10 千克磷酸二铵＋10 千克尿素

图 6-2-233　10～15 片叶甘草封垄

图 6-2-234　7～8 月份甘草进入生长旺盛期

图 6-2-235　秋季甘草叶子枯黄

图 6-2-236　割掉地上部分茎叶，准备采收

图 6-2-237　采收前观察苗生长状况

图 6-2-238　用专用犁采收

图 6-2-239　人工四齿拣苗

图 6-2-240　大面积采收场景

图 6-2-241　甘草小苗起出土后，芦头上要留 5 厘米茬头，保留越冬芽和须根

图 6-2-242　秋季未栽完的苗可先假植

图 6-2-243　开沟移栽，将苗斜排在沟内，芦头朝上

图 6-2-244　第二年春季浇水、施肥后，甘草苗迅速生长

图 6-2-245　成活率在95%以上

图 6-2-246　甘草新根已经长出

图 6-2-247　大型喷灌施肥浇水

图 6-2-248　圆圈式的浇水方式可以大面积喷灌，一次喷灌 750 亩地左右

图 6-2-249　宁夏红寺堡甘草基地苗情。在我们的指导下，周边已发展万亩甘草种植

图 6-2-250　浇完水后个别地块发白返碱

图 6-2-251　宁夏红寺堡刘金钊先生投资种植的2 000 亩甘草种植基地

图 6-2-252　秋季地上茎叶枯黄

图 6-2-253　越冬前浇水一次

图 6-2-254　检查冬苗生长状况

图 6-2-255　第三年春季浇水施肥，甘草苗返青

图 6-2-256　检查甘草苗生长状况

图 6-2-257　7～8 月份甘草苗生长旺盛

图 6-2-258　内蒙古包头育苗一年、移栽一年甘草生长状况，株高达 80 厘米，根长达 50 厘米

图 6-2-259　宁夏孙家滩基地

图 6-2-260 宁夏春辉药业甘草基地

图 6-2-261 有盐碱的地甘草生长稍差

图 6-2-262 第三年秋季甘草根完全长大，根粗约 1.5 厘米

图 6-2-263　检查根的生长状况

图 6-2-264　移栽 3 年的甘草，头直径大部分在 1.5 厘米左右，尾部长出小根 3～7 根，可以采收

图 6-2-265　宁夏生长 3 年的甘草发生病虫害，叶子提前枯黄

图 6-2-266　宁夏盐池、甘肃陇西、内蒙古西部多发生胭珠蚧，严重影响甘草品质

图 6-2-267　用采收专用犁采收

图 6-2-268　人工四齿耙捡拾

图 6-2-269 出土后的鲜甘草

图 6-2-270 剁条、加工

图 6-2-271 内蒙古自治区扶贫开发中心徐建新和北京时珍中草药技术有限公司周成明视察杭锦旗蒙根甘草种植有限公司杨楞在杭锦旗库布其沙漠中栽植的5万亩甘草基地

图 6-2-272　移栽 4 年的甘草地冬季状况，地下水分充足，流沙被完全固定

图 6-2-273　由于杭锦旗沙地是流动的，选择栽培甘草的土地一定要有滨草、芦苇等植物生长才能长出好的甘草

图 6-2-274　在瘠薄的沙地中栽培的三年生甘草，长势不是很好

图 6-2-275　有滨草生长的土地上甘草长势良好，在甘草栽培 4 年中基本不用管护

图 6-2-276　3 行栽苗机，行距 50 厘米，栽苗深度必须达到 30 厘米以下的湿沙土层中，如果栽在干沙土层中，甘草无法成活

图 6-2-277　沙地栽培 4 年的甘草即可轮采，采收甘草去头去尾，头尾一致，打成小捆，是最优质的乌拉尔甘草，甲级条甘草可卖到 35 元/千克，乙级甘草可卖到 30 元/千克，丙级甘草可卖到 25 元/千克，丁级甘草可卖到 15 元/千克

五、甘肃河西走廊

(一) 武威地区

图 6-2-278　河西走廊我国重要的甘草产区，位于祁连山的东北坡冲积沙滩，形成的土壤为砂质土壤，土质水源十分良好

图 6-2-279　土质均为砂质土

图 6-2-280　个别地区沙化严重

图 6-2-281　民勤位于腾格里沙漠和巴丹吉林沙漠中间，地理位置十分重要，特别适合栽培甘草

图 6-2-282　民勤境内个别乡镇沙化严重，油路经常被沙掩埋

图 6-2-283　大部分地块为适合甘草生长的砂质土壤

图 6-2-284　土地要进行耕翻，耙平

图 6-2-285　如地下害虫严重，必须进行土壤处理

图 6-2-286　将种子倒入播种机的机箱

图 6-2-287　用专用播种机播种

图 6-2-288　用大型喷灌装置浇水

图 6-2-289　15 天后甘草出苗

图 6-2-290　25 天左右甘草出苗成垄

图 6-2-291　发生病虫害时及时用药防治

图 6-2-292　50 天左右甘草长出 4～6 片叶成垄

图 6-2-293　育苗地每亩保苗 10 万～15 万株

图 6-2-294　8 月份甘草苗封垄

图 6-2-295　个别田间混杂有光果甘草苗

图 6-2-296　秋季地上部分茎叶干枯，须浇一次冬水

图 6-2-297　如风沙严重，须用残草搭护栏，防止风沙

图 6-2-298　第二年4～5月甘草苗返青应浇水施肥

图 6-2-299　7、8月份甘草苗完全封垄

图 6-2-300　9月份地上茎叶生长旺盛

图 6-2-301　10 月份地上茎叶开始枯黄

图 6-2-302　枯黄后个别有盐碱地泛白

图 6-2-303　第二年或第三年秋季可以采收成品甘草

（二）张掖地区

图 6-2-304　张掖地区位于祁连山北坡，土质为砂质壤土，祁连山的雪水滋润了这片土地

图 6-2-305　冲积滩地形成的土壤

图 6-2-306　这是甘肃民乐锦世农业公司6 000亩甘草基地

图 6-2-307　土地沙化严重，植被脆弱

图 6-2-308　准备拖拉机等农业物资

图 6-2-309　安装水利设施

图 6-2-310　抽取地下水进行灌溉

图 6-2-311　配备农机具

图 6-2-312　安装打药机

图 6-2-313　安装喷灌管道

图 6-2-314　耕翻后的土壤极其缺水

图 6-2-315　用大型喷灌浇透水

图 6-2-316　吊式大型喷灌既省水又高效

图 6-2-317　大型喷灌的水雾滴非常均匀

图 6-2-318　喷灌面积 750 亩，24 小时可喷灌一圈

图 6-2-319 沙漠中黑金龟子十分严重

图 6-2-320 发生期在4～5月份

图 6-2-321 专门啃食刚发芽的甘草苗

图 6-2-322　遇到个别盐碱地坑要浇大水

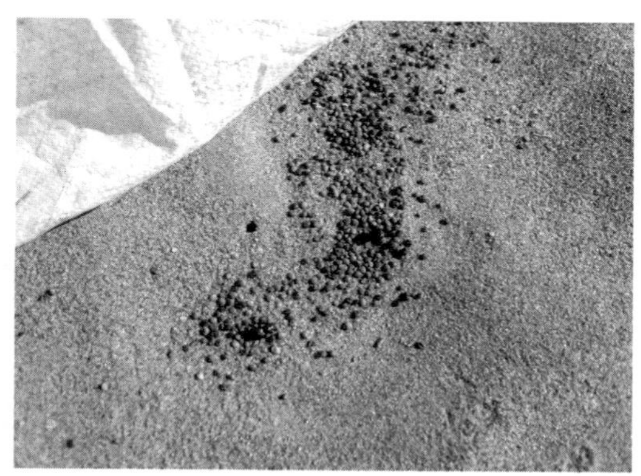

图 6-2-323　金龟子可以咬破坚硬的甘草种子壳

图 6-2-324　在沙地中试播的甘草种子萌发状况

图 6-2-325　甘草播种5天时生长2厘米长的根

图 6-2-326　吃完种子后被药死的黑金龟子

图 6-2-327　用大型拖拉机翻地后清理柴草

图 6-2-328 柴草收堆后用火烧掉

图 6-2-329 草木灰可以做有机肥

图 6-2-330 由于地上害虫（地老虎、金针虫）较多，须用辛硫磷颗粒剂杀地下害虫

图 6-2-331 用拖拉机播施辛硫磷

图 6-2-332 拖拉机施耕、施药、镇压后的田间状况

图 6-2-333 镇压后的土地平整

图 6-2-334　用专用播种机播种

图 6-2-335　播种前调试播种机深浅

图 6-2-336　由于面积太大，播种前打标，保证播种成直线

图 6-2-337　播种时要平，要直

图 6-2-338　播深要控制在 2 厘米以内

图 6-2-339　时珍公司和锦世公司组成的技术组成员

图 6-2-340　播种后检查播种的质量和深度

图 6-2-341　由于 5～6 月份民乐沙尘暴次数较多，播种期间有些地块被风吹坏，种子裸露在地表，用人工覆土

图 6-2-342　人工覆盖土的情形

图 6-2-343　覆土后进行浇水

图 6-2-344　10 天左右甘草陆续出土

图 6-2-345　播种后 15 天左右的甘草苗情

图 6-2-346　播种后 20 天左右的甘草苗情

图 6-2-347　每 3 天左右喷 1 次水，压风压砂

图 6-2-348　播种后 30 天左右的苗情

图 6-2-349　播种后 70 天左右的甘草封垄

图 6-2-350　这是张掖许三湾祁连雪种植公司毕守章先生种植的2 000亩甘草基地苗情

图 6-2-351　7～8 月份杂草很多，须化学除草和人工除草相结合进行除草

图 6-2-352　第一年甘草茎叶枯黄

图 6-2-353　第二年秋季或第三年秋季甘草茎叶开始枯黄，测产达到2 000千克鲜根开始采收

图 6-2-354　第三年10月份甘草茎叶完全枯黄，开始采收

图 6-2-355　采收犁用右侧牵引单华犁即可

图 6-2-356　采收深度可达 40 厘米

图 6-2-357　右侧前后轮胎均在右侧沟里行走

图 6-2-358　采收的鲜根

图 6-2-359　根的粗度在 0.7～2.0 厘米之间，长 40 厘米左右

图 6-2-360　2008 年秋季甘肃民乐锦世公司成功栽培 2 000 亩乌拉尔甘草，甘草苗达 8 万株/亩

图 6-2-361　甘草根苗长达 30 厘米以上，甘草根头直径达 1 厘米

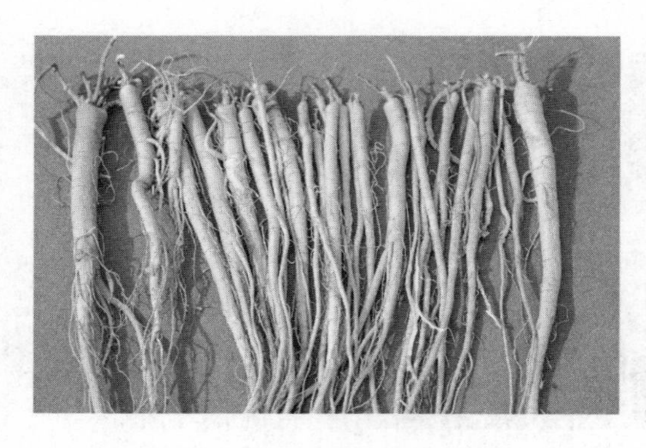

图 6-2-362　1 年生甘草亩产达 800 千克

（三）景泰地区

图 6-2-363　景泰地区位于腾格里沙漠的南缘，与内蒙古、宁夏交界，光照十分充足，适合种植甘草、油葵等作物

图 6-2-364　土壤为砂质壤土

图 6-2-365　采用地膜覆盖，提高出苗率

图 6-2-366　用打孔点播机膜上点播

图 6-2-367　甘草出苗，个别被膜覆盖的地方用铁丝扣开

图 6-2-368　7 月份甘草地上部分生长旺盛，应施肥浇水

图 6-2-369　浇水后，地膜冲裂，应拣出地膜，避免影响甘草生长

图 6-2-370　当年生甘草根长达 50 厘米，根粗达 1 厘米

图 6-2-371　8 月份土壤蒸腾量极大，导致甘草苗枯黄落叶，应浇水 2～3 次，并追肥

图 6-2-372　垄渠沟浇水方式为地下水渠灌

图 6-2-373 第二年春季甘草返青迅速

图 6-2-374 第二年 7、8 月份甘草根长达 1 厘米

图 6-2-375 地上部分茎叶高达 70 厘米

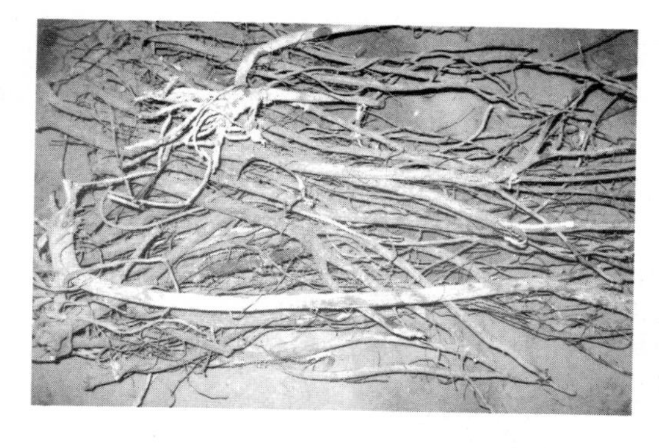

图 6-2-376　第二年或第三年秋季即可采挖，亩产鲜根可达 1 500～2 000 千克

六、新疆北疆

（一）伊犁河谷特克斯

图 6-2-377　从乌鲁木齐翻天山进入伊犁河谷前的天山雪景

图 6-2-378　5 月中旬伊犁河谷天山脚下长出绿草

图 6-2-379　伊犁河谷大面积冲积沙滩

图 6-2-380　伊犁河谷伊宁市周边开垦的土地

图 6-2-381　伊犁河水滋润着这块美丽富饶的土地

图 6-2-382　周边的方田依靠天山雪水灌溉

图 6-2-383　翻过乌孙山进入特克斯八卦城

图 6-2-384　特克斯县位于伊犁特克斯河谷，雨水充沛，适合甘草生长

图 6-2-385　特克斯的土地肥沃

图 6-2-386　土壤为砂质土壤

图 6-2-387　专用打沟机

图 6-2-388　打沟机打沟深度为 60～80 厘米

图 6-2-389　使用打沟机打沟

图 6-2-390　2 行打沟机，行距为 30～40 厘米

图 6-2-391　3 行打沟机

图 6-2-392　打完沟的地头会留有 2 个深洞

图 6-2-393　洞的深度达到 80 厘米

图 6-2-394　打完沟后垄上土质疏松

图 6-2-395　人工踩实垄背

图 6-2-396　人工踩实后垄背宽度约为 25 厘米

图 6-2-397　用土桩夯实垄背

图 6-2-398　特克斯县农业局姚建民局长（左一）现场指导甘草生产

图 6-2-399　特克斯县农业技术推广站景新跃站长（左一）给农户讲解种植情况

图 6-2-400　北京时珍公司周成明博士给种植户讲解种植技术

图 6-2-401　周成明博士田间开沟示范

图 6-2-402　周成明博士撒种示范

图 6-2-403　垄上播种

图 6-2-404　播种后种子状况

图 6-2-405　撒种后用脚盖土 1 厘米左右

图 6-2-406　踏实

图 6-2-407　检查播种质量

图 6-2-408　每到新的基地，周成明博士均亲自讲授种植技术

图 6-2-409　特克斯县种子检验站抽检时珍公司乌拉尔甘草种子

图 6-2-410　用钎子抽取种样

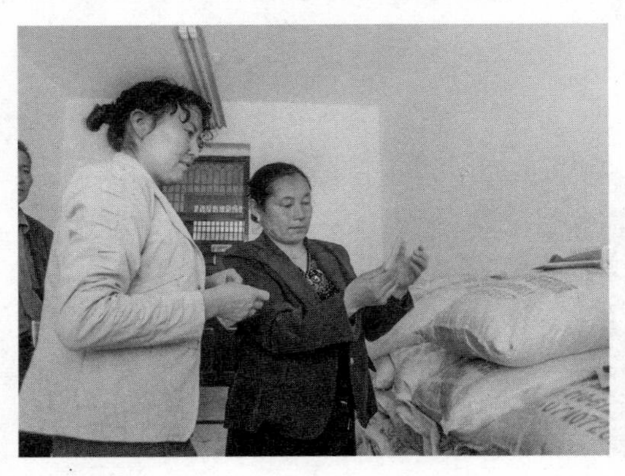

图 6-2-411　抽检的种子封样

图 6-2-412　封样后，种子样袋标明供种单位、发芽率、纯净度等

图 6-2-413　用培养箱做发芽实验

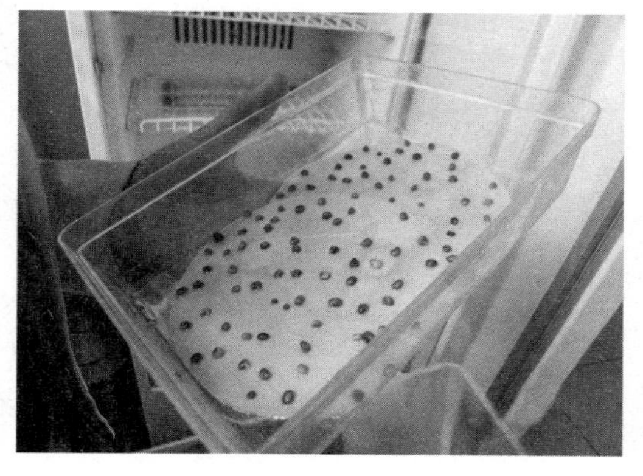

图 6-2-414　第三天种子开始发芽

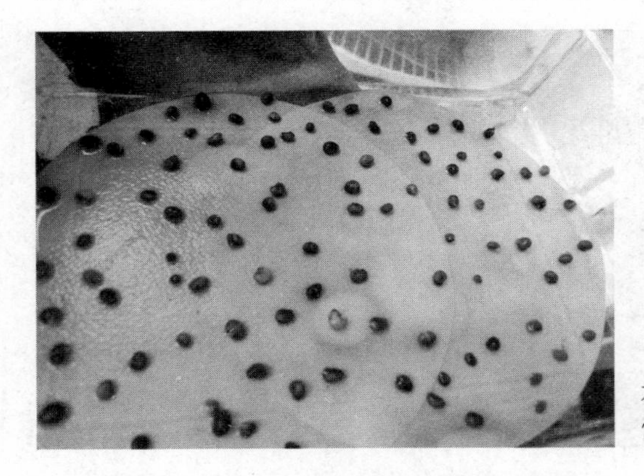

图 6-2-415　10 天左右，检查发芽率，约70%左右

图 6-2-416　播种前种子用水浸泡一天一夜

图 6-2-417　晾晒半小时左右即可播种

图 6-2-418　在垄上用宽锄开浅沟

图 6-2-419　在垄上撒种

图 6-2-420　直播地3～5千克种子，育苗地 8～10 千克

图 6-2-421　均匀撒在20 厘米左右的宽幅内

图 6-2-422　覆土 1 厘米作用

图 6-2-423　用脚盖土1 厘米左右

图 6-2-424　踏实

图 6-2-425　播完后检查种子质量

图 6-2-426　用 1.2 米宽的地膜覆盖

图 6-2-427　地膜上压土

图 6-2-428　地膜两边要压实，防止风吹走

图 6-2-429　一幅地膜可以盖两行

图 6-2-430　盖完膜的状况

图 6-2-431　盖膜后，膜下有滴水，保墒保温

图 6-2-432　膜下土壤状况

图 6-2-433　苗出土后及时将膜揭掉，以免烫苗

图 6-2-434　15 天左右甘草苗放出 1 片真叶

图 6-2-435　浇水后，地头垄沟下沉，根苗裸露在外

图 6-2-436　6 叶期甘草苗情

图 6-2-437　二年生甘草苗情

图 6-2-438　甘草根长 60 厘米左右，根头直径达 1 厘米

图 6-2-439　二年生甘草土壤疏松，用手即可拔出

图 6-2-440　主根系发达、须根少

图 6-2-441　根粗度均匀

图 6-2-442　根皮黄棕色

图 6-2-443　茎叶生长旺盛，叶肥厚墨绿

图 6-2-444　5～7 月田间需除草追肥

图 6-2-445　三年生甘草

图 6-2-446　地下根已长到 1.5 厘米粗，加强水肥管理，秋季即可采收，亩产鲜根约 2 000 千克左右

图 6-2-447　特克斯地区野生乌拉尔甘草苗情，长势良好

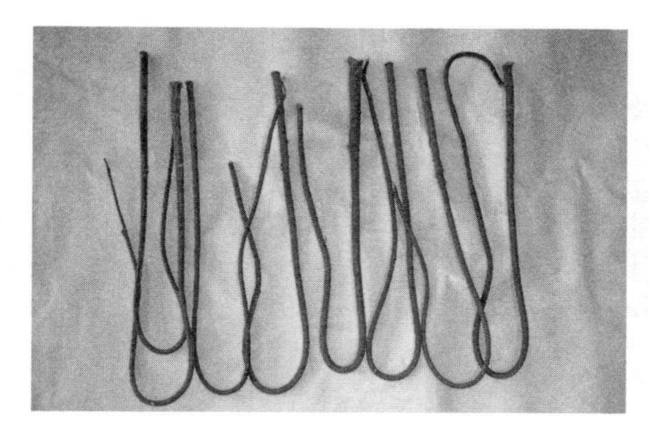

图 6-2-448　特克斯产甘草成品，根长约 1 米，特别适合加工出口甘草斜片

（二）乌苏、石河子、奇台

图 6-2-449　乌苏地区土壤盐碱较重，需开排碱渠排碱以后才能种植甘草

图 6-2-450　选用麦茬地种植甘草，土壤要深翻、耙平、做细

图 6-2-451　用 24 行播种机播种

图 6-2-452　播种 30 天左右甘草苗情，基本出齐

图 6-2-453　7 月份甘草苗封垄

图 6-2-454　这是乌苏金地农场2 000亩甘草苗情，9月份甘草长势旺盛

图 6-2-455　9月份由于乌苏地区干旱每年需浇水6～8次，才能保证甘草生长良好

图 6-2-456　新疆建设兵团农八师甘草种植基地甘草刚出苗的状况

图 6-2-457　农八师朱师长检查苗情

图 6-2-458　6～7 月份甘草苗封垄

图 6-2-459　追肥、浇水后的苗情

图 6-2-460 当年 9～10 月份甘草苗生长旺盛

图 6-2-461 第二年秋季甘草亩产鲜根可达 1 500千克左右

图 6-2-462 兵团领导检查甘草生长状况

图 6-2-463　这是奇台基地采用全覆盖地膜技术种植甘草

图 6-2-464　地膜全覆盖播种后田间状况

图 6-2-465　甘草苗出齐后，要人工把地膜揭掉

图 6-2-466　这是膜上打孔点播甘草技术

图 6-2-467　播后检查播种质量

图 6-2-468　15 天左右甘草从孔中长出

图 6-2-469　个别没有出苗的孔洞人工用铁丝沟开

图 6-2-470　人工裸播地块，用脚把露出外面的种子埋实

图 6-2-471　人工裸播后的甘草苗情，长势不错

图 6-2-472　甘草小苗长势十分旺盛

图 6-2-473　7 月份甘草苗封垄

图 6-2-474　8、9 月份甘草苗生长茂密

图 6-2-475　冬季地上部分枯萎，进行常规的田间管理

图 6-2-476　第二年或第三年秋季测产，鲜根达到1 500千克以上即可采收

七、新疆南疆

（一）和硕

图 6-2-477　这是和硕巴尔图青鹤农业发展有限公司甘草基地

图 6-2-478 这是巴州万亩甘草基地

图 6-2-479 全部采用大型喷灌装置浇水

图 6-2-480 该基地位于博斯腾湖边缘，土壤盐碱严重

图 6-2-481　土壤中盐含量超过1%

图 6-2-482　必须用大型喷灌装置多次洗盐、洗碱以后才能播种

图 6-2-483　盐碱壳下的肥沃的砂质土壤

图 6-2-484　洗完盐碱后的土壤才能播种

图 6-2-485　播种 30 天左右甘草苗成垄

图 6-2-486　地里长出芦苇，用除草剂点杀

图 6-2-487　出苗后浇水1～3次才能保苗

图 6-2-488　秋季甘草苗高可达到50厘米高

图 6-2-489　越冬前必须浇足冬水

（二）喀什

图 6-2-490　新疆喀什农三师四十五团甘草种植基地，土地一马平川，全是肥沃的砂质土壤

图 6-2-491　农三师五十二团甘草种植基地正在耙地、平地

图 6-2-492　镇压土地保墒

图 6-2-493　农三师五十二团大型播种机播种

图 6-2-494　四十五团大型播种机播种

图 6-2-495　四十八团大型播种机播种

图 6-2-496　五十二团大面积播种甘草苗情

图 6-2-497　检查播种深度和质量

图 6-2-498　播种后 1 个月的甘草苗生长状况

图 6-2-499　5、6 月份甘草苗生长旺盛

图 6-2-500　8、9 月份甘草苗封垄

图 6-2-501　冬季茎叶枯黄

图 6-2-502　盐碱较重的地方甘草苗几乎全部死亡

图 6-2-503　需浇一次冬水压碱

图 6-2-504　由于风沙较大，地上部分茎叶保留为宜

图 6-2-505　当年生的根达 40 厘米，根头粗达 1 厘米

图 6-2-506　二年生的根头粗达 1.5 厘米，根长达 70 厘米，鲜根达 1 500 千克以上即可采收，如达不到还可以再长二年采收

（三）阿克苏

图 6-2-507　阿克苏位于天山南坡中段，光热资源十分优越

图 6-2-508　天山融化的雪水形成冲积滩

图 6-2-509　阿克苏地区开垦了大量的农田

图 6-2-510　阿克苏地区水利资源十分丰富，有阿克苏河、和田河、叶尔羌河

图 6-2-511　阿克苏河和叶尔羌河的水均汇入塔里木河，由西向东而去

图 6-2-512　阿克苏金泽乌拉尔甘草基地位于塔里木河和多浪湖边缘，水利条件十分便利，有大型渠灌设施

图 6-2-513　用水泥渠浇水，防渗漏，水为天山雪融化而来，冰凉刺骨

图 6-2-514　排碱沟深达 3 米、宽 10 米，可以将碱排出

图 6-2-515　浇水用的分渠沟

图 6-2-516　推平整的土地

图 6-2-517　土质为细面沙土

图 6-2-518　近 10%盐碱坑，用舌头尝试较咸，含盐量达 1.5%

图 6-2-519　用天山雪水浇完地以后，土地上形成一层干皮，为极好的肥料

图 6-2-520　在盐碱轻的土地上试播，甘草发芽极其良好

图 6-2-521　在含有重盐碱的地试播，甘草发芽稍差，而发出的芽最后全部死亡

图 6-2-522　5～7 天后，甘草种子 2 片子叶出土，长势良好

图 6-2-523　含沙过重的土地，甘草苗被沙埋住

图 6-2-524　小区试验，小苗长势良好

图 6-2-525　浇完水 15 天以后，土壤 2 厘米深处还有湿土

图 6-2-526　如干旱，适当浇一次小水

图 6-2-527　大面积开播前需先翻地

图 6-2-528　用整地机整地四遍，保证土地平整

图 6-2-529　用播种机把土壤消毒剂播入土中

图 6-2-530　随后用播种机将甘草种子播入土中

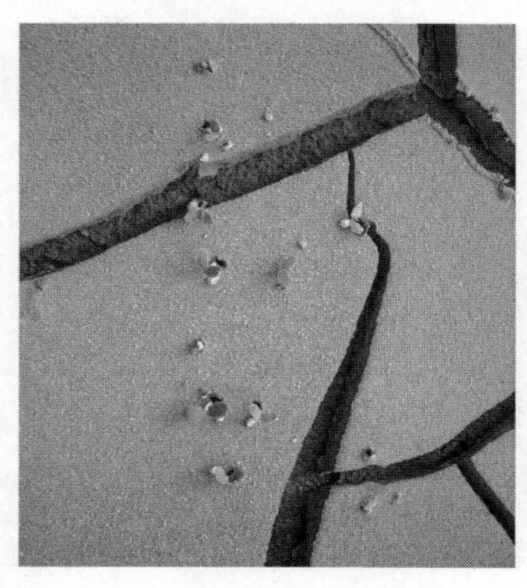

图 6-2-531　播完种后浇大水一次，3 天后水下渗，把盐碱带入地下，天山雪水将肥沃的泥沙带入地里，形成一个土盖，太阳暴晒后裂开，部分甘草种子出土，部分埋入土中不能出苗

图 6-2-532　浇水后 10 天左右大面积甘草苗情

图 6-2-533　20 天左右甘草苗长出 1 片真叶

图 6-2-534　20 天左右，甘草根长达 10 厘米

图 6-2-535　2008 年 10 月底甘草苗叶片发黄开始越冬

图 6-2-536　秋冬季部分地块有返碱现象，但不影响甘草苗生长

图 6-2-537　6 片叶左右的甘草苗根长达 30 厘米，根系十分发达，在新疆南疆塔里木河流域的沙土地特别适合种植甘草，将是未来栽培乌拉尔甘草的主产区

第三节　野生和家种甘草产品及加工流程

一、甘草产品种类

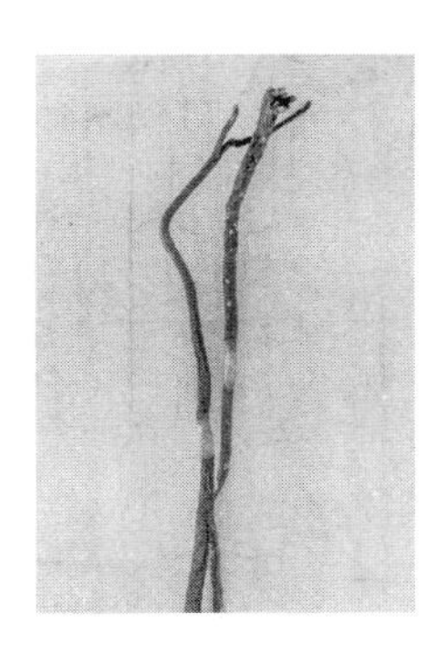

图 6-3-1　内蒙古杭锦旗产野生乌拉尔甘草。根头直径 5 厘米，长 1.5 米，生长约 30 年

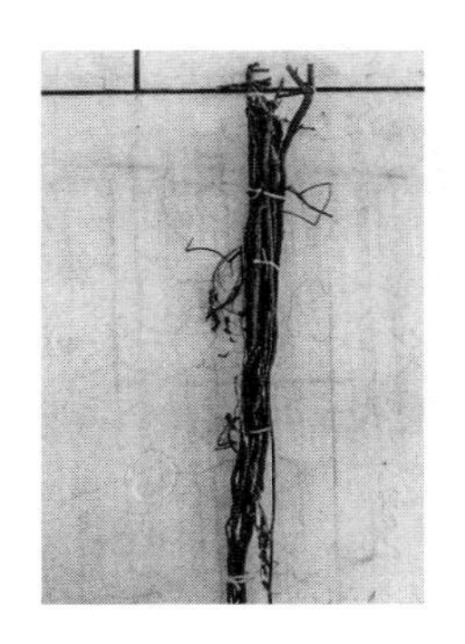

图 6-3-2　内蒙古赤峰市产野生乌拉尔甘草。顶部有疙瘩头，根头直径 3 厘米，长约 1 米，生长约 15 年

图 6-3-3　宁夏产野生乌拉尔甘草

图 6-3-4　山西省原平市产野生乌拉尔甘草

图 6-3-5　北疆阿勒泰产野生乌拉尔甘草

图 6-3-6　野生乌拉尔甘草毛草（横走茎）

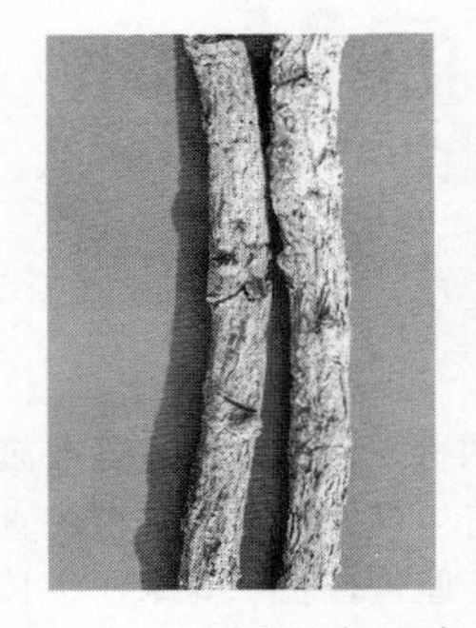

图 6-3-7　新疆南疆库尔勒产野生胀果甘草

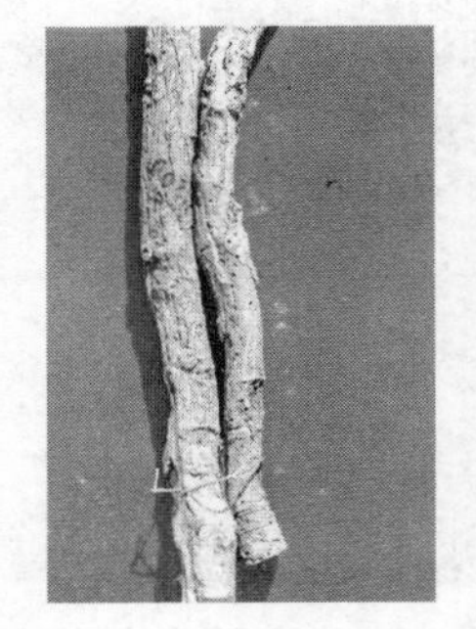

图 6-3-8　甘肃金塔县产野生黄皮甘草

图 6-3-9　新疆喀什产野生胀果甘草

图 6-3-10　新疆乌苏产野生光果甘草

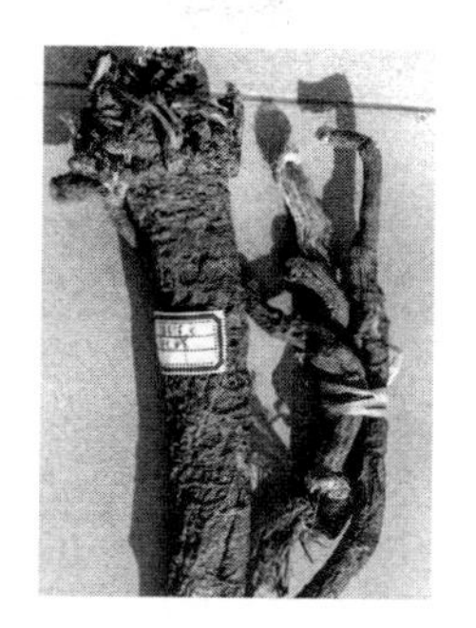

图 6-3-11　乌兹别克斯坦产野生的光果甘草

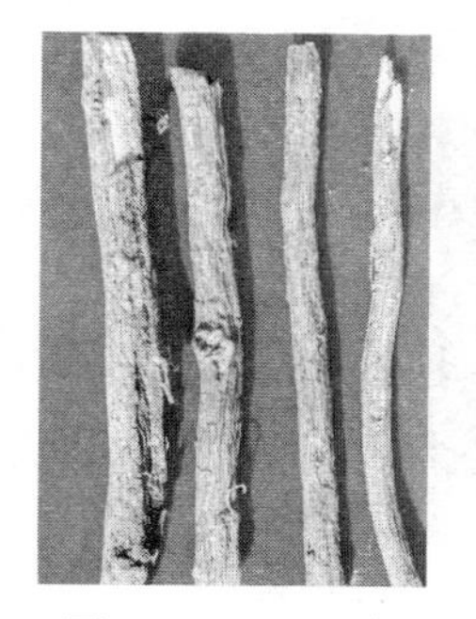

图 6-3-12　阿富汗产野生胀果甘草

图 6-3-13　吉尔吉斯斯坦产野生胀果甘草

图 6-3-14　内蒙古噔口县产的家种乌拉尔甘草

图 6-3-15　内蒙古包头产的家种乌拉尔甘草

图 6-3-16　黑龙江宾县产的家种乌拉尔甘草

图 6-3-17　吉林农安县产的家种乌拉尔甘草

图 6-3-18　吉林白城产的家种乌拉尔甘草

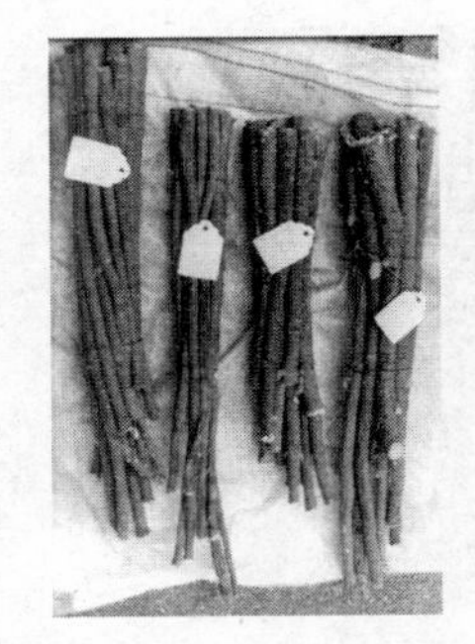

图 6-3-19　辽宁锦州产的家种乌拉尔甘草

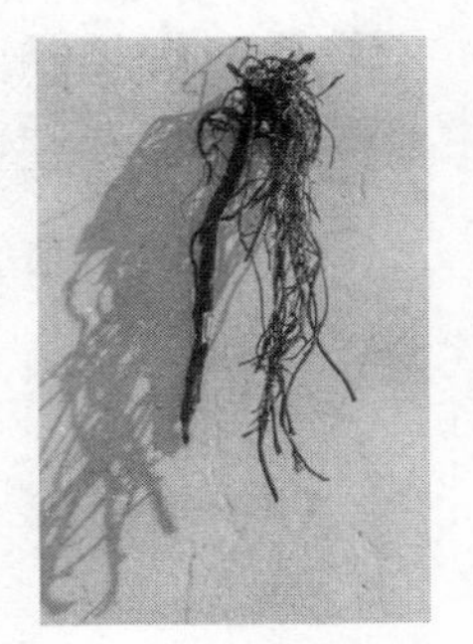

图 6-3-20　北京大兴产的家种乌拉尔甘草

图 6-3-21　北京房山产的家种乌拉尔甘草

图 6-3-22　河北邢台产的家种乌拉尔甘草

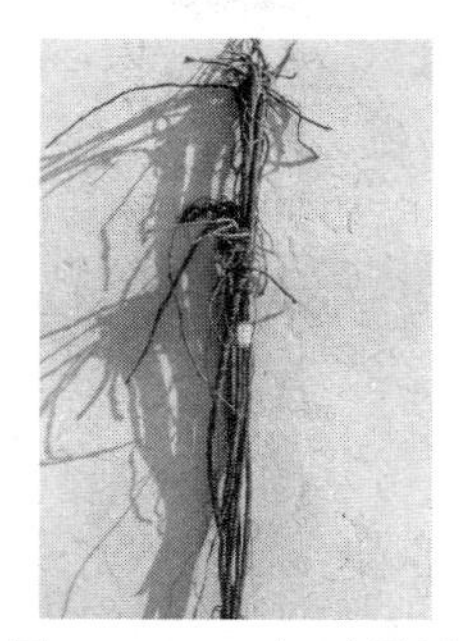

图 6-3-23　山西侯马产的家种乌拉尔甘草

图 6-3-24　陕西旬邑产的家种乌拉尔甘草

图 6-3-25　山东东营产的家种乌拉尔甘草

图 6-3-26　甘肃陇西产的家种乌拉尔甘草

图 6-3-27　甘肃民勤产的家种乌拉尔甘草

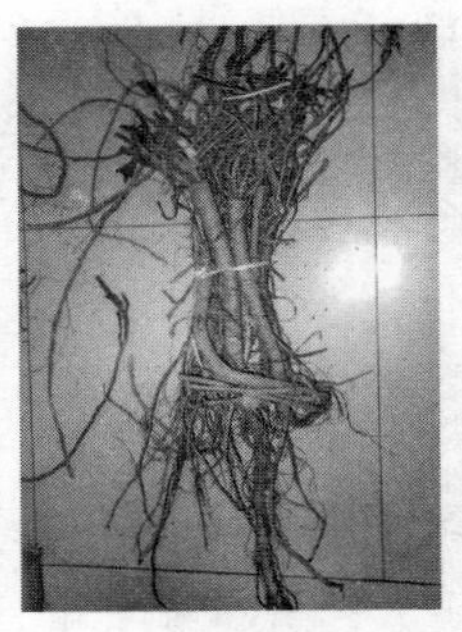

图 6-3-28　甘肃张掖产的家种乌拉尔甘草

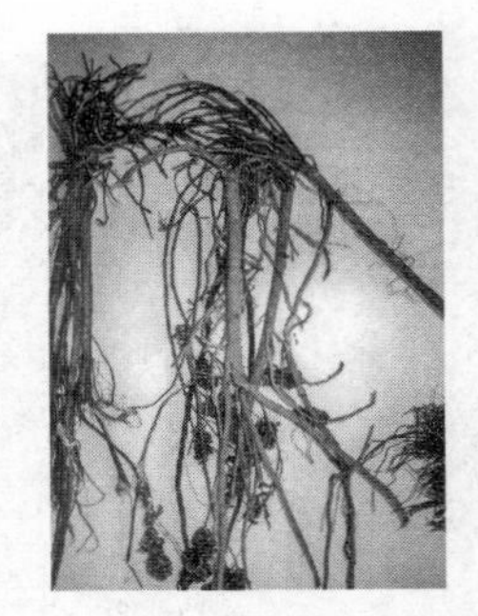

图 6-3-29　甘肃瓜州产的家种乌拉尔甘草

图 6-3-30　宁夏红寺堡产的家种乌拉尔甘草

图 6-3-31　新疆阿勒泰产的家种乌拉尔甘草

图 6-3-32　宁夏盐池产的家种乌拉尔甘草

图 6-3-33　新疆奇台产的家种乌拉尔甘草

图 6-3-34　新疆阿克苏产的家种乌拉尔甘草

图 6-3-35　新疆喀什产的家种乌拉尔甘草

二、甘草圆片加工流程

图 6-3-36　收购陇西产的乌拉尔甘草

图 6-3-37　收购黑龙江产的乌拉尔甘草

图 6-3-38　收购山东产的乌拉尔甘草

图 6-3-39　收购的甘草进行打包

图 6-3-40　打包后装运

图 6-3-41　清选条草，挑取杂草

图 6-3-42　用大锅清洗选出的条草、浸润

图 6-3-43　小型切片机切片

图 6-3-44　大型铡刀切片机

图 6-3-45　要及时运到晾晒场晾晒

图 6-3-46　把成堆的甘草片打开晒干

图 6-3-47　晴天晾晒切片时要不断翻晒

图 6-3-48　阴雨天烘干切片

图 6-3-49　过筛分等

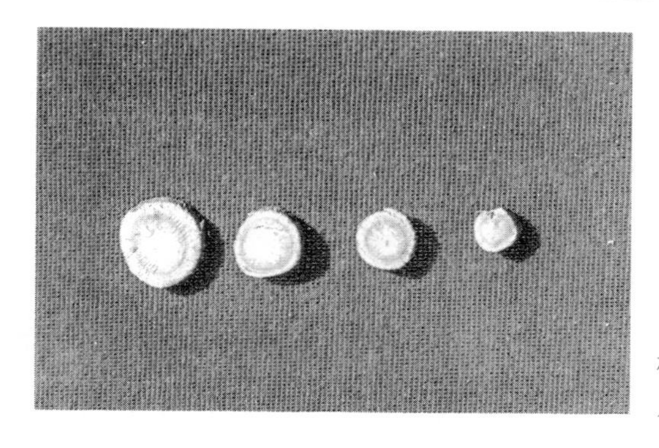

图 6-3-50　甘草等级规格（从左到右为甲乙丙丁片）

图 6-3-51　条草必须晒到7～8 成干以上再切片，否则会炸片

图 6-3-52　混等圆片过风车

图 6-3-53　灌片、装包

图 6-3-54　检斤

图 6-3-55　封包

图 6-3-56　入库、码堆

图 6-3-57　甲级甘草片

三、出口甘草斜片加工流程

图 6-3-58　加工出口斜片必须选择好的条草

图 6-3-59　从混等条草中挑选合格条草

图 6-3-60　宁夏产合格的甲级商品条草

图 6-3-61　内蒙古产合格条草

图 6-3-62　打开条草捆选合格条草，准备切斜片

图 6-3-63　把甘草条上的须根剪掉

图 6-3-64　先用水清洗条草

图 6-3-65　浸泡 24 小时捞出

图 6-3-66　闷润 48 小时

图 6-3-67　浸透后挑选不软不硬的条子进行切片

图 6-3-68　这是北京大兴马村加工厂的女工正在加工甘草斜片

图 6-3-69　这是甘肃武威加工厂的女工用手刀加工甘草斜片

图 6-3-70　这是新疆喀什加工厂的女工正在加工甘草斜片

图 6-3-71　切片用手刀由特殊钢铁打制而成，相当锋利

图 6-3-72　切片过程中推片时需手脚协调一致

图 6-3-73　每隔 3～5 分钟磨刀一次，以保持刀的锋利

图 6-3-74　切好的鲜片必须马上晒干，防止变色

图 6-3-75　晒片时要及时的将甘草片翻晒

图 6-3-76　晒干的斜片码堆挑选

图 6-3-77 选片、分等级

图 6-3-78 选好的斜片灌包

图 6-3-79 灌好的包

图 6-3-80　出口片选片

图 6-3-81　出口片装箱

图 6-3-82　出口韩国的甘草斜片

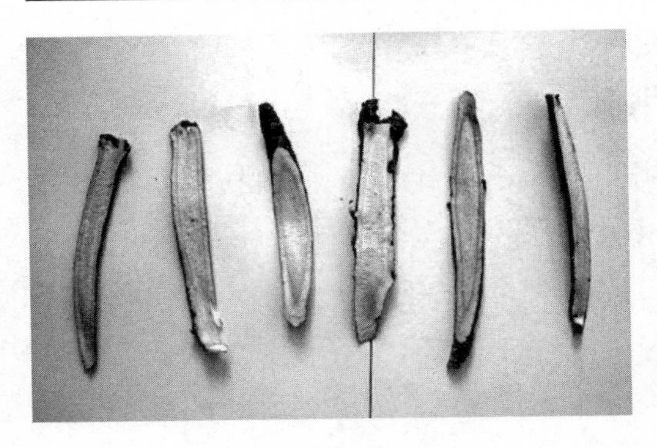

图 6-3-83　出口马来西亚的长斜片

图 6-3-84　毛草打包，供提炼用

图 6-3-85　混等条草打捆，供饮片厂加工饮片用

四、甘草提取与精加工流程

图 6-3-86　使用提取罐提取

图 6-3-87　回收塔回收酒精

图 6-3-88　过滤、提取甘草酸粉

图 6-3-89　浓缩锅浓缩

图 6-3-90　分离器

图 6-3-91　多功能超声波提取设备

图 6-3-92　沉淀桶沉淀

图 6-3-93　实验室化验，检测含量

图 6-3-94　批量生产的小样

图 6-3-95　高速离心喷雾塔喷雾干燥

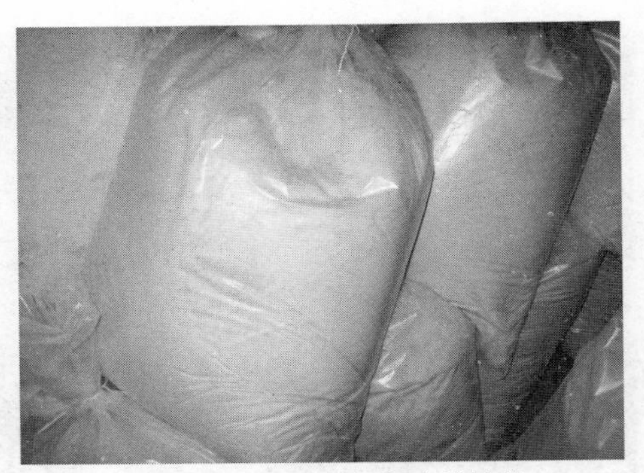

图 6-3-96　成品甘草酸单铵盐

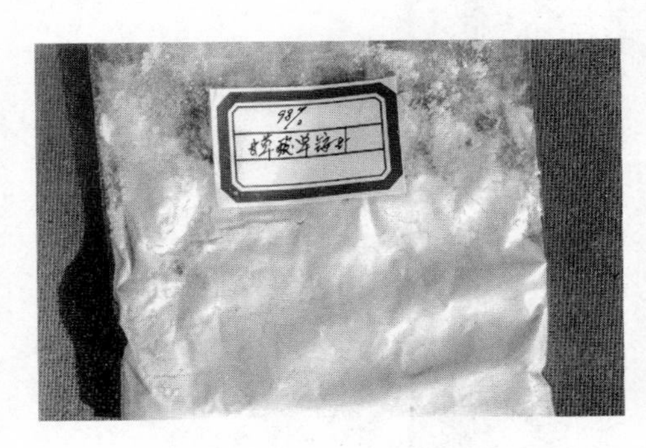

图 6-3-97　98%甘草酸铵盐

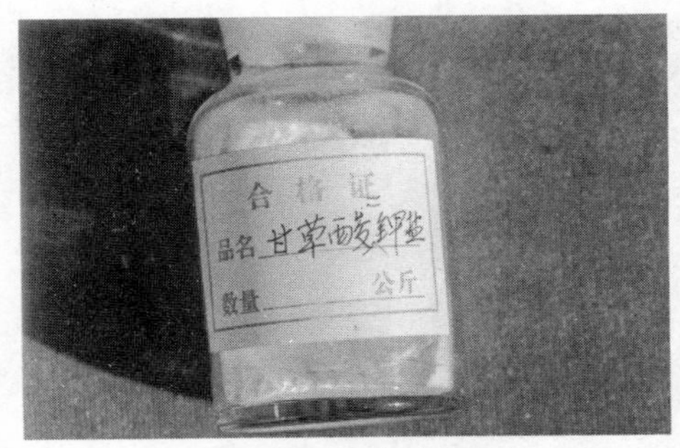

图 6-3-98　甘草酸二钾盐

图 6-3-99　甘草甜精产品

第四节　访问、交流及国内外市场考察

一、访问交流

图 6-4-1　1988—1995 年周成明博士在原国家医药管理局中国医药开发中心从事中草药开发研究

图 6-4-2　1991 年，周成明博士与中国医药研究开发中心庄林根主任一起访问美国食品和药品监督管理局（FDA），在其局长办公室留影

图 6-4-3　1991 年，周成明博士访问美国匹兹堡大学药学院，完成中草药免疫调节剂的合作研究

图 6-4-4　周成明博士访问美国国立卫生院（NIH）留影

图 6-4-5　周成明博士访问美国最大的制药公司默克（Merk）制药公司留影

图 6-4-6　周成明博士访问新泽西台湾商人投资的制药厂（TBS）留影

图 6-4-7 1993 年，日本著名的药用植物学家久保道德教授来北京时珍中草药技术有限公司参观访问时留影

图 6-4-8 日本东京大学校长上田博之教授来时珍公司交流

图 6-4-9 韩国客商金显锡来时珍公司购买甘草

图 6-4-10　哈萨克斯坦哈拉提夫先生来考察

图 6-4-11　德国客商来时珍公司甘草种植基地考察

图 6-4-12　法国华侨刘德华先生带领法国留学生来时珍公司考察

图 6-4-13　美国加州大学邱声祥博士和广州中医药大学胡英杰教授

图 6-4-14　全国著名中医专家、全国政协委员周超凡来时珍公司考察调研

图 6-4-15　中国中医科学院中药泰斗王孝涛先生与周成明博士合影。在王老的指导下完成了一篇著名的论文“对中药材GAP 认证的思考和建议”

图 6-4-16　南京药科大学校友丁家宜教授与周成明博士在新疆石河子第二届甘草学术会议上留影

图 6-4-17　中国农业大学何钟佩教授及师兄弟来时珍公司交流

图 6-4-18　吉林农业大学李向高教授及师兄弟在大连天然药物学术会议上留影

图 6-4-19　中国农业大学研究生院农学系 85 级硕士班合影，这些同学现在都成为了国家农业的栋梁之材

图 6-4-20　中国中医科学院中药研究所黄路琦来时珍公司参观考察

图 6-4-21　与天津大学高文远博士合作研究甘草优良品系选育课题

图 6-4-22　周成明博士与南京药科大学周荣汉教授在银川天然药物学术会上留影

图 6-4-23　周成明博士与中国药材公司韩培博士合作研究甘草航天育种项目

图 6-4-24　国务院工贸司陈永杰博士、国家食品药品监督管理局骆诗文先生来时珍公司考察

图 6-4-25　时珍公司在山西侯马举办甘草种植培训班

图 6-4-26　时珍公司白城基地揭幕仪式

图 6-4-27　时珍公司与黑龙江农垦集团签订药材种植协议

图 6-4-28　时珍公司在辽宁本溪签订万亩甘草种植协议

图 6-4-29　中央电视台连续 12 次报道乌拉尔甘草种植项目及周成明博士创业经历

二、香港市场

图 6-4-30　香港药材市场位于高升街，1997 年个体药材零售商牌匾林立，1997 年以后，交易日益清淡

图 6-4-31　地上摆售的灵芝

图 6-4-32　广西产的蛤蚧

图 6-4-33　海星

图 6-4-34 西洋参须子

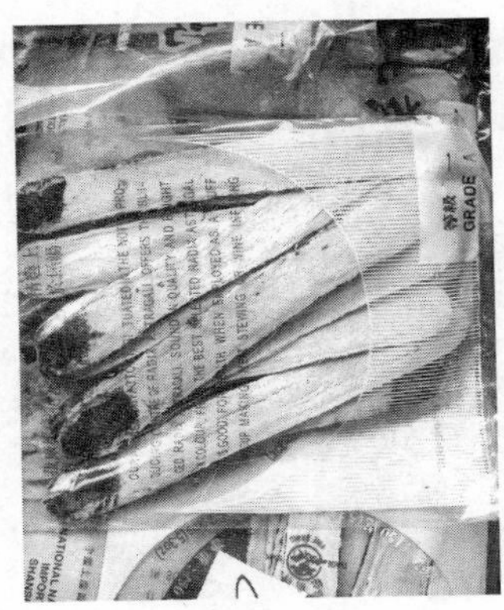

图 6-4-35 山西产的一等黄芪片

图 6-4-36 家种甘草斜片

图 6-4-37　西洋参个子货

图 6-4-38　优质三七

图 6-4-39　平贝母

图 6-4-40 纹党参

图 6-4-41 西洋参片

图 6-4-42 罗汉果

图 6-4-43　当归头

图 6-4-44　由于经营不景气，部分药商降价处理货物

三、韩国市场考察

图 6-4-45　韩国药市位于首尔市东大门区祭基洞，是一个综合商贸大市场

图 6-4-46 韩国举国上下都用人参炖鸡汤，参鸡汤馆遍地都是，可见韩国人的保健意识很强

图 6-4-47 中国国际医药交流促进会杨克先生和周成明博士组团前往韩国考察

图 6-4-48 该考察团汇集了国内 20 余家大的药材厂商和种植户

图 6-4-49　韩国食品医药品安全厅（KFDA）的领导接待考察团

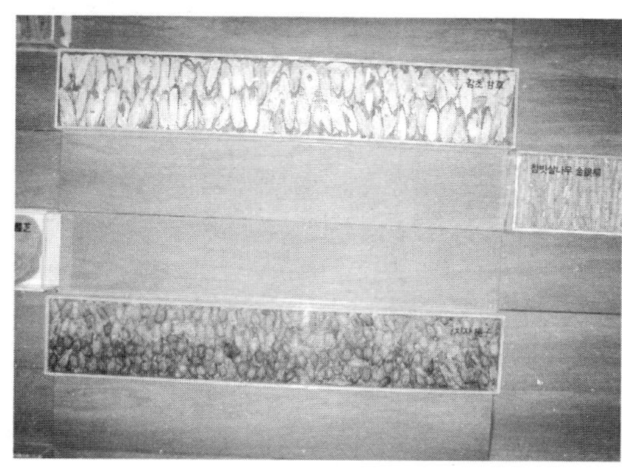

图 6-4-50　韩国中草药保健博物馆中把中国生产的甘草斜片镶在墙上展览

图 6-4-51　古老的碾钵

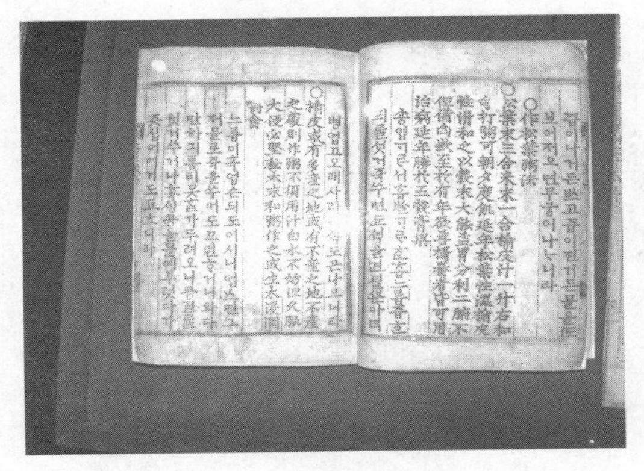

图 6-4-52　韩国民俗博物馆保存有明代的一本《救荒本草》，其中记载了松叶和榆树叶做粥的方法

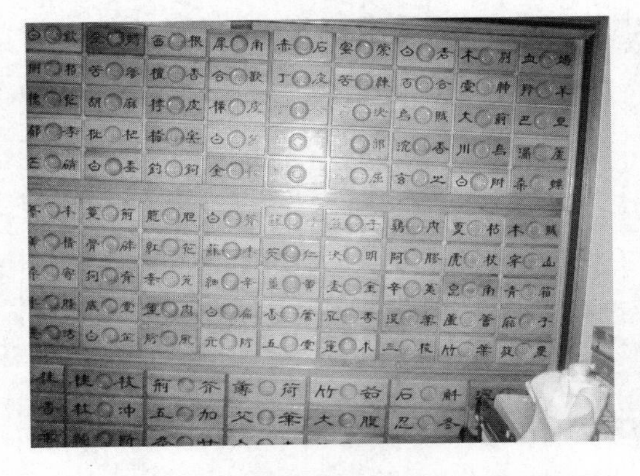

图 6-4-53　韩国的草药店、药柜全为中文名书写，均由中国的中草药传承而去

图 6-4-54　韩国药市上摆放的各种用药材碾磨成的粉剂出售

图 6-4-55　市场上出售的 1 年生去皮黄芪

图 6-4-56　市场上出售的家种甘草斜片

图 6-4-57　市售的 600 克包装野生宁夏甘草斜片

图 6-4-58　药店中药材的摆放相当规整，药监部门不定期检查质量

图 6-4-59　600 克包装的混等黄芪片，产自中国河北安国

图 6-4-60　韩国药令市协会会长品尝时珍公司送给的甘草斜片样品

图 6-4-61　新疆北疆野生甘草斜片

图 6-4-62　韩国市场上的抗肿瘤草药树黄

图 6-4-63　栽培灵芝

图 6-4-64　市售的鲜天麻

图 6-4-65　新疆南疆胀果甘草斜片

图 6-4-66　韩国忠青南北道周边种有很多人参，均以小家庭种植为主

图 6-4-67　在山坡下砍树开垦的人参地，规模均不大，几亩至几十亩不等。韩国每个种植户种植的人参必须上交国家，由国家专卖，统一控制价格

图 6-4-68　韩国市售的鲜人参与中国吉林长白山产的人参（*Panax ginseng* C. A. Mey）为同一个种，分布在长白山的南北坡，从种属和有效成分上看无任何区别

图 6-4-69　韩国出产的鲜人参根皮上同样有根腐病形成的黑斑

图 6-4-70　经过韩国政府的严格控制加工技术和市场，做成品牌的“正官庄”红参后，出口价格为我国人参的 100 倍，32 支头的红参每千克达 5 000～7 000 元人民币，而国内的价格仅为 200 多元人民币

图 6-4-71　韩国东敬综合商社的加工厂

图 6-4-72　所有原材料全部从中国进口

图 6-4-73　原料进口后重新包装、分类、入库

图 6-4-74　大包装改为小包装

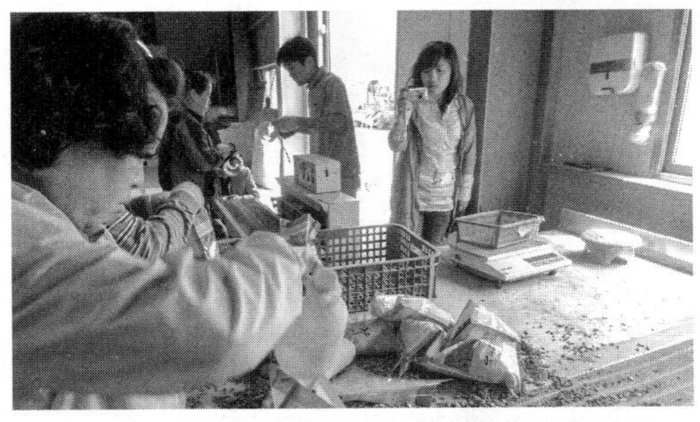

图 6-4-75　工人在分装药材

图 6-4-76　全自动计量分装机

图 6-4-77　分装后打箱码垛

图 6-4-78　从中国安徽亳州购买的中药饮片

图 6-4-79　机器切片

图 6-4-80　正在切中国进口的大浙贝母

图 6-4-81　切完后，烘干房中烘干

图 6-4-82　恒温库存放一些贵重药材

图 6-4-83　中国进口的家种甘草丁级斜片，每千克 14～15 元

第五节　中药材种植和中药材市场图说

图 6-5-1　这是陕西商洛地区个体药农利用山坡地种植药材

图 6-5-2　这是个体药农种植 2 年生的丹参，长势非常旺盛

图 6-5-3　内蒙古赤峰牛营子个体药农栽培的桔梗，栽培方法很标准，长势很好

图 6-5-4　内蒙古正蓝旗个体药农栽培板蓝根，长势喜人

图 6-5-5　内蒙古杭锦旗地区的野生甘草采挖殆尽，沙化严重。将来很难采集到甘草野生原种

图 6-5-6　甘肃民勤个体药农栽培甘草育苗地，出苗很整齐

图 6-5-7　这是商州的个体药农在采收药材

图 6-5-8　这是药农将采收的柴胡籽筛去杂质

图 6-5-9　这是陕西商州药农种植生产黄芩

图 6-5-10　这是利用山坡地种植牡丹

图 6-5-11　每到收获季节，个体药农将药材种子、药材交售当地镇、乡级药材小贩，这些小贩又成批量卖给县、市或各级药材市场，这种生产交易方式已在我国有几百年的历史，是我国传统中药材生产交易的精华

图 6-5-12　各村镇级药材收购行了解当地的气候条件，了解当地的药农，了解市场信息，为我国传统中药材的生产起了重要的作用

图 6-5-13　这是陕西商洛个体药农生产的优质丹参

图 6-5-14　这是出口装桔梗

图 6-5-15　这是优质北柴胡

图 6-5-16　这是优质丹皮

图 6-5-17　这是优质板兰根

图 6-5-18　这是某公司已通过“GAP”认证的丹参基地

图 6-5-19　这是香菊药业的药源基地，约 100 亩

图 6-5-20　这是千禾药业的黄芩基地，约 70 亩

图 6-5-21　这是大名鼎鼎的陕西文峰药材交易市场，在 20 世纪 90 年代时，这里的年交易额达几十亿元，现在已成了一条卖杂货的乱街

图 6-5-22　药市内一片狼籍，以前的药材交易早改行做化妆品，卖杂货

图 6-5-23　有几个简易大棚中存有少量的药材，剩下的几个药材贩子还在撑着，艰难度日

图 6-5-24　在首阳镇，是白条党参的集散地，每逢赶集之日，个体药农运来加工好的白条党参在集市交易

图 6-5-25　这是从地里挖出来的白条党参，在个体加工厂打架子晾晒

图 6-5-26 晾晒半干后，用洗涤精将党参的补皮洗干净，露出白色的根皮

图 6-5-27 用高压水枪把根皮洗干净

图 6-5-28 洗干净后，清选晾晒

图 6-5-29　晒成半干，人工打成小把，这种传统的种植、加工党参工艺已延续了上千年。是我国传统中药种植加工的精华。根本不可能大面积种植加工，只能分到各家各户小面积种植加工

图 6-5-30　加工好的白条党参拉到集市上交易。甘肃出产的白条党参畅销国内外

图 6-5-31　这是甘肃兰州黄河边上的药市，钢筋骨架的简易仓储式药市

图 6-5-32　药市内各种药材琳琅满目，相当规范，但买药者寥寥无几

图 6-5-33　这是内蒙赤峰牛家营子药市

图 6-5-34　这是全国最大的药市，安徽亳州药市

图 6-5-35　交易大厅内，买卖双方人员稀少，不见有货走动

图 6-5-36　摆到街面上的药材及保健品无人问津

图 6-5-37　大量的野生甘草在亳州药市交易

图 6-5-38　个体饮片加工户是现在饮片加工的主流，而许多正在搞GMP饮片厂认证的基本不生产饮片，许多饮片厂到个体饮片户家中去收购饮片，然后包装，贴上自家饮片厂的标签

图 6-5-39　亳州药市大门两边有 20 余家药材种子经营户，据调查2005—2006 年，全部药材种子销量不足 100 吨，也就是说下种面积不足 4 万亩地，正常年份下种面积在 10 万亩以上，种植面积严重萎缩

图 6-5-40　这是全国最大的药市河北安国祁州药市交易大厅大门口

图 6-5-41　交易大厅内的药材展示桶内已空了一大半，在交易大集之日只有几十号卖货的人，几乎没有买货的人，大厅内挂着横幅是“发展是我党执政兴国的第一要务”，形成鲜明的对照

图 6-5-42　交易大厅的西北角已出租给演马戏，混乱不堪

图 6-5-43　在老药市的街面上，大集之日，有三三两两的“跑合”的小贩，在小批量私下交易饮片

图 6-5-44　一些“跑合”的药材小贩站在街边“钓鱼”，没有人买货也没有人卖货，药市已成了一条烂街

图 6-5-45　在药市的周边农村，许多农家小院在加工药材饮片，这些看似不起眼的小院，是现在目前我国药材饮片供应的主流，至少占 90%以上，由于国家制订的政策，不许个体加工户加工，这些加工户只好躲进农家小院加工，国家应制定相关政策保护这些专业个体饮片加工户，允许加工的饮片上市公平交易

图 6-5-46、图 6-5-47
农家小院个体饮片加工户正加工中药饮片

图 6-5-48、图 6-5-49
个体农家小院加工的中药饮片，质量好，批量小，好浸润，好加工，好凉晒，价格便宜，国家目前提倡的建 GMP 饮片厂在某些方面违背了中药饮片加工生产销售的规律，应尽早修改目前的饮片政策

图 6-5-50　为个体加工户加工的中药饮片，出口韩国、马来西亚等国，是出口的主流产品

图 6-5-51　安国药市有一条街专门出售药材种子种苗，大集之日，只有三三两两几个人在卖货

图 6-5-52　一个栝楼种植户将其种根拉到集市叫卖

图 6-5-53　安国药市有 20 余家种子种苗经营户，种子辐射整个北方地区。2015—2016 年度全部经营户的种子经营总量约 100 吨左右，不足 3 万亩地的种植面积，安国药市周边农村由前几年的十几万亩药材面积下降到约 4 万亩左右

图 6-5-54　这条种子街已有多家关门从事美发和开饭店了

图 6-5-55　这是通过 GMP 认证的饮片车间

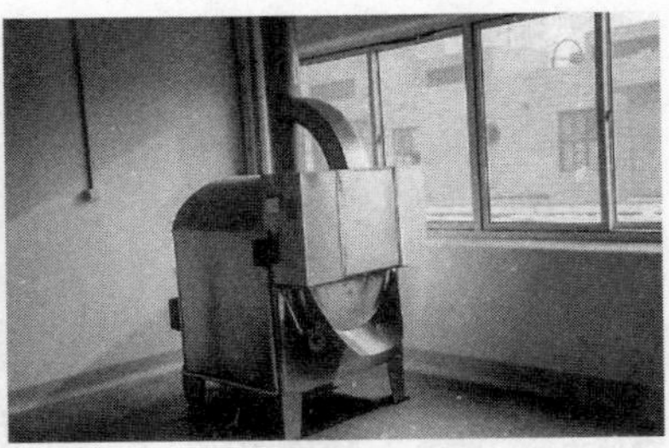

图 6-5-56、图 6-5-57　全不锈钢的切片机没有用过

图 6-5-58、图 6-5-59　全套不锈钢的加工设备和厂房几乎全部闲置，只得到了一张 GMP 饮片证书，总投资约 700 万元。像这样的厂家全国有数以千计

附录一 国内外中药材市场介绍

一、国内外中药材市场

我国的中药材市场在宋朝时就已经形成，明清时代已经相当繁盛。如江西的樟树，安徽的亳州，河北的安国等药材市场已有很长历史了。这些传统的中药材市场在民国时期因战乱走向衰落。中华人民共和国成立后，国家十分重视中草药及中医事业，中草药业开始兴旺。中药材市场真正进入繁盛时期是在 20 世纪 80 年代以后，国家批准成立了 17 个药材交易市场，全面带动了中草药栽培、加工和中药制药行业的发展。香港药材市场及韩国药材市场成为了我国中药物流的中转港，大部分的药材经过加工后流入到欧美市场。

（一）国内主要药材市场

1. 河北安国中药材专业市场 河北省安国市位于北京、天津、石家庄三大城市腹地，北距北京 200 千米，东距天津 240 千米，南距石家庄 110 千米。得天独厚的安国药业，源于宋、兴于明，盛于清。千余年来，天下药产广聚祁州，山海奇珍齐集安国。特别是 1993 年，为确保安国药业在全国的领先地位，安国本着大规模、高标准、高效益的原则，投资 6 亿元，占地区性 33 公顷，建筑面积 60 万米^2，建成了一座功能齐全，设备完备，独具特色的现代化药业经济文化中心——东方药城。安国的中药材交易主要通过“东方药城”进行。东方药城是中国家认定的 17 家中药材专业市场之一，为安国市政府拥有和经营，市场面积 60 万米^2，分上下两层，上市品种2 000多种，年成交额超过

50 亿元，年药材吞吐量 10 万吨，日交易客商超过 1 万人。主要销售地区遍布全国以及日本、韩国、中国台湾和东南亚等 20 多个国家和地区。

东方药城的药商有多种类型。一种是本地药材经销的个体户，为规模较小的家庭式商户，自种药材，自己销售。一般租用 1～2 米^2 的小摊位。其二是外来经销商，规模较小，主要从药材原产地，如内蒙古、宁夏等地，低价采购小批量的本地优质药材，通过东方药城销售至全国。一般都有相对固定的采购渠道和销售渠道。三是大商户的销售点，是一些经销规模较大的企业的销售点，承担药材品种展示的功能，客户看样后，小批量就地成交，大批量则通过设于厅外的独立店铺发货和交易。此外还设置了精品交易厅，针对政府重点扶植的本地企业，专门辟出的相对独立的展示和交易厅。目前有为河北祁新中药颗粒饮片有限公司（香港新世界合资）设立的交易厅。除在东方药城设点交易外，部分大型经销商和当地的中小规模中药生产和加工企业亦会在安国市内以独立店铺形式进行销售。这些店铺一般都采取前店后厂的经营模式，厂房和店铺用地由政府按工业工地出让使用权。

当前，安国大力发展中药材加工和药品开发，药业开发正向更深层次、更广阔的领域迈进，已开发出一大批中成药、药酒、药茶、药枕等国药材精深加工项目。

2. 安徽亳州药材专业市场简介 安徽亳州中药材交易中心是目前国内规模最大的中药材专业市场，该中心坐落在国家级历史名城——安徽省亳州市省级经济开发区内。京九铁路、105 国道、311 国道从旁边交叉而过，交通十分便利。该中心占地 26.7 公顷，已拥有1 000家中药材经营铺面房；32 000米^2 的交易大厅安置了6 000多个摊位进行经营；气势恢宏的现代化办公住楼建筑面积7 000多米^2，内设中华药都投资股份有公司办公机构、大屏幕报价系统、交易大厅电视监控系统、中药材种苗检测中心、种药材饮片精品超市等。交易中心自开业以来，交易鼎盛，热闹非凡。目前中药材日上市量高达6 000吨，上市品种2 600余种，日客流量约 5 万～6 万人，中药材成交额 100 亿元，为国家上交税收4 300万元，已成为亳州市的骨干企业。中国亳州中药材交易中心已连续 5 年被国家工商行政管理局命名为“全国文明集贸市场”，并被列为“安徽省十大重点市场”和“安徽农业产业化 50 强企业”。中国亳州中药材交易中心的形成，极大的带动和促进了亳州市农村种植业结构的调整和产业化的发展。目前亳州市农村约有 4 万公顷土地种植中药材，50 万人从事中药材的种植、加工、经营及相关的第三产业。同时，以交易中心为龙头，促进了亳州市交通、旅游、通信、信息业和市政建设的迅猛发展。

3. 广州清平药市简介　广州清平是药市是我国南部地区重要药材交易市场之一，它是含内外药商云集之地，是中药材进出口重地。广州清平药市南段改建后，新建药材经营大楼，欧式建筑，首层和二层为药材市场。有电梯及步行楼梯可上二楼交易，首层全部为高级滋补药材交易市场，一年四季均显繁华，新市场都逐步挂上自己的合法招牌，无名摊档逐步消失。全国道地药材单项经营的直销招牌，如春砂仁、田七、晴天葵、河南怀山药、杞子、天麻、雪蛤糕、吉林红参以及美国花旗参、高丽参等道地、名牌高级保健滋补品牌子琳琅满目，国内外客商云集采购。香港、东南亚地区的药材商多数直接在广州采购中药材，每年购买的甘草、黄芪在千吨以上。

4. 甘肃陇西文峰中药材专业市场简介　中药材产业是陇西县“九五”期间开发实施的十大科技工程之一，也是全县四大支柱产业第一大产业。主栽品种有党参、红黄芪、防风、板蓝根、柴胡、大黄、生地、当归等，全县药材种植面积达 8.64 万亩，中药材总产量30 240吨；以甘肃参参保健饮品有限公司、龙飞药材加工厂、穆斯林中药材加工厂为代表的药材加工厂（点）1 440个，药材贩运大户 680 户；建成文峰、首阳两大中药材市场，全国十大药市之一的文峰中药材市场集批发、仓储、运销于一身，连通了国内国际市场；首阳中药材市场成了西北地区中药材价格的晴雨表，两大药市年吞吐各类中药材 14 万吨以上，交易额达 8.4 亿元。

陇西文峰中药材市场是西北地区最大的药材集散市场，是全国十大药材市场之一。被誉为“西北药都”，年吞吐各类药材 600 多个品种 10 万吨，成交额 4.5 亿元，大宗品种全国销量 75%的当归，50%的党参，30%的黄芪，60%的大黄以及质优量大的板兰根、柴胡、小茴香、木香、红芪、银柴胡、杏仁、丹参、黄芩、赤芍、甘草、李仁、龙骨、地骨皮、大芸、猪苓、淫羊藿、鹿含草、蒲公英、茵陈、羌活、秦艽、升麻等 48 个品种由该市场集散全国，每年有香归、佛手归、白条党、纹党片、大片杏仁、岷贝母、旱半夏、泡沙参等 20 个品种及蕨菜、薇菜、石花菜、乌龙头、苦苣菜等 6 个野生蔬菜品种总计5 000余吨精加工厂出口或转口销往港澳台、东南亚国家及世界各地。文峰经济技术开发区享受省级开发区和省级乡镇企业示范区的一切优惠政策，在工商管理、土地使用、税费征管、经营自主权等方面给予优惠。同时，开发区内拟建立占地 200 亩的中药材加工园区，已完成规划任务，诚邀国内外大集团、大企业、大专院校来开发区投资、经商、办厂。

首阳中药材市场位于陇西县西大门的首阳镇，是全国最大的党参集散地，这里自然条件优越，电力充足，交通便利，距县城 21 千米，316 国道穿境而过。首阳镇种植中药材历史悠久，产品质高量大，现已形成“市场带基地，基地连农户”的新格局。种植的中药材有党参、黄芪、红芪等 10 余种，种植面积 3 万亩，总产值 400 多万元。投资1 500万元建成的首阳中药材市场，占地 68 亩，总建筑面积19 700米^2，是西北较大的中药材集散地，年交易量 3.5 万吨，年成交额 3.5 亿元。市场内常驻来自四川、湖北、广东等 8 省份的客商1 000多人，首阳中药材主要销往国内东南沿海各省份及我国香港、台湾及韩国、加拿大、南非等国家和地区。

5. 四川成都荷花池中药材专业市场 成都荷花池中药材专业市场，由荷花池市场药材交易区和五块石中药材市场合并而成，是国家卫生部、国家医药局、国家中医药局和国家工商行政管理局定点批办的中药材专业市场。四川中药材资源极为丰富，是全国中药材主要产区之一，素有川产地道药材之美誉。川产药材具有品种多、分布广、蕴藏量大，南北兼备的特点，在常用的600多味中药中，川产药材占370多种。因此，自古就有“天下有九福，药福数西蜀”的说法。

成都是中国历史文化名城，有灿烂的中医药文化史。据历史记载，唐代成都就有药市，而且非常繁荣。改革开放以来，大量的川产药材汇集成都，销往全国，销往港澳台和东南亚国家，成都荷花池中药材专业市场成为全国少有的大型中药材专业市场。成都荷花池中药材专业市场，设在荷花池加工贸易区内，总占地450亩，中药材交易区占地近80亩，共有营业房间、摊位3 500余个。市场经营的中药材品种达1 800余种，其中川药1 300余种，年成交量可达20万吨左右。市场交易大厅气势恢宏，宽敞明亮；市场道路宽畅，停车方便；市场高有邮政、电信、银行、库房、代办运输、装卸、餐饮等配套服务；工商、卫生药检、动植物检疫部门驻场监督管理，制度健全，质量保证，信誉度高。成都荷花池中药材专业市场，今后交朝着更加繁荣、更加现代化的方向继续前进。

6. 江西樟树药材专业市场 樟树素有“南国药都”之称，历史上由“南樟北祈”之说，与河北安国齐名，自古为中国药材集散地，享有“药不到樟树不齐，药不过樟树不灵”的美誉。药业始于汉晋，兴于唐宋，盛于明清；三国时没有药摊，唐代辟为药墟，宋代形成药市，明清为“南北川广药材之总汇”。20世纪50年代以来，樟树药业中兴。每年秋季，海内外成千上万名药界同仁云集樟树，举行盛大的全国药材交易会。到1998年已成功举办了 29 届，每年到会代表达 2 万余人，最多时代表突破 3 万人，交易药材2 500余种，成交额达 18 亿元以上，各项指标均列全国各大药市之首。樟树道地药材 800 余种，其中商洲枳壳、陈皮等药材曾被列为贡品，进入皇宫内苑。目前，全市已开发形成了枳壳、黄栀子、杜仲、银杏等一批中药材种植基地，面积 7 万余亩，产品畅销东南亚诸国。

樟树中药材专业市场是国家首批批准的 17 个中药材专业市场之一，已初具规模。市场占地41 700米^2，建筑面积30 090米^2，有中药材店面 560 间，仓储面积7 880米^2，可容纳 1.2 万人同时交易，在场内经营的药商来自全国各地，从业人员达到1 200余名，辐射全国 21 个省、自治区、直辖市，年成交额超过 1 亿元。

7. 广西玉林中药材专业市场简介　广西玉林中药材专业市场设立在广西壮族自治区玉林市，交通便利，市场繁荣，经济发达，有丰富的地产中药材资源。如三七、巴戟天、石斛、银杏叶、鸡骨草等。玉林市素有“岭南都会”之称，山区的野生药材资源极其丰富，药市确立了“立足玉林，面向广西，辐射全国”的战略方针。玉林市政府非常重视玉林药材市场的建设，在场内设立了质量检验机构及公平秤，配备有先进的检测设备和人员，确保玉林市的药材质量。玉林药材市场是国家首批批准的专业药材市场之一，是我国南方重要的药材集散地，在我国的药材生产上占有很重要的位置。

8. 云南昆明菊花园药材专业市场简介　昆明市菊花园中药材专业市场是经国家一部三局（卫生部、国家医药管理局、国家中医药管理局、国家工商行政管理局）批准开办的全国 17 家政府认可的中药材专业市场之一。市场内有经营商户 200 余户，经营中药材品种近4 000种，年交易额近 5 亿元，全省中药材供给的 80%以上均出自菊花园中药材专业市场。作为云南省唯一被政府认可的中药材专业市场，工商、药监、卫生、税务等各级政府部门对市场的管理工作非常重视，场内设有官渡区工商局菊花园工商分局、官渡区税务局菊花园征税点。自市场成立以来，在上级部门的管理、指导下，市场一直沿着专业化、规范化的方向稳健发展。由于菊花园中药材专业市场的突出表现，市场被授予全省首家“诚信市场”光荣称号，并得以率先成为云南省第一家、全国中药材专业市场中惟一一家率先施行先行赔偿制度的单位。菊花园中药材专业市场已成为云南省发展绿色产业的重要窗口。

（二）国内次要药材市场

9. 湖北蕲州中药材专业市场简介 湖北蕲州中药材专业市场地处明代伟大的中医药学家李时珍的故乡——湖北蕲州镇。1997 年，经国家工商行政管理局、国家中医药管理局和卫生部批准，列为全国 17 家中药材市场之一，成为湖北唯一的国家级中药材专业市场，是从事药材交易的理想场所。

据史书载，蕲州药市始于宋，盛于明，历史悠久，载誉九州，素有“人往圣乡朝圣医，药到蕲州方见奇”之说。1991 年，蕲春县委、县政府确立“医药兴县”战略后，以举办医药节会为契机，举全县之力，大建药市，市场设施不断完善，经营规模不断扩大。目前，该市场占地达 6.8 公顷，总建筑面积2 500米^2，主体建筑为体贸结合的大型标准体育场，分八大区域，主楼 4 层，营业楼 2 层，四周围设计新颖、集贸储居于一体的复式建筑群，共有大小营业厅 310 间，可容纳万人交易。场内实现了水电路和绿化配套达标，成立了药市管理委员会，制定了一系列经营优惠政策，实行窗口对外，一站式服务。建立了药材信息中心，与全国各大中药材市场实现了信息联网。

10. 兰州黄河药材市场 甘肃是古丝绸之路和新亚欧大陆桥的主要通道，省会兰州作为西北的交通枢纽，背靠宁青新藏蒙，面朝川陕晋豫冀，“西有资源，东有市场”，发展中药材贸易，其他地方无可比拟的区位优势。

1996 年，在甘肃省市有关部门支持下，黄河实业发展有限公司于 1993 年建立的“黄河药市”终于经国务院批准为甘青宁新唯一的中药材专业市场。“黄河药市”整合甘肃省省中药材产供销及深加工各个环节，成为兰州西北商贸中心十大区域性批发市场之一。1998 年各项经济指标列入兰州市十大市场行列，从而改变了兰州市旧有的“商不过黄河”的商业发展格局。

黄河中药材专业市场从建立之初，即一头牵着全国性和国际化的贸易之手，一头紧抓种植基地，走精品化、国际型之路。“黄河药市”建立之初即吸引来自 20 多个省份的药商 180 多家，上市中药材达1 100多个品种。2000 年，药市营业额达 2 亿多元，实现利税1 500万元。2001 年 9 月，“黄河药市”又成功举办“首届中国西部药品药材交易会”，参展单位涉及全国 21 个省份和 200 多家国内企业，有来自新加坡、美国、德国等知名医药企业在大陆代理参展，签订了 200 多个合作项目，签约总金额达 12 亿元；参展商共签订货合同 500 多份，总金额 15 亿元。此次药交会总成交额达 28 亿元，大大提升了黄河市场的经营水平，使黄河市场的企业品牌、形象等无形资产大大提升。

随着市场前景不断看好，黄河实业发展有限公司于 2001 年投资 1.3 亿元，已在兰州黄河风情线中部，原黄河市场西侧建成占地 120 亩的黄河国际展览中心。该中心总建筑面积 4.5 万米^2，由四大场馆、一幢大酒店和万余平方米的黄河文化广场组成，新药市属其中的二号馆。新药市从卖场的设计、建筑、用材都向国际水平看齐，采用最新建筑技术和新型材料，规模进一步扩大。

11. 黑龙江省哈尔滨三棵树中药材专业市场　哈尔滨三棵树中药材专业市场是由黑龙江省齐泰医药股份有限公司投资兴建的，经国家批准的全国 17 家中药材专业市场之一，也是东北三省一区唯一的中药材专业市场，经多年的建设发展，已成为我国北方中药材经营的集散地。

迁址扩建后的中药材专业市场位于哈尔滨市太平区南直路

485 号，市场新楼按现代规模、现代化市场设计，布局更加合理、交通更为便利。东临哈同高速公路，面对新开通的二环快速干道，邻近三棵树火车站、哈尔滨港务局，交通纵横、运输便利。占地 10 万米^2，市场建筑面积23 000多米^2，共四层可容纳业户由原来的百余户增加至近千户，内设中草药种植科研中心，电子商务网络中心、质检中心、仓储中心及商服、银行等配套机构和设施，同时兴建的还有质量检验科研中心楼，用于市场药材的质量检验和地方药材的深度开发，形成设施完善，功能齐全的市场，无论从规模到设施均达到国内同类市场一流水平。凡有意经营中药材的企业法人、个体商户，外地中药材经营者及地产药材种植户可持有效证件进厅经营。

12. 河南禹州中药材专业市场简介　河南禹州中华药城是一个占地 20 公顷、投资超亿元、可容纳商户5 000多家的多功能现代化中药材大型专业市场。它的建设和投入使用，必然为禹州药业的腾飞注入强大的动力，使禹州药业再次令世人瞩目，成为带动全市经济发展的一个新的增长点。“药不到禹州不香，医不见药王不妙”这自古以来的传说，从一个侧面反映出禹州药业的繁荣和影响地位。自春秋战国以来，神医扁鹊、医圣张仲景、药王孙思邈都曾来禹行医采药、著书立说。药王孙思邈死后葬于三峰山南坡，永远“落户”禹州，为禹州的药都地位增添了不少灵性。自唐朝起，禹州始有药市，到明朝初期已成为全国四大药材集散地之一。乾隆年间达到鼎盛时期，居民十之八九以药材经营为主，可谓无街不药行，处处闻药香，到清末民初由于战乱而逐渐萧条。党的十一届三中全会后，禹州药市又开始恢复，并迅速发展到 200 余家。至 1990 年 10 月 1 日，禹州中药材批发市场建起并投入使用，禹州已在全国十大药材中心中名列前茅。1996 年，禹州市中药材专业市场获全国一部三局许可，为河南省争得了唯一的国家定点药材市场，成为全国 17 家定点药市之一。截止到目前，全市已有药商 300 余户，从业人员达到2 000人以上，上市品种 600 余种，年成交额 2 亿～3 亿元，年最高上交税费 120 万元。为便于管理，禹州市还成立了中药材市场管理委员会，对药市进行统筹管理。目前随着社会主义市场经济的发展，原有药市规模已不能适应药业发展的需要，药市经营出现了滑坡现象。因此，扩建一个新的规模更大、设施更全、管理完善的药材市场已成为当务之急。“中华药城”项目已进入实际操作阶段。

13. 山东鄄城舜王城中药材专业市场简介 据《濮州志》记载“舜生于姚墟，姓姚氏、耕历山、渔雷泽、陶河滨”历山，雷泽均在鄄城境内，舜王城即为舜的出生地，市场因此而出名。中国鄄城舜王城中药材市场自 20 世纪 60 年代自发形成，现已有 30 余年的历史。改革开放以来，鄄城县委、县政府和有关部门因势利导，加强管理，使其逐步繁荣兴旺。1996 年顺利通过国家二部三局的检查验收正式获准开办，成为全国仅有的 17 家大型中药材市场之一和山东省唯一的药材专业市场。

市场占地面积 6.6 万米^2，其中，交易大棚面积4 000 米^2，营业门市面积4 100米^2，库房面积1 600米^2，可同时容纳固定推位2 000多个。新建的 400 余间商品房公开对外租售。

目前，该市场日上市中药材1 000多个品种，20 余万千克，日均成交额 130 多万元，年经销各类中药材 5 千万千克，年成交额 3 亿多元。全国 20 多个省份和韩国、越南、日本及我国香港、台湾等国家和地区的客商经常来此交易。

新一届县委、县政府依托市场，大力发展中药材生产。目前全县拥有大规模的中药材生产基地 7 处，种值面积 10 万余亩，生产品种 100 多个，年产各类中药材2 500万千克。一些优质地产中药材如丹皮、白芍、白芷、板兰根、草红花、黄芪、半夏、生地、天花粉、桔梗等享誉海内外。

14. 湖南邵东廉桥药材市场 廉桥药材专业市场坐落于湖南省邵东县廉桥镇。1995 年经国家二部三局（卫生部、农业部、国家医药管理局、国家中医药管理局、国家工商行政管理局）首批验收合格，是全国十大药材市场之一，有“南国药郡”之称。廉桥属典型的江南丘陵地形，土地肥沃，雨量充沛，老百姓自古集习种药材，品种达200余种，其中，丹皮、玉竹、百合、桔梗味正气厚，产质均居全国之首。廉桥药市源于隋唐。相传三国时期蜀国名将关云长的刀伤药即采于此地。此后，每年农历四月二十八日，当地都要举行“药王会”借以祈祷“山货”丰收。改革开放以来，邵东县委县政府因势利导，大力发展中药材生产，培育市场，使昔日传统的药材集贸市场发展成为享誉全国的现代化大型专业市场。药市现有国有、集体、个体药材栈、公司800多家，经营场地13 340米^2，经营品种1 000余种，集全国各地名优药材之大成，市场成交活跃。近几年，年成交额在10亿元以上，年上缴国家税费800多万元。廉桥药材市场以传统经营的独特优势，得天时、地利、人和，每日商贾云集，一派繁荣景象。市场内邮电通信、水电交通、餐饮住宿等基础设施服务设施一应俱全。工商、医药、卫生药检、公安等部门驻场监督管理，制度完善，质量可靠，秩序井然。廉桥中药材专业市场今后将朝着更加繁荣、更加现代化的方向前进。

15. 湖南岳阳花板桥药材市场简介　湖南岳阳市花板桥中药材专业市场于1992年8月创办，是国家首批验收颁证的全国8家中药材专业市场之一。市场位于岳阳市岳阳区花板桥路、金鹗路、东环路交汇处，距107国道5千米，火车站2千米，城陵矶外码头8千米，交通十分便利。市场占地8.2公顷，计划投资1.6亿元，现已投资5 800万元，完成建筑面积5.5万米^2，建成封闭门面、仓库、住宅、2 000余套（间），并完善了学校、银行、医院、邮电等设施。市场现有来自全国20多个省份的经营户480多户，年成交额近3亿元。花板桥中药材专业市场是湖南省重点市场之一。1998年，岳阳市委、市政府把该市场建设列入全市八大事之一，决定对其进一步扩建和完善。扩建面积8万米^2，主要建设门面、住宅、饮片加工厂等。扩建后工程，市场可容纳商户1 500户，年成交额可超8亿元。

16. 广州普宁中药材专业市场简介　普宁市位于广东省潮汕平原西缘，为闽、粤、赣公路交通枢纽，区域面积1 620千米^2，人口160万，是我国沿海重要的药品集散地。普宁旅居海外侨胞120万多人，是中国青海、蕉柑、青榄之乡，其十大专业市场闻名全国，商贾上万，货运专线直达全国120多个城市。

普宁中药材专业市场是全市十大专业市场的重要组成部分，其历史悠久，早在明清时代，就是粤东地区重要的药市之一。山区面积占全市面积的67%，境内山川交错，气候温和，雨量充沛，具有良好的生态条件，各种重要资源丰富，黄沙、梅林一带山区野生药材400多种，尤其是陈皮、巴戟、山栀子、千葛、乌梅、山药等品种为当地名产，构成了普宁市药源基地。同时，普宁也是外地药材商品集散地。目前，市场日均上市品种700多个，销售已辐射全国18个省、自治区、直辖市及我国香港、澳门特别行政区，且远销日本、韩国、东南亚、北美等国家和地区。1996年7月，普宁中药材市场被确定为国家定点中药材专业市场之一，是一个以生产基地为依托的传统中药材集散地，是南药走向全国、走向世界的重要窗口。

17. 重庆解放路中药材专业市场　重庆中药专业市场是由重庆中药材公司投资兴建。它地处重庆市主城区沿江长南干道的中段——渝中区解放西路88号。东距重庆港2千米，西距重庆火车站和汽车站1.5千米，北邻全市最繁华的商业闹市区解放碑1千米。

重庆中药专业市场的前身是由渝中区储奇门羊子坝中药市场和朝天门综合交易市场的药材厅合并而来。由于场地狭小、规模不大，严重影响了市场的发展。1993年年底，在重庆市渝中区政府的统一规划下，市场迁入现址。于1994年1月28日正式开业。为国家中医药管理局、卫生部、国家工商行政管理局1996年7月6日联合以国医药生（1996）29号文批准设立的全国首批8家中药材专业市场之一。

重庆自古以来就是川、云、贵、陕诸省药材荟萃之地，是西南地区传统的药材集散地。新中国成立前，这里（原样子坝药市）药材行栈林立，客商云集。新中国成立后，重庆药材公司和重庆中药材收购供应站更是全国有名的经验中药材的专业大公司，负担着原川东地区甚至西南地区药材集散供应的重任。重庆中药材专业市场的设立，必将使这个传统的中药材集散地发挥更大的功能。

长期以来形成的品种较多、产量较大的特点，使重庆已成为中药材资源丰富且优势明显的内陆大市。据中药材资源普及资料反映，在列入全国资源普查的349种药材中，仅原重庆辖区（不含划入的原万、涪、黔地区）资源就达到278种，占全国资源普查数的79.65%。目前，全市已拥有一批历史悠久、产品地道、品质优良的特色品种。其中黄连枳壳、栀子、云木香、玄参、丹皮、半夏、杜仲、贝母（奉节贝母）等9个品种，万洲、石柱、奉节等13个区县已被国家中医药管理局列入“全国重点品种与重点之处基地产区”之中。此外，黄柏、使君子、薏苡仁、木瓜、佛手、柴胡、金银花、黄连等名特产品也都在处于稳定、叫好的发展态势之中，具有较大的发展潜力和空间。另外，重庆还有全国闻名的重庆中药研究院（原四川省中药研究所）和全国唯一的药材种植研究所等科研机构。

重庆中药材专业市场占地面积2 500米^2，为6层楼的大型室内交易市场，建筑面积10 000多米^2。市场内摊位采用铝合金网架隔离，卷帘门关锁；共设摊位400个，写字间40套；另备有停车场500米^2，车辆可直接进入市场。周围还设有邮电、银行、餐饮、公共车站等配套服务设施，能满足经营户和经营需要，是商家客户较理想的中药材交易市场。

18. 陕西西安万寿路中药材专业市场简介　西安药材批发市场，位于西安市东大门万寿北路，西渭高速公路出口，西安火车集装箱站旁边。多年来，以其优越的地理位置、热情周到的服务、灵活的经营方式，吸引了大批外地客商，成为全国弛名的药材集散中心。

关中是中华民族的重要发祥地，也是中医药学的重要发祥地。从公元前 11 世纪起，奴隶社会的西周、封建社会的秦、西汉、东汉（末年）、新莽、西晋（末年）、前赵、前秦、后秦、西魏、北周、隋、唐等十三个王朝曾在西安建都，历时1 000多年。作为全国长期的政治、经济、文化中心，中药商业活动随之兴起，特别是西安更是久盛不衰。新中国成立前西安一直就是我国重要药材集散地，西安东关药材行、店铺林立，药商云集，经销品种繁多，大批中药材源源不断地销往西北、东北、华北及海外。

20 世纪 80 年代初，原东天桥农贸市场有少量拣拾性药材购销，以后相继有农民出售当归、党参、天麻、白术等药材。到 1983 年末，市场飞速发展，交易巨增，市场原有场地已无法容纳商户。1984 年 5 月，东天桥农贸市场迁址康复路，40 余户购销中药树的个体摊点也随之迁往。随着改革、开放、搞活方针政策的贯彻执行，中药材除甘草、杜仲、麝香、厚朴 4 种外，其余品种价格放开，价格随行就市，康复路市场的药材交易日趋活跃。

到了 90 年代初，由于康复路药材市场发展很快，规模愈来愈大。为了适应需要，国家将药市迁到万寿路。该市场始建于 1991 年 12 月建筑面积14 591米^2，有固定、临时摊位 500 余个，市场经营品种达 600 多种，日成交额 50 多万元。

（三）未形成市场的传统道地药材产区

还有一些未经国家批准的季节性地产药材市场，全国大概有 100 余处，现选择其中具有代表性的罗列如下：

1. 陕西韩城　主产野生药材主要有连翘、西五味子、苍术、柴胡、槐蜜、西防风、猪苓、野黄芩、杏仁、桃仁等品种。家种药材主要有黄芩、柴胡、粉丹皮、生地等品种。

2. 安徽铜陵　主要地产药材为丹皮，建立了牡丹皮协会和凤丹商会，对种植户进行了质量标准培训和各种宣传，大力推动丹皮产业的发展。

3. 吉林靖宇　主产药材为人参、西洋参、北五味子、贝母、细辛等。

4. 陕西商洛　主产药材为桔梗、柴胡、山萸肉、丹皮等。其中丹皮由于价低种植减少。

5. 河南辉县百泉　家种柴胡产量较高，另外还有山楂片、黄芩、草决明等。

6. 云南瑞丽　地产药材有仙茅、黑故子、蔓荆子等，砂仁进口量较大。

7. 安徽大别山　石菖蒲野生资源比较丰富，但是逐年采挖后出货量渐少。

8. 内蒙古牛营子　桔梗、北沙参产量较大。

9. 湖北恩施　白术为恩施主要的地产药材，年出货量达到几百吨。

10. 甘肃民勤　地产药材主要为小茴香、甘草、草果、白胡椒等，其中小茴香今年减产较严重。

11. 山西襄汾　主产药材为生地，近年有所减产。

12. 海南万宁　主产药材为白胡椒、吴茱萸等。吴茱萸近年产量有所增加。

13. 广西古龙　八角、灵芝、红豆蔻、桂郁金等为本地地产药材。

14. 新疆吉木萨尔　红花、肉苁蓉为本地主要地产药材，产销量都很大。

15. 内蒙古宁城　野生苍术资源较丰富。

16. 安徽宣州　太子参人工栽培量较大，近年价格有所上升。

17. 四川敖平　地产药材主要为川芎、苓子等，其中川芎人工栽培占70%左右。

18. 山西夏县　青翘产量较大。

19. 福建拓荣　地产药材太子参产量较大，今年产量增加20%～30%。

20. 四川绵阳　麦冬产量较大，但经营户利润率较低。

21. 河南西峡　山茱萸、西无味为主产药材，但由于今年产量下滑导致价格有所上抬。

22. 云南版纳　地产药材主要为阳春砂，近年产量有所减少。

23. 甘肃酒泉　主产药材为甘草、孜然、红花等，其中甘草近年货源减少，价格趋扬。

24. 广东肇庆　主产药材为佛手、巴戟天等。其中巴戟天野生资源日渐匮乏，但是人工栽培较少，产量有所降低。

25. 湖北当阳　毛前胡、大百部、野生夏枯球、八月札为当地主产药材，另外蜈蚣货源较丰富。

（四）香港、韩国、日本药材市场

1. 香港药材市场　2005年香港从内地进口中药1.73亿美元，占内地中药出口总额的20.8%。香港药材集散地位于香港的高升街，是我国药材零售批发和进出口中转的重要港口，约有400余家店铺，主要经营西洋参、人参、高丽参、美国花旗参、黄芪、甘草等300余种中药材，价格比国内市场高出许多。许多国内大的药材商贩去香港打探国际市场行情。

自从回归祖国以来，随着国家对外开放政策的发展和建全，香港中药材市场从总体上来看，简单归为八大趋向：①对外埠转口生意逐步萎缩，大单中药材生意，外商都转为直接到内地主产地购进，使香港外销生意处于销售严重下降，外销萧条冷落；

②很明显地转为中药材销售以本港为主，故辅以少部分传统（地道）野生中药材小品种，诸如冬虫夏草，野生天、雪蛤羔、竹蜂、雪莲花以及西土小药材等品种有少些转口生意，但由于野生药材小品种资源少，近年又实施保护政策，转口生意也是少之又少；③中药材炒作者逐渐锣鼓灯息，“枪刀”放马南山，香港大户操控货源，使香港药材市价多趋稳定，少见暴升暴跌，凡升降幅度较大品种，多属跟随内地价格而升降；④中药材经销户的经营策略多转为少进快销；⑤由于做药材生意利薄，费用大，使生意难做，转行经营其他者，渐有增加；⑥由于中药材加工成本高，费用大，中药材饮片加工转为内地加工现刨；⑦药材店直接到内地（深圳、广州）求购中药材者，有增无减，使香港中药材大商户，生意趋于萎缩；⑧由于珠三角中药材销势走强，不少贵重药材诸如冬虫夏草等品种常出现珠三角常价售价高于香港市价，使香港药材倒流于广州等地。

目前，香港政府正在加紧建设，要将香港建设成为一个中药港，许多投资商业投入巨资加入到中药港的建设中来。相信不久的将来，香港会成为我国最大的中药出口港。

2. 韩国首尔京东药材市场　据估计，韩国每年约需中药材近 3 万吨，韩国一直是我国中药材主要市场之一。2005 年韩国从中国大陆进口中药材计7 895万美元，占我国中药出口比重为9.5％列我国出口第四大市场。韩国进口的中药材主要是本地产量少甚至没有的，包括葛根、菊花、甘草、桂枝、桂皮、藿香、鹿角、鹿茸、桃仁、麻黄、半夏、茯苓、附子、酸枣仁、牛黄、肉桂、猪苓、秦皮、杏仁、黄连、黄柏、厚朴、当归以及抗癌类草药。

首尔京东药材市场位于东大门内祭基洞，是 20 世纪 50 年代兴建起来的，是韩国最大的药材专业批发市场之一，占地约23.5 万米^2，集中了韩国 400 多家中药材进出口商，占韩国中药材进出口商的 90％以上，经营 300 余种从中国进口的药材及韩国自产的高丽参，市场上所需的中药材70%以上从这里分销出去。1997年以来，京东药材市场成为中国药材出口欧美市场最大的中转港之一，药材的价格是中国市场的几倍甚至几十倍，如甘草斜片价格，在中国一级斜片出口价为25元/千克左右，而到了京东市场则卖到80元/千克。中国的人参在京东市场卖价不高，但韩国本国产的高丽参是中国人参10～100倍的价格，韩国人特别注意保护高丽参的品牌，一般都不允许外国人参观其种植场，更不允许参观其加工厂。

除京东药材市场外，釜山也有一个大的药材市场，经营的品种与京东市场差不多。韩国药材市场的建立，为我国中药材的出口开辟了一条广阔的道路，也为我国的重要出口到欧美市场向前迈进了一步。

3. 日本中药材市场　日本每年自产中药材0.5万吨。日本汉方药材大约有95%依赖进口（主要来源中国）。近年来由于汉方制剂生产发展迅速，使中药材压制剂消耗上成数十倍的增长，并有继续上升之趋势。如地黄丸的主要成分地黄、山药、山萸肉、牡丹皮、泽泻等中药材年需求量均超过100吨。

2005年，我国中药出口日本1.67亿美元，占我国当年中药出口总额的20.1%，居我国中药出口市场第二位。目前，在日本市场上可见的由我国直接生产、输入或经日方重新包装销售的产品有近100多种，大致分为：补益性药物如三鞭丸、人参鹿茸丸、海马补肾丸、十全大补丸、首乌延寿片等；治疗常见病药物如华陀膏、天津感冒片、鼻渊丸、槐角丸、麻杏止咳片等。但缺少对疑难病症有效的中成药。

附录二　北京时珍中草药技术有限公司简介

北京时珍中草药技术（集团）有限公司的前身是北京大兴时珍中草药技术研究所及其下属企业和种植基地。北京大兴时珍中草药技术研究所是1992年邓小平南巡讲话后在北京市大兴区成立的首批民营科技企业，已经成功运作24年，随着业务的不断扩大，不同时期在北京市的大兴、房山、怀柔、延庆，甘肃、内蒙古、新疆等省和自治区建立了大面积的药材种植基地，优良种子种苗繁育基地。2005年该所改制为北京时珍中草药技术（集团）有限公司，法人为周成明，注册资本为1 018万元，经营范围为：中草药种植，中草药技术产品的开发、咨询、服务、转让。

15年来，北京时珍中草药技术（集团）有限公司着重开展了以下4个方面的工作：

1. 传统道地中药材优良种群及品种的选育和繁育工作　例如：甘草，我们严格采集道地产区乌拉尔甘草种子（*G. uralensis*），经过筛选，药物处理，包衣，制定了乌拉尔甘草种子质量标准。发芽率80%、净度95%，并注册“乌拉尔”甘草种子商标。这是国内目前唯一在市场上出售带有商标和质量标准的药用植物种子。其他如黄芩、柴胡、草麻黄等正在研究制定当中。

2. 大面积规范化传统道地中药材综合配套栽培技术的研究与推广　通过多年的试验，基本完善了该项技术，完成了66种中药材的引种栽培和高产优质技术的研究，如黄芩、黄芪、乌拉尔甘草、三岛柴胡等畅销中药材，经过十多年的努力，已在全国建立了500余个100亩以上大面积连锁中药材生产基地，给国家创造了良好经济效益，给全国基层药材种植单位培训了3 000多名种植员。我们成功的经营方式是：我们提供种植户优质种子种苗；设计种植方案，使种植方案尽量达到因地制宜的要求；免费提供中草药栽培技术；保证种植户70%以上全苗；培训种植员；根据市场行情按质论价，协助种植户销售。该项技术的研究成功并大面积推广，使我国的中草药栽培生产进入一个新的历史阶段。

3. 中草药的收购、加工、销售　十几年来，我们在国内外建立了一个较为完善的中草药贸易网络，关系户遍布国内数十省，每年向国内外药商提供数百吨原料药材，并在重点药材市场设有信息窗口，及时反馈中药材信息，在美国、韩国、马来西亚和我国香港等地有贸易伙伴，产品已销往韩国、日本等国，开拓中草药国际市场；在国内兼并联营数家企业。

4. 新药研究与开发　从1991年开始，我们从中国的传统中草药中挖掘具有抗癌和免疫调节作用的中草药，终于在2008年发现一种具有全新抗癌作用的中草药，得到美国国立癌症研究所药理实验的证实，现在我们正和美国国立癌症研究所、美国加州大学邱声祥博士、中国科学院华南植物园合作，全力开发这种抗癌新药。

欢迎国内外有兴趣支持和参与的企业和个人前来合作洽谈，建立广泛的业务联系，为开拓国内外中医药市场，发展我国中医药事业作出贡献。

联系方式

单位：北京时珍中草药技术有限公司

地址：北京市大兴区黄良路马村

邮政编码：102609

电话：13501072627

传真：(010) 61259631，61259886

网站：www.dxgc.com；www.shizhenzy.com

E-mail：zcmzzk@126.com

参 考 文 献

蔡雪，申家恒．1992. 甘草胚胎学研究［J］．植物学报：英文版，34（9）：676-681.

陈巍，于泉林，高文远，等．2005. 甘草愈伤组织培养的研究［J］．中国中药杂志，30（9）：713-715.

陈震，赵扬景，李先恩，等．1996. 甘草种子抗逆性研究［J］．中草药，21（1）：39-41.

丁锐，等．2010. 不同产地甘草中微量元素含量的研究［J］．药物分析杂志（06）．

冯毓秀，等．1991. 中药甘草的质量研究［J］．药物分析杂志，11（5）：269.

傅克治．1989. 中国甘草野生变家植［M］．哈尔滨：东北林业大学出版社：13-16.

傅荣昭，高文远，赵淑平．1998. 利用 Ap-PCR 分子标记估测太空飞行中失重与离子辐射对甘草基因组的影响［J］．农业生物技术学报，6（4）：318-332.

葛淑俊．2006. 乌拉尔甘草 AFLP 遗传多样性及离体培养技术研究［D］．保定：河北农业大学．

苟克俭，任茜．1992. 六种甘草的试管繁殖研究［J］．中药材（2）．

苟克俭，任茜．1993. 甘草雌雄配子体的发生与发育［J］．中药材（1）．

苟克俭，任茜．1993. 甘草的辐射育种研究初报［J］．云南植物研究，15（2）：214-216.

苟克俭，任茜．1993. 甘草花药培养中愈伤组织诱导和芽再生植株［J］．西北农林科技大学学报：自然科学版（4）．

谷会岩．2002. 不同产区甘草中甘草酸含量的测量和比较［J］．林业研究，13（2）：141-143.

国家医药管理局．1984. 76 种药材商品规格标准［S］．

胡海英，吴晓玲，梁新华．2004. 胀果甘草愈伤组织诱导培养［J］．药用生物技术，11（3）：170-172.
惠寿年.1999.国内对甘草化学成分的研究进展［J］.中草药，30（4）：313-315.
蒋永喜，蔡德珍，邢虎田，等.1994.甘草种间抗锈病研究初报［J］.塔里木农垦大学学报，5（1）：22-25.
阚毓铭，等.1988.中药化学实验操作技术［M］.北京：中国医药科技出版社：187.
孔红，陈荃，焦成谨，等.2003.甘草属2种植物的核型研究［J］.西北植物学报，23（6）：1014-1016.
孔红，闫训友，史振霞.2007.豆科甘草属植物研究进展［J］.北方园艺（07）.
李德华，李德宇，李永光，等.1995.甘草化学成分与药理作用研究进展［J］.中医药信息，5：31-35.
李根华，张莉，李洪刚，等.1995.西北12个产地甘草微量元素的测定［J］.甘肃医药，14（1）：37-39.
李强，等.1990.乌拉尔甘草黄酮类成分的质量评价［J］.中药材，13（7）：32.
李青原，等.2014.甘草及甘草提取物对各系统的作用［J］.概述吉林医药学院学报，35：142.
李先恩，赵杨景，陈震，等.1994.甘草种子萌发习性的研究［J］.中药材，17（10）：8-9.
李晓瑾，石明辉，贾晓光，等.2004.离子注入甘草生物学效应初步研究［C］.全国第二届甘草学术研讨会暨第二届植物资源开发、利用与保护学术研讨会论文摘要集：5-9.
李新成.1993.四种甘草的抗蚜性研究［J］.植物保护学报.20（3）：210-216.
李学禹，魏凌基.1991.中国甘草属植物的核型分析［J］.*Bulletin of Botanical Research*，11（3）：45-53.
李学禹.2004.中国甘草属植物种质资源［J］.全国第二届甘草学术研讨会暨第二届植物资源开发、利用与保护学术研讨会论文摘要集.
李章万，等.1992.离子对色谱与离子抑制色谱测定甘草酸含量的方法比较［J］.药物分析杂志，12（1）：15.

参 考 文 献

李志军，刘文哲，胡正海，等．1997.5 种甘草根和根状茎的解剖学研究［J］．西北植物学报，17（3）：339-347.

林寿全，林琳．1992. 生态因子对中药甘草质量影响的初步研究［J］．生态学杂志，11（6）：17-30.

刘伯衡，李学禹，田丽萍，等．1992. 新疆产甘草属植物化学成分的研究［J］．干旱区研究（1）．

刘金荣，赵文彬，王航宇，等．2004. 不同生长期栽培甘草的产量及有效成分分析比较［J］．上海中医药杂志，38（11）：56-58.

刘莉娟，等．1985. 吸附树脂法测定甘草及其制品中甘草酸含量［J］．中草药，16（5）：10.

刘丽莎，张西玲．1991. 甘草的染色体核型分析［J］．中草药，22（9）：417-418.

刘艳华，傅克治．1996. 不同土壤环境生长乌拉尔甘草主要化学成分含量测定［J］．中国兽药杂志，30（4）：25-27.

卢颖．2007. 基于 GIS 技术的药用甘草适生环境及其影响因子的分析［D］．北京：北京中医药大学．

鲁守平，孙群，王建华，等．2005. 影响甘草品质的因素与甘草品质改良的研究概况［J］．中草药，6（8）：1261-1263.

陆嘉惠，李学禹，马淼，等．2006. 国产甘草属植物的 RAPD 分析及系统学意义［J］．西北植物学报，26（3）：0527-0531.

陆蕴如．1995. 中药化学［M］．北京：学苑出版社：313.

吕归宝，等．1998. 高效液相色谱法测定甘草及其制剂中甘草酸的含量［J］. 药物分析杂志，8（3）：137.

马文芳．2007. 胀果甘草体细胞染色体加倍的研究及有效成分测定［D］．兰州：甘肃农业大学．

马兴华，覃若林，邢文斌．1985. 新疆 20 种药用植物的染色体观察［J］．西北植物学报，5（2）：149-154.

孟雷．2005. 甘草属（*Glycyrrhiza* L.）的系统学研究［D］．北京：中国科学院研究生院．

潘燕，肖翔，吴李君，等．2005. N^+ 离子注入对干旱胁迫条件下甘草幼苗的 SOD 酶和 CAT 酶活性及丙二醛含量的影响［J］．激光生物学报，14（6）：442-446.

漆红艳．2006. 甘蓝的染色体分析与 SRK 基因的染色体定位研究［D］．重庆：西南大学．

乔世英，成树春，王志本．2004. 中国甘草［M］．北京：中国农业科学技术出版社．

乔有明，李宏华，朱松涛．2001. 黄芪和甘草染色体数目及核型分析［J］．青海畜牧兽医杂志（3）．

任茜．1993. 甘草雌雄配子体的发生与发育［J］．药用植物栽培，16（1）：3-5.

荣齐仙．2007. 甘草药材中甘草酸含量变异的分子标记研究-rbcL、trnL 内含子、IGS 和 matK［D］．北京：北京中医药大学．

芮和恺，等．1990. 国产甘草及其愈伤组织中甘草酸含量的测定［J］．中草药，12（8）：16.

上海药物研究所．1983. 中草药有效成分提取和分离［M］．第二版．上海：上海科技出版社：327.

舒永华，等．1986. 薄层——光密度法测定甘草中甘草酸含量［J］．中草药，17（5）：10

孙群，佟汉文，吴波，等．2007. 不同种源乌拉尔甘草形态和 ISSR 遗传多样性研究［J］．植物遗传资源学报（1）．

孙文基．1994. 天然药物成分提取分离与制备［M］．北京：中国医药科技出版社：163.

孙志蓉，王文全，马长华，等．2004. 乌拉尔甘草地下部分分布格局及其对甘草酸含量的影响．中国中药杂志，29（4）：305-309.

佟汉文，孙群，吴波，等．2005. 乌拉尔甘草 ISSR—PCR 反应体系优化研究［J］．农业生物技术科学，21（4）：70-74.

佟汉文．2005. 乌拉尔甘草种质资源遗传多样性研究［D］．北京：中国农业大学．

王继永，王文全，刘勇，等．2003. 乌拉尔甘草生物特性及资源培育研究进展［J］．世界林业研究（2）．

王立，李家恒．1999. 中国甘草属植物研究进展［J］．草业科学（4）．

王鸣刚，葛运生，陈亮，等．2004. 甘草亲缘关系的 RAPD 鉴定［J］．武汉植物学研究，22（4）：289-293.

王晓强．1990. 薄层光密度法测定甘草中甘草甙的含量［J］．药物分析杂志，10（6）：351.

王玉庆，朱玫 . 2002. 我国甘草资源调查与分析［J］. 山西农业大学学报：自然科学版，22（4）：366.

魏胜利，王文全，刘春生，等 . 2004. 乌拉尔甘草变异类型及其药材产量和质量的研究［C］. 第二届中国甘草学术研讨会暨第二届新疆植物资源开发、利用与保护学术研讨会论文摘要集 .

魏胜利 . 2003. 乌拉尔甘草地理变异与种源选择［D］. 哈尔滨：东北林业大学 .

魏胜林，刘竞男，王陶，等 . 2004. N^+ 注入对甘草种子萌发和根发育效应及作用机制［J］. 草业学报，13（5）：112-115.

闻婧 . 2004. 不同起源乌拉尔甘草生殖生态学研究［D］. 哈尔滨：东北林业大学 .

吴霞，刘庆华，马永红，等 . 2003. 新疆产甘草六个不同地理群体遗传关系的 RAPD 分析［J］. 中国生化药物杂志，24（4）：191-193.

吴玉香，贺润丽，高建平，等 . 2004. 刺果甘草多倍体诱变育种的研究［J］. 山西农业大学学报：自然科学版（2）：116-117.

向诚，等 . 2012. 利用数据库对甘草属植物化学成分的分类和分布分析［J］. 药学学报（08）.

肖云祥，等 . 1990. 高效液相色谱法测定甘草及人丹中甘草酸的含量［J］. 中成药，12（7）：12.

闫永红 . 2006. 不同来源甘草的质量特征及评价研究［D］. 北京：北京中医药大学 .

严硕，等 . 2009. 太空环境对甘草中甘草酸生物合成相关基因的诱变作用分析［J］. 中国中药杂志（21）.

杨戈，李银芳 . 1994. 麦盖提县的甘草资源及其保护和利用［J］. 干旱区研究（3）.

杨建红，等 . 1991. 薄层扫描法测定甘草中甘草次酸的含量［J］. 中国中药杂志，16（4）：232.

杨岚，等 . 1990. 六种甘草属植物根中黄酮类成分的高效液相色谱分析［J］. 药学学报，25（11）：840.

杨全，王文全，魏胜利，等 . 2007. 不同变异类型甘草中甘草甙及甘草酸量比较研究［J］. 中草药（7）.

杨全，王文全，魏胜利，等.2007. 甘草不同类型间总黄酮、多糖含量比较研究［J］. 中国中药杂志（5）.

姚辉.2006. 乌拉尔甘草遗传多样性与品质评价及槲寄生的抗氧化活性成分［D］. 上海：复旦大学.

叶力勤，刘志，王利英，等.1996. γ射线辐照甘草种子当代生长效应的研究［J］. 宁夏农林科技（6）：28-31.

于林清，何茂泰，等.1999. 甘草组织培养快速繁殖技术研究［J］. 中国草地（1）：12-14-18.

曾路，等.1991. 甘草中三种皂甙类成分的高效液相色谱法分离和含量测定［J］. 药学学报，26（1）：53.

曾路，楼之岑，张如意，等.1991. 国产甘草的质量评价［J］. 药学学报，26（10）：788-793.

张爱华，雷锋杰，陈长宝，等.2006. 甘草不同品系种子特征特性比较与遗传多样性分析［J］. 吉林农业大学学报（6）.

张继.1997. 相同生境下5种甘草甘草酸含量比较研究［J］. 西北植物学报，17（6）：111-114.

张祥胜.2007. 离子束注入甘草种子的当代刺激效应［J］. 长江大学学报：自科版·农学卷（2）.

张新玲，李学禹，魏灵基.1998. 新疆甘草属的种间杂交［J］. 西北植物学报，18（1）：132-136.

张艳洁，刘春生.2007. 乌拉尔甘草的ITS序列及甘草酸含量相关性分析［C］.2007年中华中医药学会第八届中药鉴定学术研讨会、2007年中国中西医结合学会中药专业委员会全国中药学术研讨会论文集.

赵则海，曹建国，王文杰，等.2005. 不同生长年限栽培甘草与野生甘草光合特性对比研究［J］. 草业学报（3）.

赵则海.2004. 乌拉尔甘草生活史型特征及生态机理［D］. 哈尔滨：东北林业大学.

中华人民共和国卫生部药政管理局.1959. 中药材手册［M］. 北京：人民卫生出版社：64.

周成明，等.2002. 家种及野生乌拉尔甘草的甘草酸含量比较［J］. 中药材，25（12）：861.

周成明，孔祥军，等.2000. 北京大兴地区乌拉尔甘草栽培技术研究［J］.

中国中药杂志，25（3）：140-142.
周成明，李刚.2005. 甘草栽培百问百答［M］北京：中国农业出版社.
周成明，许彬，张金屯，等.2007. 乌拉尔甘草优良品系选育研究（Ⅰ）——4个来源甘草遗传基础的AFLP分析［J］. 中草药（7）.
周成明，张成文.2008. 80种常用中草药栽培提取营销［M］. 第二版. 北京：中国农业出版社.
周成明.2002. 80种常用中草药栽培［M］. 北京：中国农业出版社：1-4.
周成明.2003. 乌拉尔甘草规范化栽培技术要点［J］. 中药研究与信息，5（2）：25-28.
Gao W Y，Fu R Z，Fan L. 2000. The effects of spaceflight on soluble protein，isoperoxidase，and genomic DNA in urallicorice（*Glycyrrhiza uralensis* Fisch.）. *Journal of Plant Biology*，43（2）：94-97.
Hayashi H，Hiraoka N，Ikeshiro Y，et al. 1998. Seasonal variation of glycyrrhizin and isoliquiritigenin glycosides in the root of *Glycyrrhiza glabra* L.［J］. *Biol Pharm Bull*，21（9）：987-989.

图书在版编目（CIP）数据

甘草/周成明，靳光乾著．—2 版．—北京：中国农业出版社，2016.11（2020.4 重印）
ISBN 978-7-109-22229-8

Ⅰ.①甘…　Ⅱ.①周…②靳…　Ⅲ.①甘草一研究
Ⅳ.①S567.7

中国版本图书馆 CIP 数据核字（2016）第 250744 号

中国农业出版社出版
（北京市朝阳区麦子店街 18 号楼）
（邮政编码 100125）
责任编辑　贺志清　舒　薇

中农印务有限公司印刷　　新华书店北京发行所发行
2016 年 11 月第 1 版　　2020 年 4 月北京第 2 次印刷

开本：850mm×1168mm 1/32　　印张：20.5　　插页：3
字数：520 千字
定价：70.00 元